高职高专计算机类专业系列教材

综合布线工程与技术实用教程

主　编　王　坤　马国峰　白艳玲

副主编　付宗见　陈利国

西安电子科技大学出版社

内 容 简 介

本书面向国家"十四五"职业教育发展规划，对信息系统集成、智能建筑建设、物联网等领域中的综合布线工程进行了详细分析，并结合行业最新发展方向，以项目为载体组织教学内容，按照现实项目的工序，以工作任务为主要学习方式展开教学，旨在培养学生在综合布线系统设计、施工、验收、管理等方面的职业能力。

全书共三篇，分为 10 个项目，含 35 个任务。教学内容以两种形式展开，一是以知识为主线的学习型任务，二是以实践为中心的实践型任务；二者根据不同的教学内容灵活穿插。本书还提供了丰富的数字化教学资源，包括 PPT、微课、视频操作步骤、题库、实验计划等，读者可登录"智慧职教"网站进行课程资源的学习。读者还可扫描书中的二维码，获得相关知识介绍。

本书可作为高职、应用型本科院校计算机网络技术、通信工程、物联网、智能楼宇技术等专业综合布线课程的教学用书，也可作为相关行业入职培训、从业资格考试备考等的参考书。

图书在版编目(CIP)数据

综合布线工程与技术实用教程 / 王坤，马国峰，白艳玲主编. —西安：西安电子科技大学出版社，2022.5(2024.7 重印)
ISBN 978–7–5606–6428–6

Ⅰ. ①综… Ⅱ. ①王… ②马… ③白… Ⅲ. ①计算机网络—布线—技术—教材
Ⅳ. ① TP393.03

中国版本图书馆 CIP 数据核字(2022)第 044556 号

策　　划　高　樱
责任编辑　高　樱
出版发行　西安电子科技大学出版社(西安市太白南路 2 号)
电　　话　(029)88202421　88201467　　　　　邮　　编　710071
网　　址　www.xduph.com　　　　　　　　　　电子邮箱　xdupfxb001@163.com
经　　销　新华书店
印刷单位　陕西博文印务有限责任公司
版　　次　2022 年 5 月第 1 版　　2024 年 7 月第 3 次印刷
开　　本　787 毫米×1092 毫米　1/16　印张 16
字　　数　376 千字
定　　价　47.00 元
ISBN 978–7–5606–6428–6 / TP
XDUP 6730001–3
*****如有印装问题可调换*****

前　言

　　全书共三篇，分为 10 个项目。第一篇为入门篇，主要培养读者对综合布线技术的基本认知，使其快速掌握综合布线的概念、发展趋势、职业前景、材料工具、行业标准等基础内容，便于后续教学。第二篇为实践篇，以综合布线工程工序为主线，讲解并实践设计、施工、检测、验收等综合布线技术的主要内容，全部掌握后读者基本可以适应综合布线工程一线工作岗位的工作。第三篇为提升篇，从项目管理者的视角出发，带领读者了解综合布线项目立项过程、工程管理方法等知识，同时让读者明确本行业的职业发展方向。本书内容依据行业最新的国家标准编写，对新标准更新的内容进行了重点阐述，方便读者把握行业新的发展方向。

　　本书采用信息化教学理念及纸质教材与"智慧职教"云平台的电子资源一体化设计，有微课、课堂活动、作业、题库、考试等在线内容，引导教师采用信息化教学方法，优化学生的学习体验，提高教学效果。读者可登录智慧职教网站 http://www.icve.com.cn/，搜索"综合布线工程与技术实用教程"，进行课程资源的学习。

　　本书在总体结构设计上贯彻了建构学习思想，遵循科学的认知规律，引导读者将理论与实践相互结合贯通，培养读者善于思考和自主创新的能力。本书的章节设计采用项目驱动模式，每一个项目都有独立的知识目标、能力目标、项目背景等设计，方便教学活动的开展。

　　本书有大量的、系统的项目情景模拟教学设计，将理论与实践紧密结合，既满足大中专及应用型本科生在校的教学需求，也满足企业初级技术员工的培训需求，同时还满足产教融合的教学过程需求。本书还收集了一些行业常用图表及技术文件模板，方便读者在学习与实践过程中查阅使用。与同类教材相比，本书具有教学资源丰富、内容前沿、教学理念科学先进、使用方便、适用范围广等特色。

　　与本书相关的课程建议安排 60 学时的学习时间，另外可酌情安排为期 1 周

(30 学时)的综合实训。具体学时分配如下表所示。

序号	教学内容	学时分配		
		小计	讲授	实践
1	认识综合布线系统工程	4	4	0
2	认识综合布线工程标准体系	4	4	0
3	认识综合布线工程的材料	8	6	2
4	设计综合布线工程	4	2	2
5	综合布线线缆工程的施工	8	4	4
6	综合布线机房工程的施工	8	4	4
7	综合布线端接工程的施工	8	4	4
8	综合布线工程的测试	4	2	2
9	综合布线工程的验收	4	2	2
10	综合布线工程的项目管理	8	4	4
合　计		60	36	24

本书由王坤、马国峰、白艳玲任主编，付宗见、陈立国任副主编，他们都是郑州铁路职业技术学院多年从事综合布线课程教学的主讲教师和实训指导教师。其中，王坤编写了项目 4、5、6、7、8，马国峰编写了项目 3，白艳玲编写了项目 1、2，付宗见编写了项目 9，陈利国编写了项目 10。刘开茗、张明真、张新红为本书的编写提供了大量资料。

在此特别鸣谢浪潮电子信息产业股份有限公司蒋胜君，中交一公局集团有限公司彭旭东，河南交通发展研究院彭欣欣、王相儒，河南省纺织建筑设计院梁言等人为本书提供大量的实践项目资料，以及西安电子科技大学出版社为本书的出版给予的大力支持。

由于综合布线技术发展迅速，限于编者学识水平和工程经验，本书难免有不当之处，敬请广大读者批评指正。编者邮箱为 wkl0868@126.com。

编　者

2021 年 12 月

目　录

入　门　篇

实　践　篇

提 升 篇

入 门 篇

本篇主要内容是综合布线的基础知识，适合综合布线的初学者学习。

本篇共包含三个项目：

项目 1 为认识综合布线系统工程，将带领读者认识综合布线的基本概念和通用结构。建议占用 4 个学时的学习时间。

项目 2 为认识综合布线工程标准体系，将带领读者认识国内外主要的综合布线工程的标准体系及常用标准的主要内容。建议占用 4 个学时的学习时间。

项目 3 为认识综合布线工程的材料，将带领读者系统全面地了解综合布线工程的建材产品，包括线缆、连接器、管材机柜等。建议占用 8 个学时的学习时间。

全篇 3 个项目，需要 16 个学时。希望通过学习能给读者提供全面的入门知识，为后续学习打好基础。

项目 1　认识综合布线系统工程

【知识目标】

(1) 了解综合布线系统的定义和特点；

(2) 了解行业及职业发展前景；

(3) 了解综合布线系统的组成与结构；

(4) 了解典型项目案例。

【能力目标】

(1) 能够理解综合布线行业的应用领域和发展方向；

(2) 能够分析典型案例中综合布线系统的结构；

(3) 能够用拓扑图表示综合布线系统结构。

【项目背景】

现在，无论在学校学习还是在办公室工作，或者在家里休闲上网，我们都在使用网络系统，我们的生活已经离不开计算机网络了。网络系统是由通信设备、通信协议和通信介质三大系统组成的。其中，网络通信介质分为有线和无线两大类。由于通信距离(Wi-Fi、蓝牙只有十几米的通信距离)、通信成本(卫星、微波、蜂窝数据成本高昂)和保密等问题，无线通信目前只在终端通信中占据优势，主干网络和特殊终端(摄像头、门禁、固定电话)通信依然以有线通信为主。

随着网络信息系统越来越复杂，人们迫切需要有统一标准的介质系统，以便各种不同的系统都可以在这条公共信息通道上传输信息。综合布线系统就是这条信息高速传输通道，它将不同的设备和信息系统接入统一的网络介质中，彼此互联，构成了我们赖以生存的网络世界。下面开启综合布线系统学习之旅。

任务 1.1　了解综合布线的概念

若想了解综合布线的概念，重点要从综合布线的起源、定义和特性等几个方面着手。

1.1.1　智能建筑与综合布线

智能建筑的概念诞生于 20 世纪 70 年代末的美国。第一幢智能

概念

建筑由美国联合技术公司(UTC)于 1984 年 1 月在美国康涅狄格州哈特福德(Hartford)市建成。它是一幢旧的金融建筑经过实施改建的大楼，楼内主要增添了计算机、数字程控交换机等先进的办公设备以及高速通信线路等基础设施。大楼的客户不必购置设备便可获得语音通信、文字处理、电子邮件传递、市场行情查询、情报资料检索、科学计算等服务。此外，大楼内的供暖、给排水、消防、保安、供配电、照明和交通等系统均由计算机控制，实现了自动化综合管理，使用户感到非常舒适、方便和安全，从而第一次出现了"智能建筑"这一概念。应该说智能建筑是将建筑、通信、计算机网络、信息系统等各方面的先进技术相互融合，集成为最优化的整体，具有工程投资合理、设备高度自控、信息管理科学、服务优质高效、使用灵活方便、环境安全舒适等特点，能够适应信息化社会发展需要的现代化新型建筑。

　　智能建筑的基本功能一般由三大部分构成，即楼宇自动化系统(Building Automation System，BAS)、通信自动化系统(Communication Automation System，CAS)和办公自动化系统(Office Automation System，OAS)。这三大部分所具有的自动化(Automation)功能，通常称为"3A"。它们是智能建筑中最基本而且是必须具备的基本功能，也就是我们常说的"3A 建筑"。后来因为对建筑物安全性的要求越来越高，又增加了安全自动化系统(Security Automation System，SAS)和消防自动化系统(Fire-fighting Automation System，FAS)，形成了"5A 建筑"。5A 建筑的构成如图 1-1 所示。

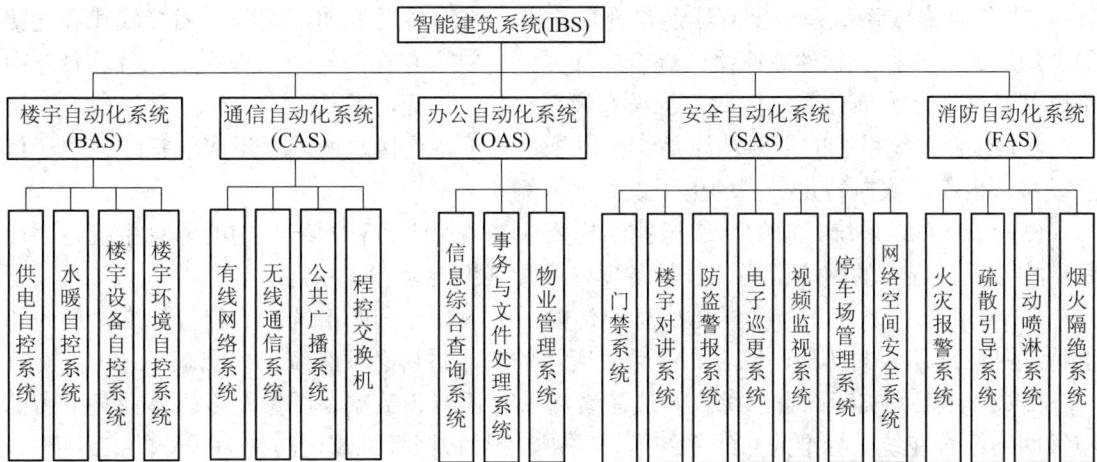

图 1-1　5A 建筑的构成

　　早期智能建筑内，不同的信息系统或通信设备常使用各种不同的传输线缆、配线插座以及连接器件等。例如，广播系统使用音频电缆，而网络交换机使用双绞线缆或同轴电缆，这些不同的设备使用不同的传输线来构成各自的网络；同时，连接这些不同布线系统的插头、插座及配线架均无法互相兼容，即相互之间不能通用。而办公布局及环境改变的情况经常发生，当需要调整办公设备或随着新技术的发展需要更换设备时，就必须更换布线系统，但因为旧的线缆拆除困难，所以常常增加新线缆而留下不用的旧线缆，这就会导致建筑物内线缆杂乱，造成很大的安全隐患且维护十分不便，最关键的是重复布线的成本十分高昂。

　　为解决这一问题，美国电话电报(AT&T)公司贝尔实验室的专家们经过多年的研究，于20世纪80年代末率先推出结构化综合布线系统(Structured Cabling System，SCS)标准，并逐步演变为综合布线系统(Generic Cabling System，GCS)，从而取代了传统的布线系统。从此之后，随着网络技术的普及以及互联网、物联网的形成和发展，综合布线工程从材料生产到工程施工，整个产业链的标准化越来越完善。综合布线也成了布线工程的发展方向，支持着世界通信网络的发展。

　　正如铁路建设一样，之前的"信息运输铁路"没有统一标准，宽窄不一的"铁轨系统"各自为政，彼此又不能相通，导致人们只能专货、专车、专轨搞运输，效率低下且成本高昂。而综合布线给人们提供了一个统一的标准，可以用"统一的车型""统一的轨道"来"运输"不同客户、不同种类的"货物"。本书的内容就是带领读者学习如何在园区和建筑物内采用综合布线技术建设高速、安全、可靠的"信息高速铁路"，来保障信息时代的生活。

1.1.2　综合布线系统的定义

　　根据我国的国家标准 GB 50312—2016《综合布线系统工程验收规范》中的定义，综合布线系统应为开放式网络拓扑结构，能够支持语音、数据、图像、多媒体等业务信息传递的应用，能够支持电子信息设备连接的由各种线缆、跳线、插接软线和连接器件组成的通信介质系统。从其定义中可以得出以下结论：

　　(1) 综合布线系统是一个有线通信介质系统，是由各种线缆、跳线、插接软线和连接器件组成的。不同于软件或网络，综合布线系统是物理存在的一个工程系统，且这种存在不以其是否在运行而改变。因此，综合布线系统是一个无源系统。

　　(2) 综合布线系统的主要功能是支持电子信息设备连接，所以它不应包括这些电子信息设备，也不应限制特定类型的电子设备接入系统。

　　(3) 综合布线系统开放的网络拓扑结构要求其适用于各种网络结构的信息系统，因此其结构必须是通用的网络结构，且具备良好的拓展性能。

　　(4) 综合布线系统支持多样化信息的传输，必须有一套严格统一的信号标准，而为了支持这种标准信号的传播，综合布线系统所用的产品材料必须有统一标准。

　　(5) 结合工程实际而言，综合布线系统将所有语音、数据、图像及多媒体业务设备的布线网络组合在统一标准的布线系统上，即各类信号按照标准规定转换为统一的信号模式，在一个介质系统里传输，各种设备终端通过跳线接入综合布线系统的标准接口内，再在设备间和电信间对通信链路进行相应的跳接，就可运行各自的应用系统了。这使得各类设备相互兼容，可实现综合通信网络、信息网络及控制网络间的信号互连互通。

1.1.3　综合布线系统的特性

　　综合布线系统的特性是指其区别于传统布线系统的特性，这些特性也是综合布线能够成为全球公认的通信介质布线系统的原因。

1. 开放性

综合布线系统的开放性包含两个方面。一方面是指设备的开放。对于传统的布线方式，用户选定了某种设备，也就选定了与之相适应的布线方式和传输介质，如果要更换另一种设备，原来的布线系统就要更换。这样做既增加了很多麻烦又增加了投资。综合布线系统由于采用开放式的体系结构，符合国际上流行的信息技术标准，包括计算机设备、交换机设备和几乎所有的通信协议等，因此可供绝大部分设备使用。即使是某些特殊设备，也可通过信号转换装置接入系统。另一方面是指网络结构的开放。传统布线系统根据指定信息系统网络结构设计敷设，网络结构封闭固定，对新设备的加入及系统升级的适应性差；而综合布线是一种预布线，采用通用开放的网络结构，对后期加载的信息系统限制很少，更多地依赖于信息系统自身的架构设计。

2. 兼容性

所谓兼容性，是指综合布线系统加载的设备或程序可以用在多种系统中的特性。综合布线系统采用相同的传输介质、信息插座、交换设备、适配器等，将语音信号、数据信号与监控设备图像信号的配线进行统一规划和设计并综合到一套标准的布线系统中，这些信号通过网络设备的跳接就可以接入各自的信息系统。

3. 灵活性

在综合布线系统中，由于所有信息系统皆采用相同的传输介质和物理拓扑结构，因此所有的信息通道都是通用的。每条信息通道都可支持语音、数据和多用户终端。这样，在信息系统建设时就可以根据实际需求和建筑物结构灵活地布置设备位置和设备类型，便于设备升级及环境变更。

4. 可靠性

综合布线系统采用高品质的材料和组合压接方式构成了一套高标准的信息通道。所有器件均通过 UL、CSA 和 ISO 认证，每条信息通道都要采用物理星型拓扑结构，点到点连接，任何一条线路故障均不影响其他线路的运行。这为线路的运行维护及故障检修提供了极大的方便，从而保障了系统的可靠运行。各系统采用相同传输介质，因而可互为备用，提高了系统的可靠性。

5. 先进性

综合布线系统通常采用光缆、铜缆等混合布线方式，这种方式能够十分合理地构成一套完整的布线系统。所有布线可采用最新通信标准，信息通道均按布线标准进行设计，数据最大传输速率可达到 10 Gb/s。对于需求特殊的用户，可将光纤敷设到桌面，通过主干通道可同时传输多路实时多媒体信息。同时，星型结构的物理布线方式为交换式网络奠定了通信基础。

6. 经济性

衡量一个建筑产品的经济性，应该从两个方面加以考虑，即初期投资和性价比。一般来说，用户总是希望建筑物所采用的设备在开始使用时应该具有良好的实用特性，而且还应有一定的技术储备，在今后的若干年内应保护最初的投资，即在不增加新的投资情况下，还能保持建筑物的先进性。

综合布线相对传统布线来说，在最初投资时因避免了重复布线，从而节省了成本。由于综合布线具有先进性，在后期的使用过程中也具备良好的实用特性及技术储备。

任务 1.2 了解综合布线工程的标准结构

由任务 1.1 内容可知综合布线是标准化的布线结构,那么这种标准化结构是如何在实际项目中体现的呢?本节任务将探讨这个问题。

1.2.1 智能建筑结构

综合布线是建筑物内或建筑群之间的一个模块化、灵活性极高的公共信息传输通道,它的结构与建筑物的结构是密不可分的,加之建筑物的形态和结构又是多种多样(如道路、桥梁、摩天大楼等),不同种类的建筑物的结构必然是不同的,因此很难从适应建筑的角度给综合布线工程的结构进行一个明确的定义。

通用结构

建筑业有一套成熟的建筑标准,其中一个很显著的特点就是模块化。虽然整体建筑不同,但每个建筑模块都会参考同样的标准建设,最终组成一个我们预想的建筑物或建筑群,如图 1-2 所示。

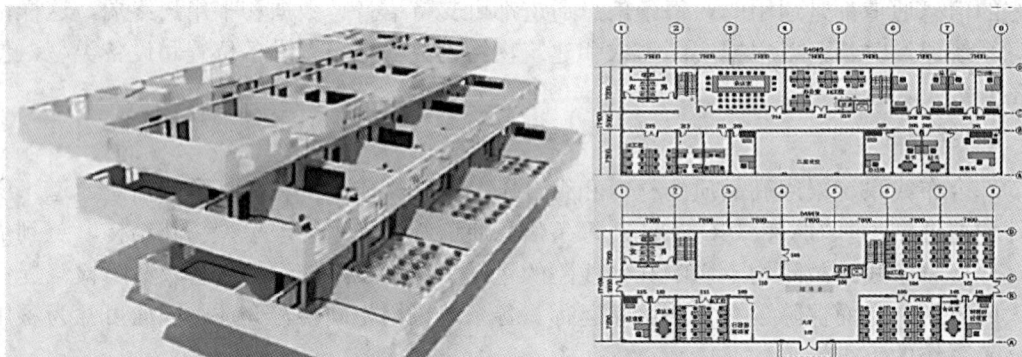

图 1-2　建筑结构图

每个房间对信息系统来说都是一样的,区别在于其信息需求的数量和类型不同。由房间组成了楼层,由楼层到建筑物,由建筑物到建筑群,这是一个典型的分层结构。因此,综合布线也宜采用模块化分层结构来适应智能建筑。

1.2.2 网络结构

网络的三大组成部分分别是协议、设备和介质,综合布线系统属于介质系统,所以其结构必然受网络结构的影响。从网络结构来讲,其结构受用户信息业务需求影响。对一般的 5A 建筑来说,其公共信息系统的各个模块如图 1-1 所示,其总体结构多采用星型拓扑结构。该结构使每个子网络都相对独立,对每个子网络的改动都不影响其他网络,并通过中心化的网络中间设备使终端通过各个节点彼此通信,而各种通信技术也能被合理采用,如冲突检测、线路复用等,如图 1-3 所示。

综合布线系统作为网络的介质系统,为配合网络结构,其布线结构也宜采取分层星型结构,必要时可根据网络结构调整为总线、令牌环等拓扑结构。

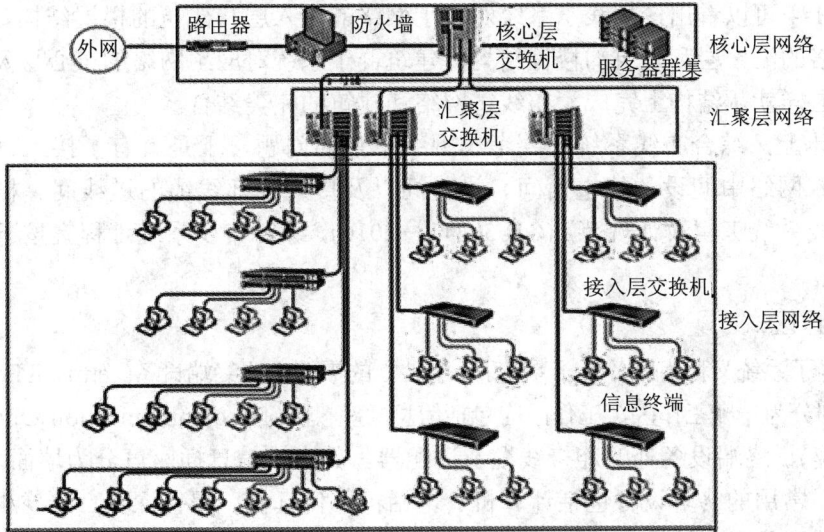

图 1-3 5A 建筑网络结构

从图 1-3 中可以看出,各个自动化应用系统在统一采用 C/S(客户/服务器)架构的前提下,客户端和服务器端被统一放在一套网络系统中。该套网络系统采用星型拓扑结构,以网络节点为界可划分为接入层、汇聚层和核心层,最后通过网关与外网连接,这是一般企业级网络的基本架构。

1.2.3 综合布线结构

综合布线是一种符合建筑标准的网络介质系统,这就要求综合布线工程要把建筑和网络在结构上完美地结合在一起。建筑物结构有楼层、楼栋和建筑群,网络结构有接入层、汇聚层和核心层,为了能将二者结合在一起,综合布线就要有相应的结构。

依照国家标准《综合布线系统工程设计规范》(GB 50311—2016),综合布线系统的基本构成应包括建筑群子系统、干线子系统和配线子系统。考虑到网络结构的多样性,配线子系统之间及干线子系统之间也可以互联,配线子系统中还可以设置集合点(Consolidation Point, CP),也可以不设置。而当外部网络引入建筑物或建筑群时,需要有入口设施结构。综合布线结构图如图 1-4 所示。

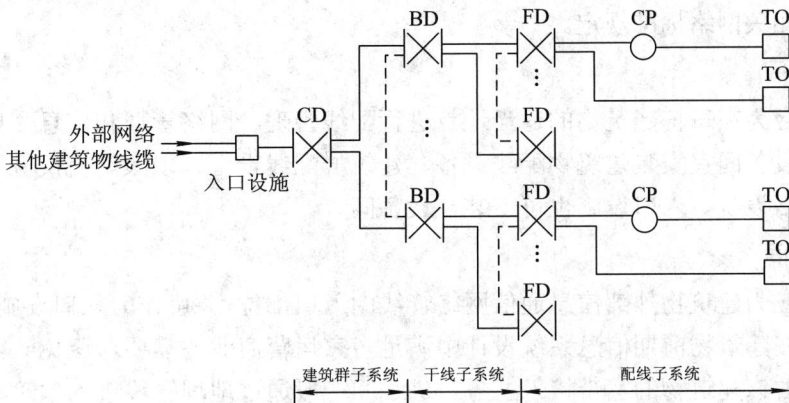

图 1-4 综合布线结构图

由图 1-4 可以看出,配线子系统对应了网络的接入层和建筑的楼层结构,干线子系统对应了网络的汇聚层和建筑的楼栋结构,建筑群子系统对应了网络的核心层及建筑的建筑群结构。这样就从结构上完成了布线、网络和建筑的完美结合。

在设计上,综合布线系统还要考虑网络节点的问题,于是就有了接入终端设备的工作区,接入网络中间设备的电信间、设备间以及接入外部线缆的进线间。根据国家标准《综合布线系统工程设计规范》(GB 50311—2016),综合布线系统工程宜按下列七个部分进行设计。

1. 工作区

工作区子系统又称为服务区子系统。一个独立的需要设置终端设备(Terminal Equipment,TE)的区域宜划分为一个工作区,工作区应包括信息插座模块(Telecommunication Outlet,TO,包含信息插座)、终端设备处的连接线缆及适配器。其中,信息插座可分为墙面型、地面型、桌面型等,常用的终端设备包括计算机、电话机、传真机、报警探头、摄像机、监视器以及各种传感器件与音响设备等。

2. 配线子系统

配线子系统也称为水平干线子系统,由工作区内的信息插座模块、信息插座模块至电信间配线设备(Floor Distributor,FD)的水平线缆、电信间的配线设备及设备线缆和跳线等组成。

3. 干线子系统

干线子系统又被称为垂直子系统,由设备间至电信间的主干线缆、安装在设备间的建筑物配线设备(Building Distributor,BD)及设备缆线和跳线组成。干线子系统提供了建筑物的干线链路,连接了电信间到设备间的通信,实现了网络接入层设备与汇聚层设备的通信。该子系统可由电缆或光缆以及相关连接硬件组合而成。

4. 建筑群子系统

建筑群子系统也称为楼宇子系统,由连接多个建筑物之间的主干线缆、建筑群配线设备(Campus Distributor,CD)及设备线缆和跳线组成。它属于室外布缆系统,一般采用光缆并配置相应设备,建设时应考虑布线系统周围的环境,确定楼间传输介质和路由,并使线路长度符合相关网络标准规定。

5. 设备间

设备间应为在每栋建筑物的适当地点进行配线管理、网络管理和信息交换的场地。综合布线系统设备间宜安装建筑物配线设备、建筑群配线设备、以太网交换机、电话交换机和计算机网络设备。入口设施也可安装在设备间。

6. 进线间

进线间应为建筑物外部信息通信网络管线的入口部位,并可作为入口设施的安装场地。进线间要求在建筑物前期信息系统设计中满足多家运营商业务需要,避免一家运营商自建进线间后独占该建筑物的宽带接入业务。进线间一般通过地埋管线进入建筑物内部,宜在土建阶段实施。

7. 管理

管理应对工作区、电信间、设备间、进线间、布线路径环境中的配线设备、线缆、信息插座模块等设施按一定的模式进行标识、记录和管理。

综上所述，综合布线系统的标准结构如图1-5所示。

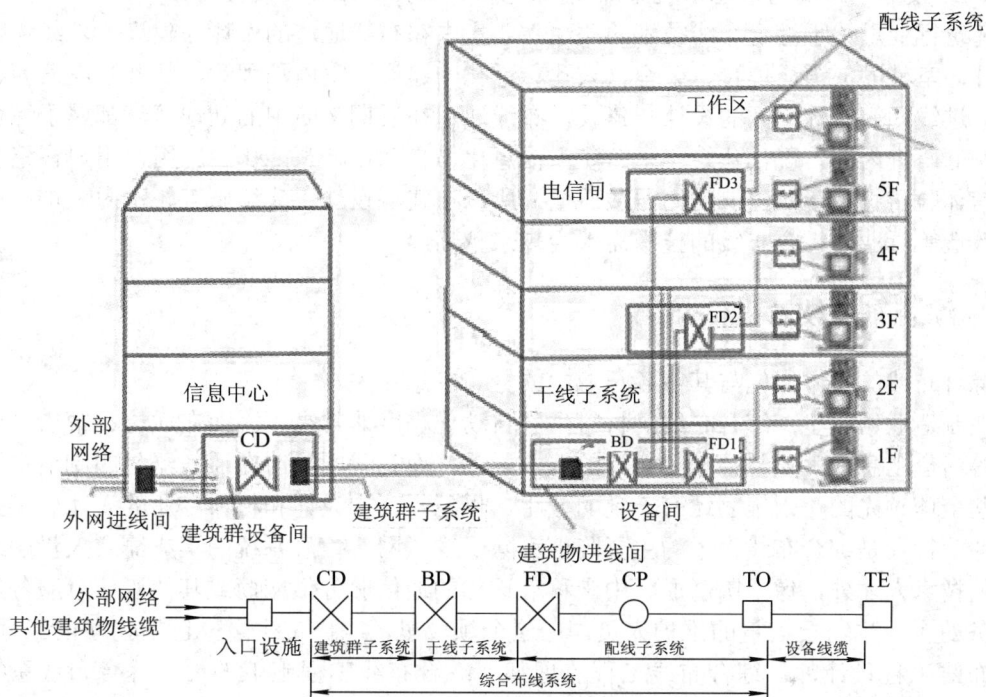

图1-5　综合布线系统标准结构

任务1.3　了解综合布线行业

综合布线是一个跨专业技术的综合行业，主要涉及制造业、通信行业和建筑行业等。我们从行业分布情况、综合布线技术岗位介绍和综合布线技术未来发展三个方面来了解综合布线的行业发展情况。

1.3.1　行业分布情况

综合布线材料的生产制造业属于综合布线工程的上游，是综合布线最重要的一个技术行业。在这个行业里，综合布线工程所用到的线缆、连接器、管材、机柜、工具等按照生产标准生产并流入市场。这个行业起步早、产值大、技术成熟、市场广阔，涉及很多知名企业。在国际市场上，美国康普公司是世界上最大的线缆制造商。此外，还有美国西蒙公司、美国泛达公司、3M公司以及瑞士的德特威勒等跨国公司都是布线材料的制造商。国内的南京普天天纪、宁波一舟、TCL、罗格朗等品牌也有不错的综合布线产品。

通信行业里的综合布线产业发展主要分布在通信服务供应、信息系统集成服务、自动化系统建设、物联网工程等领域，综合布线在这些领域内广泛应用于通信设施建设或信息系统的网络组建等工程。这些领域涉及的企业主要包括通信服务供应商(如中国移动通信集团)、网络设备生产商与信息系统集成商(如思科、华为、H3C、锐捷等)。

建筑行业里关于综合布线技术的关注主要集中在布线通道的设计与建设上，线缆路由的设计，室外的隧道、埋管、架空、人孔、手孔的建设，室内预埋管、竖井、电信间、设备间、进线间等特殊空间的设计与建设，布线通道在后期装潢中的处理等，都属于综合布线工程的研究内容。现代建筑越来越注重信息化、自动化、智能化的应用，用户在建筑内的通信体验将直接影响建筑物的居住质量，所以在建筑设计、建筑施工、室内装饰、居住环境改造等行业，综合布线的技术需求会越来越高。

1.3.2　综合布线技术岗位介绍

综合布线的技术岗位与其在各行业中的分布息息相关。

在制造业领域里，综合布线的材料生产自动化程度非常高，因而在质检、销售、外观设计等岗位上急需大量掌握相关知识的专业人才，而且我国目前在通信器材的制造水平上与一些全球领先的跨国集团还有一定的差距，也急需高端设计和材料专业的人才。

通信行业是综合布线人才的主要阵地。除了物联网、信息系统的集成需要大量的组网布线的技术人才外，像中国联通、中国移动这样的通信服务供应商或其他以信息服务为主要业务的企业也需要大量的维护人员。在这个领域里，综合布线岗位包括物联网工程师、综合布线工程设计师、综合布线工程监理师、综合布线工程施工人员、综合布线系统维护员等。综合布线工程设计师将网络需求与建筑结构结合设计出合理的布线施工方案，综合布线工程施工人员负责实现设计，综合布线工程监理师负责把控工程质量并验收布线工程。由于综合布线技术的专业要求高，需要建筑及通信专业的双重知识，一般的工程设计师、监理师和施工人员很难短时间胜任现场工作，因此有关综合布线方面的岗位需求量非常大。

1.3.3　综合布线技术未来发展

5G(5th Generation Mobile Network)通信技术的诞生给通信行业带来了革新。5G网络的主要优势在于数据传输速率远远高于以前的蜂窝网络，最高可达10Gb/s，比当前的有线互联网还要快；同时又有较低的网络延迟(更快的响应时间)，一般低于1ms，而4G为30～70ms。由于数据传输更快，5G网络不仅仅为手机提供服务，而且还将成为普通家庭和办公网络提供商，与有线网络提供商进行竞争。2020年以来，随着5G网络商业应用的展开，越来越多的人认为无线通信已经可以替代有线通信了。以综合布线为代表的有线通信在成本、施工、维护乃至性能等诸多方面都已失去优势，有线通信将在绝大部分领域被逐步淘汰。

不可否认，无线通信的便利程度远远大于有线通信。但是就目前而言，无线通信还是无法取代大部分有线通信的相关业务。首先，5G作为最新一代蜂窝移动通信技术，主要是提供终端设备的接入网络。也就是说，其应用场景目前是手机到信号塔之间的信道，属于综合布线中的配线子系统，其干线系统还是以光纤等有线通信为主的布线系统，即综合布线是 5G 技术的重要组成部分。其次，从安全性和信号稳定性来讲，无线通信相对于有线通信还是存在不可忽视的缺点，对于特殊用户及环境，有线通信更值得信赖。最后，现有的基础通信设施还是以有线通信为主，如采用新的通信方式，前期投入巨大，作为一般的互联网供应商很难在短时间内提供足够的带宽。

综上所述，无线通信是通信技术的发展方向，但短时间内无法取代有线通信。而且即使将来取代了有线通信，综合布线技术依旧适用，只是将有线介质转换为无线介质，只要整个网络体系还存在，综合布线就不会消失。

实践与思考

项目 2　认识综合布线工程标准体系

【知识目标】

(1) 了解综合布线相关的标准化组织；

(2) 了解标准组织发布的标准体系及对应的综合布线标准；

(3) 了解我国综合布线产业的发展历程；

(4) 了解标准 GB 50311—2016《综合布线系统工程设计规范》的主要内容。

【能力目标】

(1) 能够判断标准所属的标准体系和发布机构；

(2) 能够合理选择标准作为项目参考；

(3) 能够熟练使用标准文件中的指导性内容。

【项目背景】

任务 1.1 中的综合布线概念中讲到，综合布线是符合建筑标准的网络介质系统，所以标准是综合布线区别于其他布线工程的根本特征。

任务 2.1　认识标准化组织及标准体系

标准是一个社会制造水平从手工业进化到工业的重要标志，有了标准，制造业的分工才能更加明细化，整个行业的力量才能联合起来。如今的市场上，三流企业卖苦力，二流企业卖产品，一流企业卖专利，顶级企业卖标准。那么标准是如何产生的，又是怎么影响整个行业的呢？下面进行介绍。

标准体系

2.1.1　标准的形成

标准的产生和社会分工是相辅相成的，随着市场需求的提高，商品的复杂度越来越高，而技术分工越来越精细，一个人甚至一个企业都很难掌握一件商品或工程的全部技术，因此很多情况下，产业的发展需要整个技术行业的协同。有协同就需要彼此之间的配合，上下游企业之间需要一个统一的约定来使彼此生产的零部件相匹配，于是标准就诞生了。

标准的定义是：对重复性事物和概念所做的统一规定，它以科学技术和实践经验的结合成果为基础，经有关方面协商一致，由主管机构批准，以特定形式发布，作为共同遵守的准则和依据。这里，对标准概念理解应注意以下几点：

(1) 标准只针对可重复性事物和概念才存在，即该事物必须是能批量产生的，独立的创作是不存在标准的。

(2) 标准必须符合科学原理和实践经验，既要有内在的科学原理，又要经得起市场实践的考验。单纯的理论是无法成为标准的。

(3) 标准必须要经有关方面协商一致，由主管机构批准发布。现实中由于行业体量的庞大和复杂，所有参与者协商一致是不可能的，但在行业内起主导地位的企业及研究机构可以代表该行业起草标准内容，这也是顶级企业卖标准的含义。经过主管机构批准发布后，标准的权威性和强制性也能得到确定。

(4) 标准作为共同遵守的准则和依据。这里，共同遵守有两方面的含义：一方面是标准的指导性，只有符合标准的产品和服务才能与上下游市场匹配，才能进入市场；另一方面，当标准与市场环境抵触，不再被大多数人遵守时，那么这个标准就需要被修改或废除。

在综合布线行业，其标准起源于 1984 年智能建筑的产生；1985 年，计算机工业协会(CCIA)提出对大楼布线系统标准化的倡议；1991 年，ANSI/TIA/EIA-568 即《商业大楼电信布线标准》问世；1995 年，结合行业发展 ANSI/TIA/EIA-568 标准正式更新为 ANSI/TIA/EIA-568.A；同年，国际标准化组织 ISO 吸收 ANSI/TIA/EIA 标准内容，推出了 ISO/IEC 11801 综合布线标准，作为国际合作的参考依据；2000 年以后，ANSI/TIA/EIA 又推出包括 6 类铜缆布线标准的 ANSI/TIA/EIA-568.B 和包括光缆布线标准的 ANSI/TIA/EIA-568.C，ISO 甚至推出了 7 类布线标准的 ISO/IEC 11801—2002。

2007 年，我国建设部和国家质检总局联合推出了 GB 50311—2007《综合布线系统工程设计规范》和 GB 50312—2007《综合布线系统工程验收规范》。

从综合布线标准的发展历程来看，标准的形成不是一蹴而就的，也不是一成不变的。随着技术的进步和行业的发展，标准都要与时俱进，只有符合科学原理和市场规律的标准才能被所有人接受和遵守。

2.1.2　标准的发布机构

标准的发布一般都要有权威机构发布才能更容易被人们接受。下面介绍一些综合布线标准的发布机构。

1. 北美标准机构 ANSI/TIA/EIA

美国国家标准学会(American National Standards Institute，ANSI)成立于 1918 年，由美国材料试验协会(ASTM)、与美国机械工程师协会(ASME)、美国矿业与冶金工程师协会(AS MME)、美国土木工程师协会(ASCE)、美国电气工程师协会(AIEE)等组织联合组成。它是全美国各个行业标准的发布机构，同时它也可以授权其他组织发布其本行业的一些标准。

美国通信工业协会(TIA)是一个全方位的服务性国家贸易组织。其成员包括为美国和世界各地提供通信和信息技术产品、系统和专业技术服务的 900 余家大小公司，该协会成员有能力制造供应现代通信网中应用的所有产品。

TIA 是经过美国国家标准协会认可的，可制定各类通信产品标准的组织。它为自发工业标准的制定做出重要贡献，大大促进了通信产品的贸易。TIA 的标准制定部门由五个分会组成：用户室内设备分会、网络设备分会、无线设备分会、光纤通信分会和卫星通信分会。

电子工业协会(Electronic Industries Association，EIA)创建于 1924 年，是美国电子行业标准制定者之一。EIA 成员已超过 500 名，代表美国 2000 亿美元产值电子工业制造商，成为纯服务性的全国贸易组织，总部设在弗吉尼亚州的阿灵顿。EIA 广泛代表了设计生产电子元件、部件、通信系统和设备的制造商工业界、政府和用户的利益，在提高美国制造商的竞争力方面起到了重要的作用。

北美标准机构发布的综合布线标准有：1991 年 ANSI/TIA/EIA-568，1995 年 ANSI/TIA/EIA-568.A，2001 年 ANSI/TIA/EIA-568.B，2009 年 ANSI/TIA/EIA -568.C。

北美标准体系是最早发布综合布线标准的，其起步早，市场成熟，现有的其他组织发布的综合布线标准多少都受其影响。

2. 国际标准化机构 ISO/IEC

国际标准化组织(International Organization for Standardization，ISO)是由各国标准化团体(ISO 成员团体)组成的世界性的联合会。制定国际标准工作通常由 ISO 的技术委员会完成。ISO 与国际电工委员会(IEC)在电工技术标准化方面保持密切合作的关系，因此在综合布线标准上，ISO 采用 IEC 提供的标准化方案。

国际电工委员会(International Electrotechnical Commission，IEC)成立于 1906 年，是世界上成立最早的国际性电工标准化机构，负责有关电气工程和电子工程领域中的国际标准化工作。国际电工委员会的总部最初位于伦敦，1948 年搬到了位于日内瓦的现总部处。IEC 的宗旨是促进电气、电子工程领域中标准化及有关问题的国际合作，增进国际间的相互了解。IEC 出版包括国际标准在内的各种出版物，它希望各成员在本国条件允许的情况下，在本国的标准化工作中使用这些标准。

ISO 发布的综合布线标准全称是 ISO/IEC 11801《信息技术-用户基础设施结构化布线标准》。它是由国际标准化组织 ISO/IEC JTC1 SC25 委员会负责编写和修订的，是全球认可的针对结构化布线的通用标准。目前版本包括：ISO/IEC 11801—1995 第一版；ISO/IEC 11801:2002 第二版；ISO/IEC 11801:2008 第二版增补一；ISO/IEC 11801—2010 第二版增补二；ISO/IEC 11801 第三版还在草创阶段。

3. 欧洲标准化机构 CEN/CENELEC

欧洲标准化委员会(Comité Européen de Normalisation(法文缩写：CEN))是欧盟国家公认的标准发布权威机构，成立于 1961 年，总部设在比利时布鲁塞尔。CEN 是以西欧国家为主体，由国家标准化机构组成的非营利性国际标准化科学技术机构，也是欧洲三大标准化机构之一(另两个是欧洲电工标准化委员会(CENELEC)和欧洲电信标准学会(ETSI))。

欧洲电工标准化委员会(CENELEC)1972 年成立，宗旨是协调各国的电工标准，以消除贸易中的技术壁垒。CENELEC 制定统一的 IEC 范围外的欧洲电工标准，实行电工产品的合格认证制度。综合布线欧盟标准 EN50173 由这两大欧洲标准组织联合发布,因此其比 T568 或 ISO/IEC 11801 更严格,更受消费者青睐。该标准至今经历了 5 个版本:EN 50173—1995、EN 50173A1—2000、EN 50173—2001、EN 50173—2007、EN 50173—2011。

4. 中国国家标准化机构 SAC

中国国家标准化管理委员会(中华人民共和国国家标准化管理局(Standardization Administration of the People's Republic of China,SAC))为国家质量监督检验检疫总局管理的事业单位。中国国家标准化管理委员会是国务院授权的履行行政管理职能,统一管理全国标准化工作的主管机构,同时也代表中国成为 ISO 的正式成员。

中国标准化工作实行统一管理与分工负责相结合的管理体制,即按照国务院授权,在国家质量监督检验检疫总局管理下,国家标准化管理委员会统一管理全国标准化工作,国务院有关行政主管部门和国务院授权的有关行业协会分工管理本部门、本行业的标准化工作。

2.1.3　标准体系

一个标准文件一般只能定义该行业内的一个方面。标准化越成熟,其行业内的标准就越多,这些标准通过其内在的科学联系就会形成一个标准有机整体,即标准体系。与实现一个国家的标准化为目的有关的所有标准,可以形成一个国家的标准体系;与实现某种产品的标准化目的有关的标准,可以形成该种产品的标准体系。标准体系的组成单元是标准。所以,现实中能形成标准体系的必然是标准化十分成熟的工业体系。就国家而言,只有工业实力十分发达的国家才能形成标准体系。

目前在综合布线技术领域,国际上比较认可的标准体系主要有国际标准、北美标准和欧洲标准。我国的网络行业发展进程起步较晚,且早期产业链的建设主要以引进吸收为主,在标准化的建设过程中受国外标准体系的影响非常大,但这也使我国的标准体系与国际标准对接十分方便,而且随着我国国际影响力的提升和对国际市场的拓展,一些新兴产业的标准体系受到了国际社会的认可,如高铁。这也证明了我国的工业化水平在不断提高。

我国的综合布线行业的标准体系建设主要分为四个阶段:

第一阶段(1992~1995 年)为引入、消化和吸收期。1992~1995 年由国际著名通信公司、计算机网络公司推出了结构化综合布线系统,并将结构化综合布线系统的理念、技术、产品带入中国。布线系统性能等级以三类(16 MHz)产品为主。

第二阶段(1995~1997 年)为推广应用期。1995~1997 年开始广泛地推广应用和关注工程质量。网络技术更多采用 10/100 Mb/s 以太网和 100 Mb/s FDDI 光纤网,基本上淘汰了总线型和环型网络。中国工程建设标准化协会通信工程委员会起草了《建筑与建筑群综合布线系统工程设计规范》CECS72—97(修订本)和《建筑与建筑群综合布线系统工程施工验收规范》CECS89—97。

第三阶段(1997~2007 年)为快速发展期。1997~2007 年,网络技术在 10/100 Mb/s 以太网的基础上,提出 1000 Mb/s 以太网的概念和标准。中国国家标准和行业标准也正式出台,《建筑与建筑群综合布线系统工程设计规范》GB/T 50311 和《建筑与建筑群综合布线系统工程验收规范》GB/T 50312 以及我国通信行业标准 YD/T 926《大楼通信综合布线系统》正式发布和施行。

第四阶段(2007 年至今)为高端综合布线系统应用和发展期。2007 年，国家建设部和质检总局联合发布了 GB 50311—2007《综合布线系统工程设计规范》和 GB 50312—2007《综合布线系统工程验收规范》。计算机网络技术的发展和千兆以太网标准也相应出台，超 5 类、6 类布线产品普遍应用，光纤产品也开始广泛应用。从此，我国迈入了世界网络强国行列，网络在中国取得了长足的发展，改变了中国人的生活方式。

任务2.2　正确选择布线标准

综合布线的标准虽然繁杂，但在实际工程中通常选择统一的布线标准。如何选择适合工程实际情况的布线标准就是我们需要掌握的技能。本节任务学习如何掌握选择标准的能力。

标准的选择

2.2.1　标准的分类

想要在工程实施时选择一个合适的标准，就必须先了解标准的分类。标准的分类方法有很多，有按标准体系分类、按适用范围分类、按标准的指导性分类，等等。下面进行详细介绍。

1. 按标准体系分类

按标准体系分类是最常见的，一个成熟的标准是成体系。对工程来说，一般都是跨行业的，比如综合布线，它的工程至少涉及建筑、通信、电力，甚至交通、环保。选择一套成熟的标准体系，优势在于关联行业的标准是匹配的，这就给工程的实施带来了极大便利。

目前在综合布线技术领域，国际上比较认可的综合布线标准体系主要有国际标准 ISO/IEC、北美标准 ANSI/TIA/EIA 和欧洲标准 CEN，我国的 GB 标准体系也在完善中。这些标准体系任务 2.1 中均有详细介绍。

2. 按适用范围分类

在工程实施时必然要考虑工程的影响范围，如空间、时间、产品、技术、供应商、客户等因素可能涉及不同的组织对象，所以在选择标准时应该考虑标准的适用范围，把这些因素尽可能地统一到一个标准中。标准的适用范围很重要。标准按其适用范围可分为国际标准、国家标准、团体标准和个体标准。

(1) 由国际标准化组织机构(如 ISO、IEC 等)负责编写、修订和发布的标准，称为国际标准。例如，ISO/IEC 11801《信息技术-用户基础设施结构化布线标准》是全球认可的针对结构化布线的通用标准。在涉及国际合作关系的工程中，宜选用该标准。

(2) 由主权国家或其联盟指定的标准化组织机构负责编写、修订和发布的标准，称为国家标准。综合布线领域里，如美国的 ANSI/TIA/EIA-568、欧盟的 EN50173、中国的 GB 50311，若在这些国家主权领土中进行工程建设，宜优先参考此类标准。

　　(3) 由行业协会、学术团体、行政部门等专业、行业领域内的权威组织负责编写、修订和发布的标准，称为团体标准，如中国工程建设标准化协会 CECS 72《建筑与建筑群综合布线系统工程设计规范》、信息产业部 YD/T 926《大楼通信综合布线系统》、《北京市弱电施工工程管理规范》等。在单一行业或地区的工程，宜参考此类标准。

　　(4) 由企业、个人等行为个体为相关业务管理或专业工作的进行，自行制定的标准及出版物，称为个体标准。在工程建设方特别要求下，可参考此类标准文件。

3. 按标准的指导性分类

　　标准的指导性是指标准对实际工程建设或生产过程的直接影响。选用标准时需要标准对我们的实际工作有指导意义，比如工艺技术、产品参数等。标准内容越具体对标准的实施越有利，所以在选择标准时要从这方面入手。

　　国家标准带有国家强制约束的强制性条文、指导性条文，其他种类标准的技术要求不能低于国家标准中的技术要求，在实施时具有强制性。但由于国家标准必须考虑整个国家的市场水平，因此其更新周期比较长，一般是 5～10 年。国家标准内容上偏于整体规划，更多的是对行业的规范，指导性比较模糊，所以在选用时一般作为总纲使用。

　　白皮书是行业每年发展的技术年报，带有行业技术权威性的指导性条文、建议性条文代表行业最新技术要求，一般作为国家标准的预备和补充。其优点在于更新周期短，一般是 1 年；内容新颖，一般都会介绍本年度内行业新技术的应用情况，还会对未来发展方向作权威预测。白皮书指导性较强，特别是对三新项目(即使用新技术、新业务、新方法的项目)。

　　图集是指个人或企业对具体工程或产品的技术文件进行总结的出版物，它属于个体标准。这种出版物更新很快，在实施过程中作者会将相应的国家标准和行业标准融入其中。因此针对类似工程的指导性很强，一般工程都会选此类出版物作为设计参考。

2.2.2　标准的选用原则

　　在选择标准时，必须遵守以下原则：

　　(1) 行业匹配原则，即所选标准必须是项目所属行业的标准化机构发布的。若是信息系统集成中的综合布线项目，信息系统集成是信息化行业的业务，那就要参照信息标准化委员会发布的布线标准；若是商场建设中的综合布线项目，这属于建筑行业，就应该优先参考建设部发布的布线标准。虽然二者在内容上有重叠，但在商业应用中还是应当遵守行业匹配原则。

　　(2) 标准一致性原则，即在整个项目的生命周期内，所选用的标准或标准体系必须是一致的。也就是说，设计、施工、材料采购、验收等环节所依照的标准必须是统一的，不能将其割裂来分别选取标准。

　　(3) 强制性至上原则，即标准里的强制性条文必须遵守，不必在合同中明确，当与设计方案及合同中的条文有冲突时，应首先满足强制性条文内容。

　　(4) 内容一致原则，即当选用同一行业不同级别的标准时，若同时参考信息行业综合布线的国家标准和行业白皮书，则二者内容不能有条款冲突或参数不一致的情况，如果出现差异情况，应提前做好约定，做到规范统一。

任务 2.3　　GB 50311—2016 标准详解

为使读者能更深入地理解标准对综合布线系统的重要意义，本节任务将详细介绍我国综合布线行业重要国家标准——GB 50311—2016《综合布线系统工程设计规范》。该标准是我国建设部及质检总局联合发布的国家标准，对综合布线行业发展及其他标准的制定都有着深远的影响。这里将结合该标准文件的内容，向读者展示一般标准文件的结构内容、制定发布程序、相关方及使用方法。

GB 50311—2016

2.3.1　标准文件的一般结构

标准作为由权威机构正式发布的技术文件，具有一定的权威性和专业性，因此有其特定的格式及行文方式。其结构一般包括封面、公告、目录、内容及附录。下面参照 GB 50311—2016《综合布线系统工程设计规范》文件进行介绍。

1. 封面

GB 50311—2016 标准的封面如图 2-1 所示。

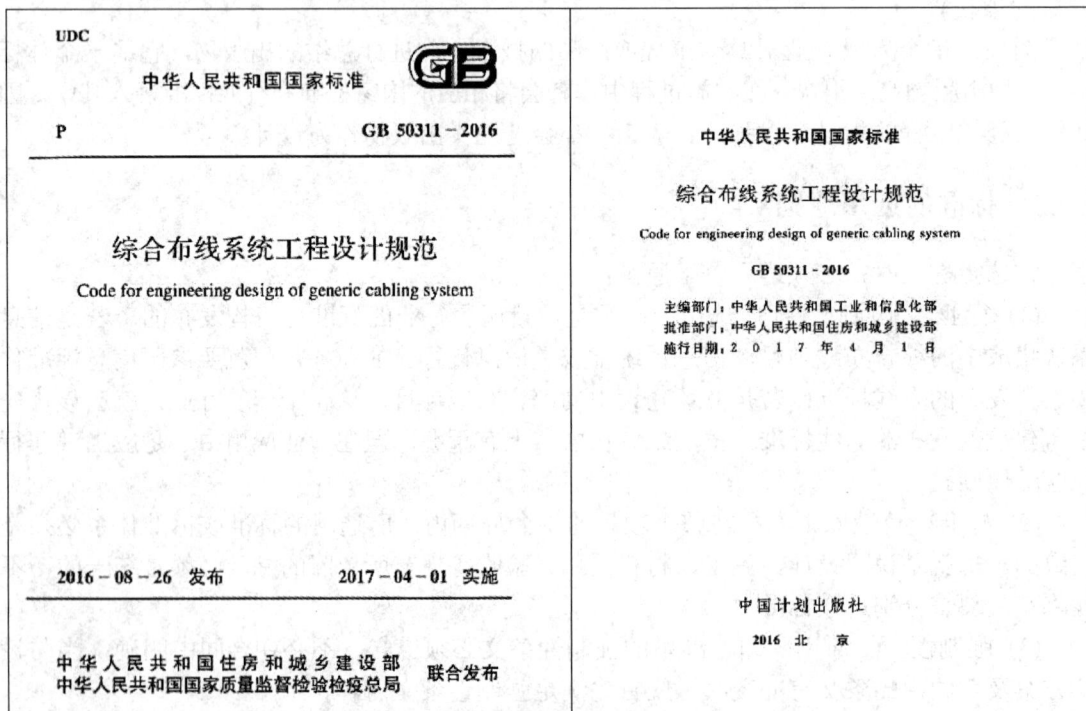

图 2-1　GB 50311—2016 标准封面

图中封面外页左上角的 UDC，这是 GB1.2《标准化工作导则 标准出版印刷的规定》

所规定的。UDC(Universal Decimal Classification，国际十进分类法)的体系结构是将全部学科与专业类目，按照相互联系编排成分类表，比较利于国际交流。下面一般会有一个字母来表示专业类目，这里是 P，表示工程建设类目，因此工程建设标准就是 UDC/P。

"中华人民共和国国家标准"字样及其 GB 的 Logo，表明该标准文件的属性是我国的国家标准文件。下面的 GB 50311—2016 是该标准的编号：GB 是"国标"拼音的首字母，是正式标准的标号(此外还有试行标准，是 GB/T 的标号)；50311 是其在国家标准序列中的编号；2016 是该标准的版本号，我国标准的版本号习惯用发布年份来表示，其他国家有不同习惯，如美国标准就用 A、B、C 标注版本。

中间醒目位置上是该标准的正式名称及英文名称，便于国际交流，其下方是发布时间、实施时间及发布单位。封面内页的内容与外页基本一致，但声明了主编单位和批准单位，其下方还列出了出版单位和出版时间、地点。

2. 公告

如图 2-2 所示，扉页标注了该标准文件的出版信息，这里不作过多说明。公告页是该标准的公告发布，其上方是发布公告的单位和公告文件编号，中间内容包括国家标准的批准声明、生效日期、强制性条款、旧标准的废止、标准文件指定的出版单位，下方是署名和发布日期。这是标准发布文件的标准格式。

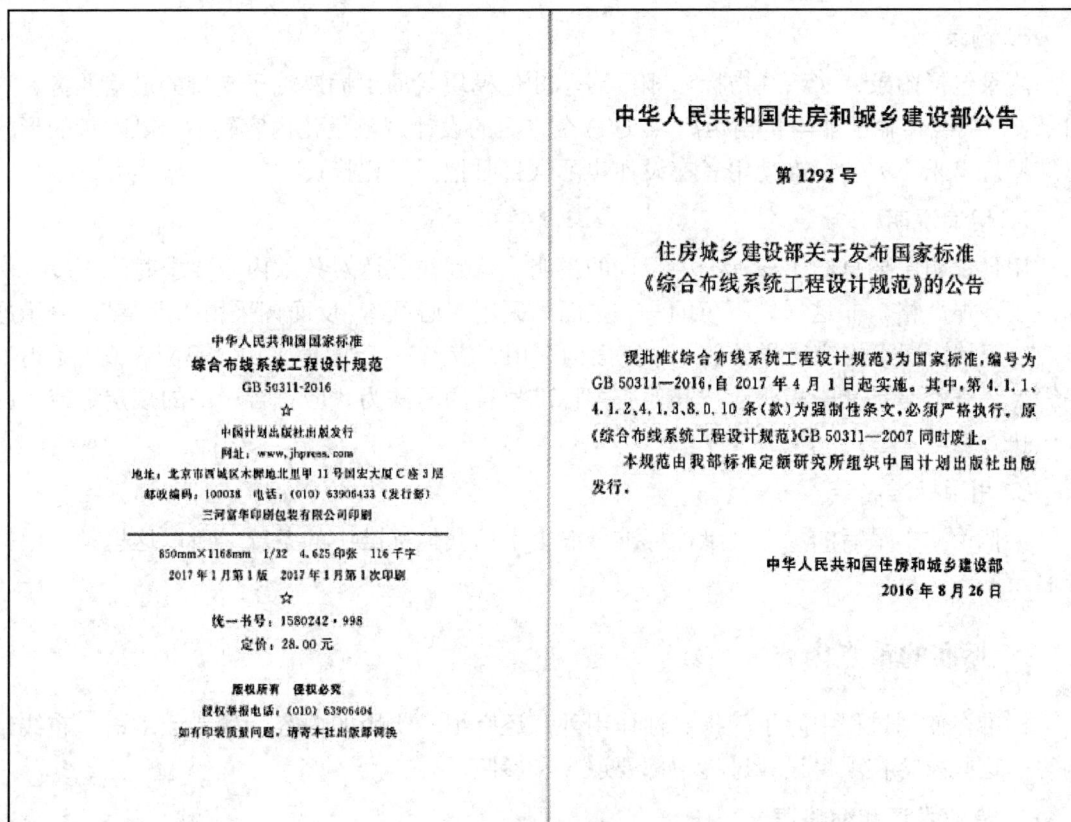

图 2-2　标准公告

3. 前言

前言内容较为重要，一般会简要介绍该标准的章节划分，特别是更新版本的标准，会着重介绍本次版本更新的主要内容，此外还会介绍一些行文规范和参编单位。我们重点关注版本更新内容和参编单位。掌握版本更新内容可以快速了解该标准的重点内容，以便适应新标准的规定；参编单位对了解行业情况、分析市场形势有很大帮助，如本标准中的参编单位，都是我国综合布线行业中的一流企业。

4. 目次

目次就是目录，标注了整个标准文件的结构，从目次中能看出该标准分为 9 章、3 个附录，还有一些说明，每一小节都有对应的页码，方便查找。同时为方便国际交流还配有英文目录。

5. 内容

正式内容分为 9 章，具体内容将在 2.3.2 小节详细介绍。这里主要关注章节的顺序安排。首先是总则，它叙述了标准制定和使用中一些原则性的条款和定义。其后是术语和缩略语，这里的内容是对全文件中出现的术语和使用的缩略语进行列举和说明，必须放在其他内容之前，不然就会影响阅读和使用体验。其他章节一般按结构设计、配置设计、性能指标、安装工艺等设计工作的先后顺序安排，为标准的使用提供方便。

6. 附录

附录包括附录 A《系统指标》、附录 B《8 位模块式通用插座端子支持的通信业务》和附录 C《缆线传输性能与传输距离》。这三个方面的设计规范量化内容较多，以附录的形式总结提炼出来，方便标准使用者在设计实际项目时把握量化指标。

7. 用词说明

用词说明主要总结了该标准中用词的说明，特别在表达对条款内容要求时的程度。例如：表示很严格，非这样做不可的——正面词采用"必须"，反面词采用"严禁"；表示严格，在正常情况下均应这样做的——正面词采用"应当"，反面词采用"不应"或"不得"；等等。还有就是条文中指明应按其他有关标准执行的写法为"应符合……的规定"或"应按…执行"。

8. 引用标准名录

类似论文中最后的参考文献，标准一般会引用其他标准中的条款，所以这里是引用标准名录。

2.3.2　标准的重点内容

标准在使用过程中除了起指导性作用外，还有很多实用的内容，如专业术语、布线结构等。这些内容在项目设计过程中都要遵守和参照。

1. 专业术语和缩略语

表 2-1 所示为 GB 50311—2016《综合布线系统工程设计规范》中所用到的专业术语。

表 2-1　专业术语列表

术语	英　文	解　　释
布线	Cabling	能够支持电子信息设备相连的由各种线缆、跳线、插接软线和连接器件组成的系统
建筑群子系统	Campus Subsystem	由配线设备、建筑物之间的干线线缆、设备线缆、跳线等组成
电信间	Telecommunications Room	放置电信设备、线缆端接的配线设备，并进行线缆交接的一个空间
工作区	Work Area	需要设置终端设备的独立区域
信道	Channel	连接两个应用设备的端到端的传输通道
链路	Link	一个 CP 链路或是一个永久链路
永久链路	Permanent Link	信息点与楼层配线设备之间的传输线路。它不包括工作区线缆和连接楼层配线设备的设备线缆、跳钱，但可以包括一个 CP 链路
集合点	Consolidation Point	楼层配线设备与工作区信息点之间水平线缆路由中的连接点
CP 链路	CP Link	楼层配线设备与集合点(CP)之间，包括两端的连接器件在内的永久性的链路
建筑群配线设备	Campus Distributor	端接建筑群主干线缆的配线设备
建筑物配线设备	Building Distributor	为建筑物主干线缆或建筑群主干线缆端接的配线设备
楼层配线设备	Floor Distributor	端接水平线缆和其他布线子系统线缆的配线设备
入口设施	Building Entrance Facility	提供符合相关规范的机械与电气特性的连接器件，将外部网络线缆引入建筑物内
连接器件	Connecting Hardware	用于连接电线缆对和光缆光纤的一个器件或一组器件
光纤适配器	Optical Fiber Adapter	将光纤连接器实现光学连接的器件
建筑群主干线缆	Campus Backbone Cable	用于建筑群内连接建筑群配线设备与建筑物配线设备的线缆
建筑物主干线缆	Building Backbone Cable	入口设施至建筑物配线设备、建筑物配线设备至楼层配线设备、建筑物内楼层配线设备之间的连接线缆
水平线缆	Horizontal Cable	楼层配线设备至信息点之间的连接线缆
CP 线缆	CP Cable	连接组合点(CP)至工作区信息点的线缆
信息点(TO)	Telecommunications Outlet	线缆端接的信息插座模块
设备线缆	Equipment Cable	通信设备至配线设备之间的连接线缆
跳线	Patch Cord/ Jumper	不带连接器件或带连接器件的电线缆对和带连接器件的光纤，用于配钱设备之间进行连接

术语	英文	解释
线缆	Cable	电缆和光缆的统称
光缆	Optical Cable	由单芯或多芯光纤构成的线缆
线对	Pair	由两个相互绝缘的导体对绞组成,通常是一个对绞线对
对绞电缆	Balanced Cable	由一个或多个金属导体线对组成的对称电缆
屏蔽对绞电缆	Screened Balanced Cable	含有总屏蔽层和/或每线对屏蔽层的对绞电缆
非屏蔽对绞电缆	Unscreened Balanced Cable	不带有任何屏蔽物的对绞电缆
插接软线	Patch Cord	一端或两端带有连接器件的软电缆
多用户信息插座	Multi-user Telecommunication Outlet	工作区内若干信息插座模块的组合装置
配线区	The Wiring Zone	根据建筑物的类型、规模以及用户单元的密度,由单栋或若干栋建筑物的用户单元组成的配线区域
配线管网	The Wiring Pipeline Network	由建筑物外线引入管,建筑物内的竖井、管、桥架等组成的管网
用户接入点	The Subscriber Access Point	多家电信业务经营者的电信业务共同接入的部位,是电信业务经营者与建筑建设方的工程界面
用户单元	Subscriber Unit	建筑物内占有一定空间、使用者或使用业务会发生变化的、需要直接与公用电信网互联互通的用户区域
光纤到用户单元通信设施	Fiber to the Subscriber Unit Communication Facilities	光纤到用户单元工程中,建筑规划用地红线内地下通信管道、建筑内管槽及通信光缆、光配线设备、用户单元信息配线箱及预留的设备间等设备安装空间
配线光缆	Wiring Optical Cable	用户接入点至园区或建筑群光缆的汇聚配线设备之间,或用户接入点至建筑规划用地红线范围内与公用通信管道互通的人(手)孔之间的互通光缆
用户光缆	Subscriber Optical Cable	用户接入点配线设备至建筑物内用户单元信息配线箱之间连接的光缆
户内线缆	Indoor Cable	用户单元信息配线箱至用户区域内信息插座模块之间连接的线缆
信息配线箱	Information Distribution Box	安装于用户单元区域内,完成信息互通与通信业务接入的配线箱体
桥架	Cable Tray	梯架、托盘及槽盒的统称

表 2-2 所示为 GB 50311—2016《综合布线系统工程设计规范》中所用到的英文缩略语。

表 2-2　英文缩略语列表

英文缩略语	英 文 全 称	中文名称或解释
ACR-F	Attenuation to Crosstalk Ratio at the Far-end	衰减远端串音比
ACR-N	Attenuation to Crosstalk Ratio at the Near-end	衰减近端串音比
BD	Building Distributor	建筑物配线设备
CD	Campus Distributor	建筑群配线设备
CP	Consolidation Point	集合点
d. c.	Direct Current Loop Resistance	直流环路电阻
EL TCTL	Equal Level TCTL	两端等效横向转换损耗
FD	Floor Distributor	楼层配线设备
FEXT	Far End Crosstalk Attenuation (Loss)	远端串音
ID	Intermediate Distributor	中间配线设备
IEC	International Electrotechnical Commission	国际电工技术委员会
IEEE	the Institute of Electrical and Electronics Engineers	美国电气及电子工程师学会
IL	Insertion Loss	插入损耗
IP	Internet Protocol	因特网协议
ISDN	Integrated Services Digital Network	综合业务数
ISO	International Organization for Standardization	国际标准化组织
MUTO	Multi-User Telecommunications Outlet	多用户信息插座
MPO	Multi-fiber Push On	多芯推进锁闭光纤连接器件
NI	Network Interface	网络接口
NEXT	Near End Crosstalk Attenuation (Loss)	近端串音
OF	Optical Fiber	光纤
POE	Power Over Ethernet	以太网供电
PS NEXT	Power Sum Near End Crosstalk Attenuation (Loss)	近端串音功率和
PS AACR-F	Power Sum Attenuation to Alien Crosstalk Ratio at the Far-end	外部远端串音比功率和
PS AACR-Favg	Average Power Sum Attenuation to Alien Crosstalk Ratio at the Far-end	外部远端串音比功率和平均值
PS ACR-F	Power Sum Attenuation to Crosstalk Ratio at the Far-end	衰减远端串音比功率和
PS ACR-N	Power Sum Attenuation to Crosstalk Ratio at the Near-end	衰减近端串音比功率和
PS ANEXT	Power Sum Alien Near-End Crosstalk (Loss)	外部近端串音功率和
PS ANEXTavg	Average Power Sum Alien Near-End Crosstalk (Loss)	外部近端串音功率和平均值

英文缩略语	英 文 全 称	中文名称或解释
PS FEXT	Power Sum Far end Crosstalk (Loss)	远端串音功率和
RL	Return Loss	回波损耗
SC	Subscriber Connector (Optical Fiber Connector)	用户连接器件(光纤活动连接器件)
SW	Switch	交换机
SFF	Small Form Factor Connector	小型光纤连接器件
TCL	Transverse Conversion Loss	横向转换损耗
TCTL	Transverse Conversion Transfer Loss	横向转换转移损耗
TE	Terminal Equipment	终端设备
TO	Telecommunications Outlet	信息点
TIA	Telecommunications Industry Association	美国电信工业协会
UL	Underwriters Laboratories	美国保险商实验所安全标准
Vr.m. s	Vroot.mean. square	电压有效值

2. 系统设计

系统设计部分主要定义了综合布线的一般结构，如图 2-3 所示。综合布线系统由三个线缆子系统组成：配线子系统、干线子系统和建筑群子系统。此外还有工作区(TO)、设备间(CD/BD/FD)、进线间等节点子系统，各处的标记管理体系也自成一个子系统。这就是综合布线设计的七个子系统。在配线子系统中可以设置集合点(CP)，也可不设置。有时为了通信方便，还可以设置 FD-FD、BD-BD 直接的直连线路。

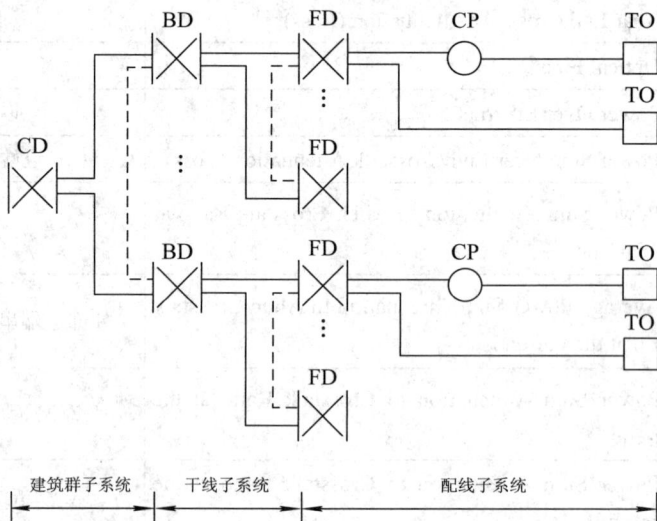

图 2-3　综合布线系统结构图

为规范设计，系统设计列举了铜缆链路、光纤链路及光电混合链路的标准结构，定义了各子系统信道的标准长度，也定义了布线系统等级与类别。布线系统等级与类别的选用如表 2-3 所示。

表 2-3　布线系统等级与类别的选用

业务种类		配线子系统		干线子系统		建筑群子系统	
		等级	类别	等级	类别	等级	类别
语音		D/E	5/6(4 对)	C/D	3/5(大对数)	C	3 (室外大对数)
数据	电缆	D、E、E_A、F、F_A	5、6、6_A、7、7_A(4 对)	E、E_A、F、F_A	6、6_A、7、7_A(4 对)		
	光纤	OF-300 OF-500 OF-2000	OM1、OM2、OM3、OM4 多模光缆；OS1、OS2 单模光纤及相应等级的连接器	OF-300 OF-500 OF-2000	OM1、OM2、OM3、OM4 多模光缆；OS1、OS2 单模光纤及相应等级的连接器	OF-300 OF-500 OF-2000	OS1、OS2 单模光纤及相应等级的连接器
其他应用		当建筑物其他弱电子系统采用网络端口传输数字信息时可采用 6/6/6_A 类 4 对对绞电缆，OM1、OM2、OM3、OM4 多模光缆和 OS1、OS2 单模光纤及相应等级的连接器					

此外，系统设计还列举了典型的综合布线工程，如开放型办公室布线系统、工业环境布线系统、综合布线在弱电系统中的应用。通过对典型案例的具体设计示范，引导设计者按照标准设计项目。

3. 光纤到用户单元通信设施

光纤到用户单元通信设施是 GB 50311—2016 新增的单元，旨在规范公用电信网络已实现光纤传输的地区。建筑物内设置用户单元时采用光纤到用户单元的布线方式的设计标准。具体内容将在介绍光缆施工时详讲，这里不再赘述。

4. 系统配置设计

系统配置设计是以各子系统为单元，详细叙述子系统在设计过程中的注意事项、配置原则和接口标准。通过系统配置设计的论述，设计者可根据项目实际情况选用配置参数和系统接口，确定系统规模及边界，方便子系统之间的对接。

5. 性能指标

本章以综合布线系统电气性能参数为标准对象，通过具体的系统性能指标，规范设计者在结构、材料、工艺等项目要素中的设计。也就是说，设计中要以实现标准的系统性能指标为设计目标，自觉规范设计方案的性能要求。

6. 安装工艺要求

本章以子系统为单元，逐个罗列安装施工过程中的工艺要求。一方面，让设计者熟悉工程施工工艺，在设计过程中能够贴近现实，选择可行的设计方案；另一方面，规定施工时必须遵守工艺要求和准则，保证工程施工按照设计者意图进行，以保证工程质量。具体内容在后续章节中详细讲解。

7. 安全

安全内容包括两章，三方面的内容，即电气防护、接地和防火。电气防护包括防电磁干扰、防雷，以及与供电、供水、燃气、暖气等管线通道保持安全距离；接地主要是对线缆、通道、机柜、设备的接地线及等电位联结端子进行设置，防止由于静电积累产生的安全隐患；防火主要针对线缆选用、布放方式及安装场地等方面采取措施，以满足建筑物的防火等级要求。

实践与思考

项目 3 认识综合布线工程的材料

【知识目标】

(1) 了解网络通信介质的性能指标和生产标准；
(2) 掌握铜缆线缆及其连接器件的种类和用途；
(3) 掌握光缆线缆及其连接器件的种类和用途；
(4) 掌握综合布线工程通道支撑保护材料的种类和用途。

【能力目标】

(1) 能够辨识各类布线材料的种类和性能；
(2) 能够按照工程需要正确选用合适的布线材料；
(3) 能够通过多种途径获取指定材料产品的信息。

【项目背景】

综合布线系统作为一种通信介质工程项目，是由各类线缆、连接器和软接跳线共同组成的无源系统。因此，综合布线系统的主要物理结构是由介质材料连接而成的信号链路。这些介质材料是综合布线工程的主材。

复杂的外部环境会影响介质链路的使用性能和寿命，综合布线系统如果只有主材不能保证综合布线系统的长期使用，因此需要线管、线槽、机柜之类的辅助材料来保护通信链路。

本项目将认识这些主材和辅材，并了解它们的产品和级别。

任务 3.1 认识网络通信介质

就像声音可以在气体、液体和固体中传播，但无法在真空中传播一样，网络信号的传输也需要传输介质来承载，综合布线技术就是要解决网络通信介质的问题。不同介质的应用场景各不相同，本任务就来一起认识网络信号传输的各种介质。

通信介质

计算机网络通信分为有线通信和无线通信两大类。在有线通信系统中，网络传输介质有铜缆和光缆两大类，不同种类的介质传播的信号种类不同。铜缆中通过传输电气信号来表达信息，这是人类进入工业时代以来一直使用的通信方式。从电报到电话再到如今的互联网，电气信号通信技术一直都是我们最依赖的通信

技术。现行的大部分通信标准都基于电气技术，而光缆中以光信号为信息载体，通过光电转换技术来模拟电气信号。光信号在抗干扰、传输距离、传输速率上具有电气信号难以比拟的巨大优势，如今在计算机领域得到了越来越广泛的应用。

现实中，不论使用哪种介质，我们往往关注的是它作为介质的性能，如成本、效率、安全、维护等方面。这里重点讨论数据传输速率、网络级别和带宽的问题。数据传输速率也就是俗称的"网速"，是指网络当前单位时间内上传或下载的数据量，单位通常是 b/s，代表网络的即时通信量。百兆网络、千兆网络、万兆网络就是指网络级别，这跟该网络适用的网络协议有关，一般用网络协议可支持的最大传输数据量的数量级来表示。例如：高校校园网现在常见的建设标准是万兆核心网络、千兆汇聚网络和百兆接入网络，而网络传输速率的决定性因素就在于通信介质的带宽。所谓带宽，就是"频带宽度"，指通信线路或设备所能传送信号的范围，是通信介质的一个固有属性。

如今，很多人把网速或网络级别与带宽等同起来，其实它们还是有所不同的。打个比方，带宽就像是水管的直径，是水管的固有属性，它不会因为水管中的液体种类、水压、流速等因素而改变，但它直接决定着水管中液体的流通量；而网速就像是水管中某一时刻的流速，它因为各种原因在不时地变化，所以通常取一个理论上的最大值来表示该水管流速。由于水管直径越大水流量越大，因此有时也就直接用最大水流量(网络级别)来表示我们想用的水管类型了。下面通过表 3-1 来认识综合布线中常见的通信介质，从而了解带宽和网络级别的区别和联系。

表 3-1　通信介质属性表

网络级别	通信介质	网络标准	带宽	传输距离	应用场景
10 Mb/s (十兆网)	细同轴电缆	IEEE 802.3	受距离限制	185 m	已退出市场
	粗同轴电缆		受距离限制	500 m	已退出市场
	3 类双绞线	EEE 802.3i	16 MHz	100 m	已退出市场
	光纤	IEEE 802.3j	不限	2000 m	极少
100 Mb/s (百兆网)	3 类双绞线	IEEE 802.3u	16 MHz	100 m	已退出市场
	5 类双绞线		100 MHz	100 m	常用
	光纤		不受限	2000 m	较少
1 Gb/s (千兆网)	超 5 类双绞线	IEEE 802.3ab	100 MHz	100 m	主流产品
	6 类双绞线	ANSI/TIA/EIA-854	250 MHz	100 m	
	6$_A$ 类双绞线		500 MHz	100 m	
	7 类双绞线		600 MHz	100 m	
	62.5 μm 多模光纤 (短波 850 nm)	IEEE 802.3z	模拟带宽 200 MHz·km	220 m	
	62.5 μm 多模光纤 (长波 1300 nm)		模拟带宽 200 MHz·km	275 m	
	50 μm 多模光纤 (短波 850 nm)		模拟带宽 500 MHz·km	500 m	

续表

网络级别	传输介质	网络标准	带宽	传输距离	应用场景
1 Gb/s (千兆网)	50 μm 多模光纤 (长波 1300 nm)	IEEE 802.3z	模拟带宽 500 MHz·km	550 m	主流产品
	单模光纤		不受限	5 km	
10 Gb/s (万兆网)	同轴电缆	IEEE 802.3ae	受距离限制	15 m	
	6 类双绞线		250 MHz	55 m	
	6$_A$ 类双绞线		500 MHz	100 m	
	7 类双绞线		600 MHz	100 m	
	62.5 μm 多模光纤/ 850 nm		模拟带宽 500 MHz·km	26 m	
	50 μm 多模光纤/ 850 nm		模拟带宽 200 MHz·km	65 m	
	9 μm 单模光/ 1310 nm		不受限	10 km	
	9 μm 单模光纤 /1550 nm		不受限	40 km	

注意：光纤是没有带宽概念的，理论上可以无限大，但与传播距离成反比，因此只能根据实际使用效果得出模拟带宽。在一些低级别的网络中应用高级别的光纤介质几乎是不受带宽限制的。

从表 3-1 中可以看到，相同种类的通信介质由于生产标准、网络标准的不同，其带宽及应用场景也不相同。

任务 3.2　认识铜缆材料

由于铜缆中的一些产品随着技术革新逐渐被市场所淘汰，因此本书主要介绍目前应用较广且应用价值较大的双绞线产品，其他产品的详细情况请自行了解。

如果第一次接触双绞线一定有很多困惑，为什么两根线芯要相互缠绕在一起，为什么有不同数量线芯的线缆，为什么有的线芯粗、有的线芯细，为什么有的还包了金属膜(网)。下面来了解双绞线。

铜缆材料

3.2.1　双绞线的结构

双绞线主要包括线芯、对绞结构、屏蔽层、外护套等。本节从其制作工艺入手，详细了解市场上常见的双绞线产品的结构。

1. 双绞线制作工艺

双绞线(Twisted Pair，TP)由两根符合 AWG(American Wire Gauge，美国线缆标准)22～26 号的绝缘铜导线相互缠绕而成。如果把一对或多对双绞线放在一个绝缘套管中便构成了双绞线电缆。双绞线电缆的一般制造流程为：铜棒拉丝→单芯覆盖绝缘层→两芯绞绕→4 对绞绕→覆盖外绝缘层→印刷标记→成卷。在工厂专业化大规模生产非屏蔽超 5 类电缆的工艺流程分为拉丝、绝缘、绞对、成缆四项，如图 3-1 所示。

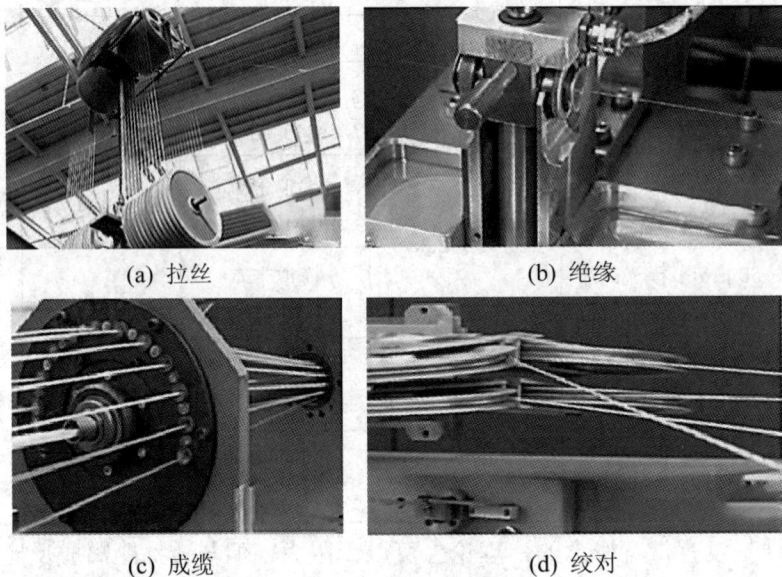

(a) 拉丝　　　　　　　　　(b) 绝缘

(c) 成缆　　　　　　　　　(d) 绞对

图 3-1　双绞线制作流程

小贴士

英国和美国使用线号表示法来区分导线直径。线号又称线规(Wire Gauge)，按 0、1、2、3……顺序表示，数字越大，线材越细。300 年前，轧制和挤压尚未诞生，还是用锻造制备线坯，当年的测量工具也很粗糙，在这情况下以拉制的次数作为线材粗细的标志。每拉一次增加一号，线坯则为 0 号。

经过 300 年制作工艺的发展，有的国家就改为直径计量，但英国和美国仍沿用线号表示法。现今常使用的是美国线规(American Wire Gauge，AWG)、伯明翰线规(BirminghamWire Gauge，BWG)和英国标准线规(Standard Wire Gauge，SWG)。22～26 号线规的属性如下表所示。

AWG	直径/in	直径/mm	面积/cmil	面积/mm^2	重量/(kg/km)
22	0.0253	0.643	640.1	0.3256	2.895
23	0.0226	0.574	510.8	0.2581	2.295
24	0.0201	0.511	404.0	0.2047	1.820
26	0.0159	0.404	252.8	0.1288	1.145

2. 电缆的屏蔽结构

把两根绝缘的铜导线按一定密度互相绞合在一起(可降低彼此信号干扰的程度)，电流从导体中流过会产生相应的电磁波，而电磁波又会在与此导体平行的导体中产生电流(无线电原理)，因此两根相邻的导体夹角越接近 90°电磁波干扰就越小。一般来说，扭线越密，其抵抗电磁信号干扰的能力就越强。在双绞线电缆(也称双扭线电缆)内，不同线对还具有不同的扭绞长度(Twist Length)，来抵消线对间的干扰。

除了利用对绞来抵抗电磁干扰外，可以在双绞线电缆中增加屏蔽层用于提高电缆的物理性能和电气性能，减少电缆信号传输中的电磁干扰。该屏蔽层一般为金属箔或金属丝网，能将电磁干扰转变成直流电。屏蔽层上的噪声电流与双绞线上的噪声电流相反，因而两者可相互抵消。屏蔽层还可以保存电缆导线传输信号的能量，这样电缆导线正常的辐射能量将会接触到电缆屏蔽层，由于电缆屏蔽层接地，屏蔽金属箔就会把电荷引入地下，从而防止信号对通信系统或其他对电子噪声比较敏感的电气设备的电磁干扰(EMI)。电缆屏蔽层的设计一般为屏蔽整个电缆(FTP)或屏蔽电缆中的线对(STP)。电缆屏蔽系统如图 3-2 所示。

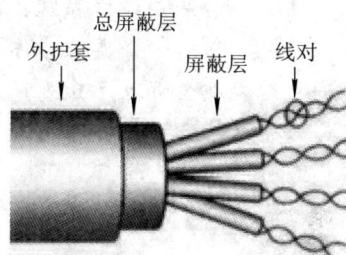

图 3-2　电缆屏蔽结构

3. 双绞线线对结构

市场上用于数据通信的双绞线一般为 4 对线对成缆结构。为了便于安装与管理，每对双绞线线对都有符合孟塞尔色标的颜色标示，4 对 UTP 电缆的颜色分别为蓝色、橙色、绿色和棕色。每对线对中，其中一根线的颜色为纯色，另一根线的颜色则在纯色上加上白色条纹或斑点。双绞线线对色标如表 3-2 所示。

表 3-2　双绞线线对色标

线对	孟塞尔色标		缩写	
1	蓝	白-蓝	BL	W-BL
2	橙	白-橙	O	W-O
3	绿	白-绿	G	W-G
4	棕	白-棕	BR	W-BR

为了节省布线成本，还会用到大对数电缆。大对数电缆为 25 对、50 对、100 对等(25对的倍数)成束的电缆结构，从外观上看，为直径更大的单根电缆，如图 3-3 所示。大对数电缆作为干线电缆，可以给每一个信息终端(一般是语音终端)提供指定对数的线芯，一次布线就可以支持多个终端通信。大对数电缆一般性能不高，且只有非屏蔽电缆。

大对数电缆采用 25 对国际工业标准彩色编码进行管理，分为五种主色和五种辅色。每个线对都是由一根主色和一根辅色组成，这样每个线对束都有不同的颜色标记了。主色为

图 3-3　大对数电缆

白、红、黑、黄、紫，辅色为蓝、橙、绿、棕、灰，如图 3-4 所示。

01	02	03	04	05	06	07	08	09	10	11	12	13	14	15	16	17	18	19	20	21	22	23	24	25
白					红					黑					黄					紫				
蓝	橙	绿	棕	灰	蓝	橙	绿	棕	灰	蓝	橙	绿	棕	灰	蓝	橙	绿	棕	灰	蓝	橙	绿	棕	灰

图 3-4 大对数电缆色标

小贴士

孟塞尔颜色系统：A.H.孟塞尔根据颜色的视觉特点制定的颜色分类和标定系统。它用一个类似球体的模型，把各种表面色的三种基本特性——色相、明度、饱和度全部表示出来。立体模型中的每一部位都代表一种特定的颜色，并都有一个标号。

孟塞尔颜色系统

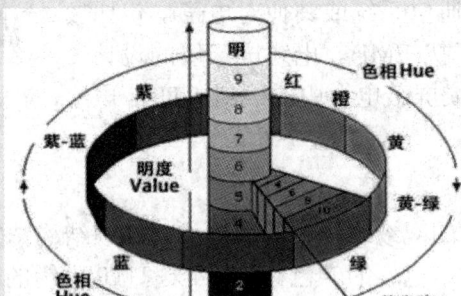

4. 双绞线电缆护套结构

双绞线电缆护套外皮一般有非阻燃(CMR)、阻燃(CMP)和低烟无卤(Low Smoke Zero Halogen，LSZH)三种类型。电缆的护套若含卤素，则不易燃烧(阻燃)，但在燃烧过程中释放的毒性大；电缆的护套若不含卤素，则易燃烧(非阻燃)，但在燃烧过程中所释放的毒性小。因此在设计综合布线时，应根据建筑物的防火等级，选择阻燃型线缆或非阻燃型线缆。

双绞线电缆的外部护套上每隔 1 m 会印刷一串标识。不同生产商的产品标识可能不同，但一般包括双绞线类型、NEC/UL 防火测试和级别、CSA 防火测试、长度标志、生产日期、双绞线的生产商和产品号码等信息。表 3-3 所示是某线缆产品上套印字对应说明。

表 3-3 线缆套印字说明

品牌	产品类别	屏蔽属性	线规	线对数	参照标准	线箱中剩余线长	生产日期
ANPU	Cat5$_E$	UTP	24 AWG	4 PR	ANSI/TIA/EIA-568.B	305 m	2021.1.1
安普	超 5 类	非屏蔽线缆	参照 24 号线规	4 对双绞线	符合 T568B 标准	305 m	2021.1.1

双绞线在传输距离、信道宽度和数据传输速率等方面表现比较均衡，其价格一般较为低廉，布线成本低，施工方便，适合大规模布线工程。近年来，双绞线的技术和生产工艺在不断发展，使得在传输距离、信道宽度、数据传输速率等方面都有较大的突破，支持万

兆传输的 6_A 类、7 类双绞线已推向市场。双绞线的抗干扰能力视其是否有良好的屏蔽和设置地点而定，如果干扰源的波长大于双绞线的扭绞长度，则其抗干扰性大于同轴电缆(在 10～100 kHz 以内，同轴电缆抗干扰性较好)。双绞线较适合于近距离、环境单纯(远离潮湿、电源磁场等)的局域网络系统。

3.2.2　双绞线的分类

按结构分类，双绞线电缆可分为非屏蔽双绞线电缆和屏蔽双绞线电缆两类；按特性阻抗分类，双绞线电缆则有 100 Ω、120 Ω 及 150 Ω 等，常用的是 100 Ω 的双绞线电缆；按双绞线对数进行分类，有 1 对、2 对、4 对双绞线电缆，25 对、50 对、100 对的大对数双绞线电缆；按性能指标分类，双绞线电缆可分为 1 类、2 类、3 类、4 类、5 类、5_E 类、6 类、6_A 类、7 类、7_A 类、8 类双绞线电缆(基于 ANSI/TIA/EIA-568 标准)，或 A、B、C、D、E、E_A、F 级双绞线电缆(基于 ISO/IEC 标准)。

1. 非屏蔽双绞线(UTP)

非屏蔽双绞线电缆，顾名思义，没有屏蔽双绞线的金属屏蔽层，它在绝缘套管中封装了一对或一对以上的双绞线，每对双绞线按一定密度互相绞在一起，提高了对抗系统本身电子噪声和电磁干扰的能力，但不能防止周围的电子干扰。UTP 中还有一条撕剥线(撕裂绳)，使套管更易剥脱，如图 3-5 所示。

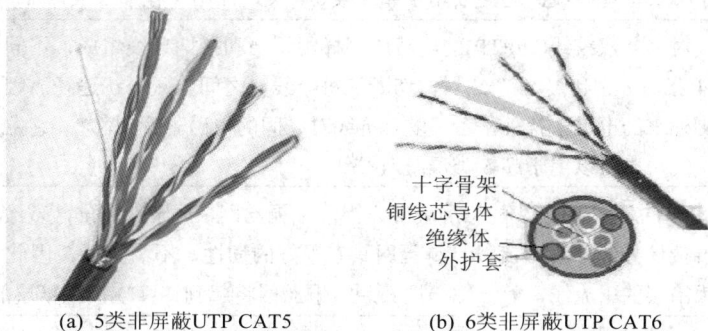

(a) 5类非屏蔽UTP CAT5	(b) 6类非屏蔽UTP CAT6

图 3-5　非屏蔽双绞电缆

UTP 电缆是通信系统和综合布线系统中最流行的传输介质，常用的双绞线电缆封装 4 对双绞线，配上标准的 RJ-45 接口，可应用于语音、数据、音频、呼叫系统以及楼宇自动控制系统，也可同时用于干线子系统和配线子系统的布线。封装 25 对、50 对、100 对等大对数的双绞线电缆应用于语音通信的干线子系统中。

非屏蔽双绞线电缆的优点如下：

(1) 无屏蔽外套，直径小，节省所占用的空间；

(2) 质量小，易弯曲、易安装；

(3) 将串扰减至最小或加以消除；

(4) 具有阻燃性。

2. 屏蔽双绞线

一方面，随着电气设备和电子设备的大量应用，通信链路受到越来越多的电子干扰。这些电子干扰来自动力线、发动机、大功率无线电、雷达信号等其他信号源，如果信号在附近产生，则可能带来噪声干扰。另一方面，电缆导线中传输的信号能量的辐射，也会对临近的系统设备和电缆产生电磁干扰(EMI)。在双绞线电缆中增加屏蔽层是为了提高电缆的物理性能和电气性能，减少电缆信号传输中的电磁干扰。电缆屏蔽层的设计有以下几种形式：① 屏蔽整个电缆；② 屏蔽电缆中的线对；③ 屏蔽电缆中的单根导线；④ 电缆屏蔽层由金属箔、金属丝或金属网几种材料构成。

为区分不同结构的屏蔽双绞线，ISO/IEC 11801—2002 的附录 E 中将不同类型的双绞线命名规则归纳如下：

$$X/YTP$$

其中：斜杠(/)之前为总屏蔽层，斜杠(/)之后为每对线对的单独屏蔽层。表 3-4 对各种屏蔽线缆类型进行了详细比较。

表 3-4　屏蔽线缆的类型比较

线缆类型	特　　性
UTP 类	非屏蔽双绞线不具备电磁屏蔽功能，易受外界及线对之间电磁干扰，不能用于电磁环境复杂的建筑系统中
F/UTP 类	铝箔总屏蔽屏蔽双绞线(F/UTP)是最传统的屏蔽双绞线，主要用于将 8 芯双绞线与外部电磁场隔离，对线对之间电磁干扰没有作用。该屏蔽双绞线是在铝箔的导电面上敷设了一根接地导线。它主要用于超 5 类、6 类产品中，在超 6 类产品中也有应用
U/FTP 类	线对屏蔽双绞线(U/FTP)的屏蔽层同样由铝箔和接地导线组成，不同的是：铝箔层分为 4 张，分别包裹 4 个线对，切断了每个线对之间电磁干扰途径。因此，它除了可以抵御外来的电磁干扰外，还可以对抗线对之间的电磁干扰(串扰)。它主要用于 6 类屏蔽双绞线，也可以用于超 5 类屏蔽双绞线
SF/UTP 类	SF/UTP 屏蔽双绞线的总屏蔽层为铝箔＋铜丝网，属于双层屏蔽双绞线的一种。它不需要接地导线作为引流线。铜丝网具有很好的韧性，不易折断，因此它本身就可以作为铝箔层的引流线，万一铝箔层断裂，铜丝网将起到继续连接铝箔层的作用
F/UTP 类	F/UTP 屏蔽双绞线的总屏蔽层为两层导电层相对的铝箔层，属于双层屏蔽双绞线的一种。它的接地线位于两层导电层之间。双层导电层的设计能避免屏蔽施工时导电层外翻引起的电磁泄漏

说明：S 指丝网编织屏蔽；F 指一层或两层铝箔屏蔽；SF 指丝网编织及铝箔屏蔽；U 指无屏蔽层。

3. 不同线对数的双绞线电缆

不同线对的双绞线电缆及其用途如表 3-5 所示。

表 3-5　不同线对的双绞线电缆及其用途

常见线缆对数	铜导体根数	用途
1 对	2 根	电话线缆
2 对	4 根	电话、传真、可视对讲
4 对	8 根	大多数数据传输
25 对/50 对	50 根/100 根	语音干线传输线路

4. 线缆标准

根据标准，不同级别的双绞线电缆性能不同，应用也不同，如表 3-6 所示。

表 3-6　双绞线电缆分级表

ANSI/EIA/TIA-568 标准分级	ISO/IEC11801 标准分级	支持带宽	应 用 场 景
	A 级	100 kHz	早期信号线，已淘汰
1 类		750 kHz	只适用于语音系统或传感器信号
2 类	B 级	1 MHz	只适用于语音系统或传感器信号
3 类	C 级	16 MHz	4 对双绞线已退出市场，现有产品为大对数电缆，用于语音主干布线
4 类		20 MHz	未被广泛采用
5 类 (屏蔽和非屏蔽)	D 级	100 MHz	可用于百兆网，但 4 对线缆基本退出市场，常用的是 5 类大对数电缆，用于语音干线布线
5$_E$ 类 (屏蔽和非屏蔽)		100 MHz	曾经是市场主流产品，能支持千兆网，性价比高
6 类 (屏蔽和非屏蔽)	E 级	250 MHz	当前市场主流产品，占有率已超 5$_E$ 类，全面支持千兆网，性能更优
6$_A$ 类 (屏蔽和非屏蔽)	E$_A$ 级	500 MHz	性能优于 6 类，可支持万兆网，但距离不能超过 55 m
7 类(屏蔽)	F 级	600 MHz	全面支持万兆网，为保证通信质量仅生产屏蔽型，支持 RJ-45 接口
7$_A$ 类(屏蔽)	F$_A$ 级	1000 MHz	支持 4 万兆和 10 万兆网络，必须采用 S/FTP 结构，不兼容 RJ-45 接口，市场上可见 GG-45 和 Tear 接口

3.2.3　铜缆连接器件

连接器件在国家标准里的定义是：连接缆线的一个器件或一组器件。由定义可知其与线缆是配套使用的，同时它也是综合布线系统的对外接口。正是因为有了可灵活插拔的连接器件，有源的电子设备才能够接入无源的介质系统。根据线缆的不同，铜缆的连接器件有很多种，本书重点讲述与双绞线配套使用的连接器件，如连接器、信息插座、配线架等。下面介绍目前工程中常见的几种连接器件。

1. RJ 连接器

RJ 连接器一直是双绞线电缆的配套连接器。RJ(Registered Jack，已注册插孔)，是美国 EIA(电子工业协会)、TIA(电信工业协会)确立的一种以太网连接器的接口标准，由于这类连接器多由透明塑料制成，因此 RJ 连接器也被称为水晶头。在基于双绞线的语音和数据通信中有三种不同尺寸和类型的连接器，分别是四线位结构、六线位结构和八线位结构。四线位结构连接器用"4P4C"表示，这种类型的连接器通常用在大多数电话中；六线位结构连接器用"6P6C"表示，这种类型的连接器主要用于老式的数据连接；八线位结构连接器用"8P8C"表示，这种结构是目前综合布线端接标准，用于 4 对 8 芯水平电缆(数据和语音)的端接。根据 ANSI/TIA/EIA-568 标准规定，用 RJ-11 代表四线位或者六线位模块结构，RJ-45 代表八线位模块结构。

(1) RJ-11 连接器。四线位结构的 RJ-11 连接器如图 3-6 所示，主要用于老式电话或对讲机的通信；六线位结构的 RJ-11 连接器如图 3-7 所示，主要用于可视电话及传真机的通信。在综合布线系统中，一般会用八线位外形结构的 RJ-11 连接器(外形与 RJ-45 连接器一致，但只有 4 个或 6 个刀片)，适配 RJ-11 连接器的普通电话机用于语音通信，这样在前期布置时就不必使用专用的信息插座，从而降低了施工难度。而随着网络应用的拓展，新型 VOIP 网络电话机可直接连 RJ-45 连接器。

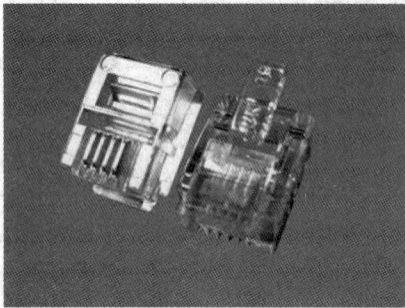

图 3-6　四线位结构的 RJ-11 连接器

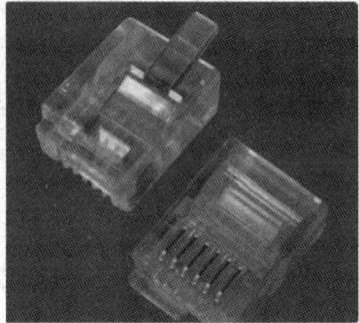

图 3-7　六线位结构的 RJ-11 连接器

(2) RJ-45 连接器。八线位结构的 RJ-45 连接器是目前综合布线铜缆端接的标准接口，用于 4 对 8 芯水平电缆(数据和语音)的端接。根据配套双绞线结构类型，RJ-45 连接器(如图 3-8 所示)分为非屏蔽和屏蔽类型；根据双绞线性能，RJ-45 连接器又分为 5 类、5_E 类、6 类、7 类等类型，其中 5 类、6 类水晶头结构如图 3-9 所示。不同类型的产品标准由相应标准定义。

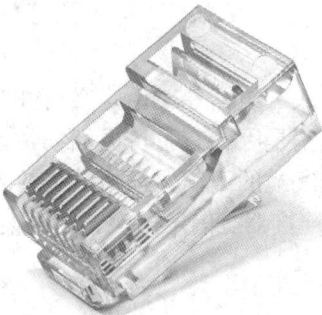

图 3-8　RJ-45 连接器

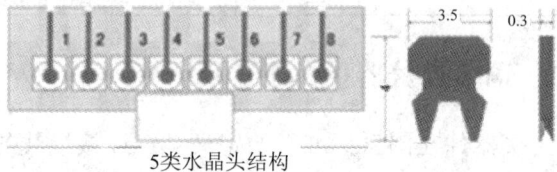

5类水晶头结构

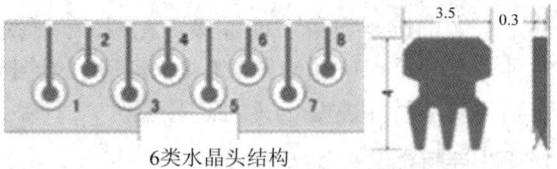

6类水晶头结构

图 3-9　不同类型水晶头结构

(3) RJ 连接器与双绞线连接标准。双绞线与连接器的连接被称为线缆端接，端接时双绞线线对的排列顺序很重要，涉及信号传递的一致性，所以在综合布线工程中所有端接的线对顺序必须是一致的。这个一致的线对顺序被称为线序。目前，世界上绝大部分的国家和地区在线序问题上都遵循北美布线标准 ANSI/T1A/EIA 568，简称 T568。T568 标准中同时存在 T568A 和 T568B 两种版本的线序标准，从引针 1 至引针 8 对应的线序如图 3-10 所示。

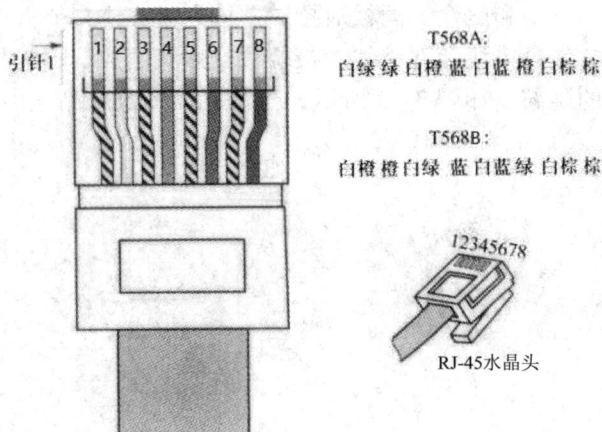

图 3-10　RJ-45 连接器与双绞线的连接标准

2. RJ 信息模块

信息模块又叫信息插座,可与 RJ 连接器对接,共同构成双绞线介质系统的用户接口,因此信息模块一般与连接器匹配使用,其种类与连接器基本一致。信息模块由绝缘位移式连接(IDC)技术设计而成。连接器上有与单根电缆导线相连的接线块(狭槽),通过打线工具或者特殊的连接器帽盖将双绞线导线压到接线块里,卡接端子可以穿过导线的绝缘层直接与连接器物理接触。

(1) RJ-45 信息模块。信息模块与插头的 8 根针状金属片具有弹性连接,且有锁定装置,一旦插入连接,就很难直接拔出,必须解锁后才能顺利拔出。由于弹簧片的摩擦作用,电接触随插头的插入而得到进一步加强。最新国际标准提出信息模块应具有 45° 斜面,并具有防尘、防潮护板功能,如图 3-11 所示。

(2) RJ-11 信息模块。在综合布线系统的水平布线系统中,为了满足通信类型可变更的需要,语音、数据通信都采用相应的 4 对双绞线电缆,信息插座要求采用 8P8C 结构的 RJ-45 信息模块连接。而有些综合布线工程,为节约成本,对于无须变更的语音通信链路的信息插座也采用 RJ-11 信息模块连接(4P4C 结构),但其外形尺寸与 RJ-45 信息模块相同,仅在弹簧插针数量与电路板结构上不同,这样可以使用统一的底盒和面板。4P4C 结构的 RJ-11 信息模块如图 3-12 所示。

图 3-11　RJ-45 信息模块

图 3-12　4P4C 结构的 RJ-11 信息模块

(3) 信息模块结构。不同厂商的信息模块的接线结构和外观不一定是一致的,但其接口都应符合相关标准，以便和底盒、面板对接。不同之处在于以下几个方面：

① 接线部位不同：信息模块和双绞线端接位置一般有两种，一种是在信息模块的上部，另一种是在信息模块的尾部，如图 3-13 所示。当然，大多数产品采用上部端接方式。

图 3-13　不同的模块端接结构

② 打线方式不同：根据端接双绞线的方式不同，信息模块有 110 打线式信息模块和免打线式信息模块两类。打线式信息模块必须使用专用的打线刀将双绞线导线压到信息模块的接线槽里，如图 3-14(a)所示。而免打线式信息模块只用连接器帽盖将双绞线导线压到信息模块的接线块里，当然其外部结构也多种多样，如图 3-14(b)所示。由于免打线式信息模块方便实用，安装效率高，因此在目前市场上较为流行。

(a) 打线式信息模块　　　　　　　　　　　　(b) 免打线式信息模块

图 3-14　打线式信息模块和免打线式信息模块

③ 屏蔽结构不同：除 UTP 信息模块外，还有屏蔽式信息模块，如图 3-15 所示。当安装屏蔽电缆系统时，整个链路都必须屏蔽，包括线缆和连接器。屏蔽双绞电缆的屏蔽层与连接硬件端接处的屏蔽罩必须保持良好接触。线缆屏蔽层应与连接硬件屏蔽罩 360° 圆周接触，接触长度不宜小于 10 mm。

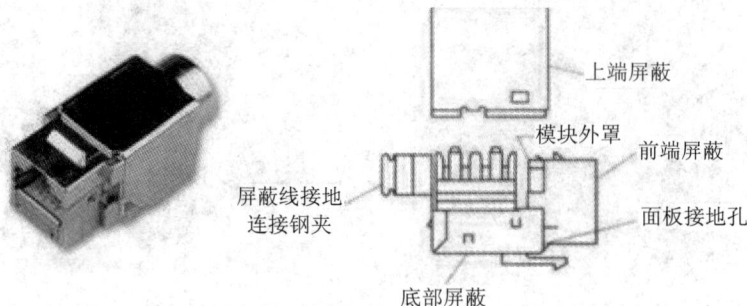

图 3-15　屏蔽式信息模块

3. 配线架

配线架是指综合布线系统中用于电缆或光缆进行互连和交接并接入网络设备的连接装置。配线架根据其所处位置可以分为建筑群配线架、建筑物配线架和楼层配线架。建筑群配线架是端接建筑群干线电缆的连接装置；建筑物配线架是端接建筑物干线电缆、干线光缆并可连接建筑群干线电缆的连接装置；楼层配线架是水平电缆与其他布线子系统相连接的装置。根据通信类型不同，配线架可分为数据通信配线架和语音通信配线架。铜缆链路中，常用的配线架产品有模块化配线架、110 型配线架两种。

(1) 模块化配线架。模块化配线架一般都是安装在 19 英寸标准机柜上的，由标准的 RJ 模块集成组成，如图 3-16 所示。模块化配线架的主要用于将各层的网络设备接入综合布线系统中，因此其结构一般与所要接入的设备有关。常见的网络设备包括数据交换机、语音交换机等，一般有不同数量的 RJ-45 或 RJ-11 的接口。这些设备能够通过设备跳线与模块化配线架前端 RJ 接口端接，便于机房中网络设备的大规模的接入和更换。

通常 1U 容量的配线架可安装 24 个接口模块，如果需接入的设备较多或单一设备上的接口较多，可使用 2U 容量的 48 口配线架或更多容量的(如图 3-17 所示)，也可将多个 24 口配线架叠加使用。同时，模块化配线架也有用于屏蔽系统的产品。

图 3-16　模块化配线架

图 3-17　48 口模块化配线架

24 口的模块化配线架一般配有 4 个 6 口配线架信息模块。其前端每个 RJ-45 接口上都有标签，可以进行接口管理；后端是双绞线接线槽，通过电路板线路与前端接口相连；配线架内侧还有端接标记和水平线缆理线环，既可以进行跳线管理，又可在施工时临时安放管理模块进行线对端接。这种独特的模块化技术和跳线管理方式可以自由组合线缆与设备端接。

(2) 110 型配线架。110 型配线架与其附件共同构成了综合布线的 110 型连接管理系统，包括基座、底层接线槽、连接块和标签，如图 3-18 所示。其中，基座类型的选择主要看配线架的安装环境，如安装在机柜里时要选择 110D 型。底层接线槽一般根据可端接线对数量分为 25 对、50 对、100 对、300 对等多种规格。110 型配线架的底层接线槽与模块化配线架的接线槽不同，中间没有刀片和电路板，仅具备固定线芯的作用。提供电气导电功能的刀片都在连接块中。连接块上下均有导电刀片，上层有接线槽，刀片可连通上下两层接线槽线芯的电气信号。标签用来标记线芯的对应关系，多用色标标识，也有直接将颜色标在对应接线槽或连接块线槽上，以便快速确定端接线对。

110 型配线架一般用于线缆之间的交接，即利用上下层接线槽和连接块中的刀片实现两个线缆系统的交接；同时可以起到整理线对和续接信道的作用，比如进线间中的进出线的管理，电信间水平线缆与大对数干线电缆的交接等。下面详细介绍市场上常见的 110 型配线架产品：交接式的 110A 型、110D 型配线架和插接式的 110P 型配线架以及与这三种配线架配套使用的 110C 型连接块。

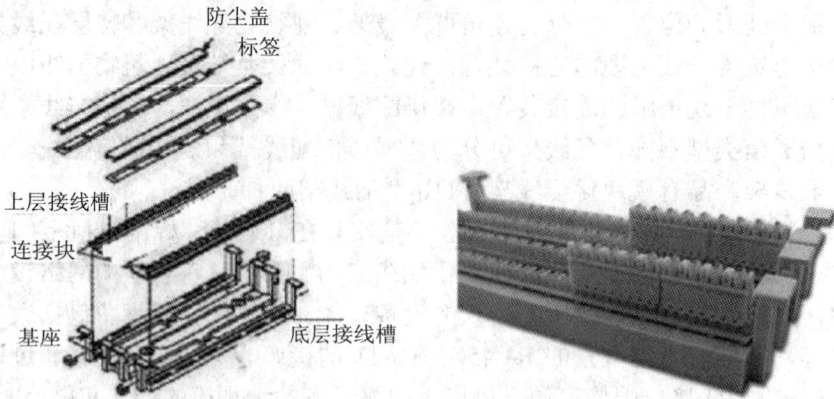

图 3-18　110 型配线架

① 110A 型配线架。该配线架基座上配有若干引脚，俗称"110 型有腿配线架"。110A 型配线架可以不使用机柜直接应用于各种场合，特别是大型电话系统的配线与干线的交接场合，通常直接安装在二级交接间或配线间的墙壁上。110A 型配线架如图 3-19 所示。

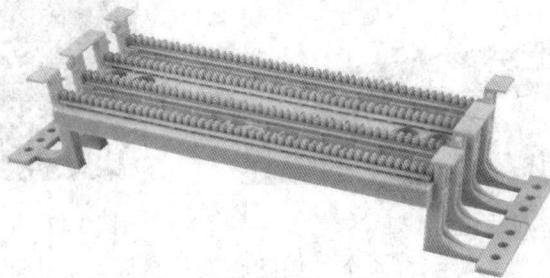

图 3-19　110A 型配线架

② 110D 型配线架。该配线架没有引脚，俗称"110 型无腿配线架"。一般两个一组固定在标准 19 英寸宽的金属基座上，适合安装在标准布线机柜上。每组有 50 个底层接线槽，可匹配 25 对大对数电缆或多根普通双绞线电缆，如图 3-20 所示。

图 3-20　110D 型配线架

③ 110P 型配线架。110P 型配线架由 100 对 110D 配线架及相应的水平过线槽组成，安装在一个背板支架上，底部有一个半密闭的过线槽。110P 型配线架有 300 对和 900 对两种。图 3-21 所示是 300 对带 188 理线槽的 110P 型配线架，它可使用鸭嘴形快接插拔跳线代替跨接线，为管理带来了方便。110P 型配线架采用 188C3(900 对)和 188D3(300 对)理线槽。110P 型配线架一体化的线缆管理适合端接数量非常大的布线场景，如中心机房、进线间、电信间等场所的专用交接系统。

图 3-21　110P 型配线架

④ 110C 型连接块。110 配线系统中都用到了连接块(Connection Block),又称为 110C 型连接块,如图 3-22 所示。它有 3 对线(110C-3)、4 对线(110C-4)和 5 对线(110C-5)三种规格的连接块。连接块包括一个单层、耐火、塑模密封器,内含熔锡快速接线柱,它们可以穿过线缆上的绝缘层接在连接块的底座上,为 110 型配线架上下层接线槽提供了可靠的电气连接。

连接块上的接线槽有色标标识,110C-5 连接块色标顺序为蓝、橙、绿、棕、灰,110C-4 连接块色标顺序为蓝、橙、绿、棕,3 对连接块色标顺序为蓝、橙、绿。在 25 对的 110 配线架基座上安装时,应选择 5 个 4 对连接块和 1 个 5 对连接块,或 7 个 3 对连接块和 1 个 4 对连接块,如图 3-23 所示,并从左到右完成白区、红区、黑区、黄区和紫区的安装。这和 25 对大对数电缆的安装色序一致。

图 3-22　110C 型连接块

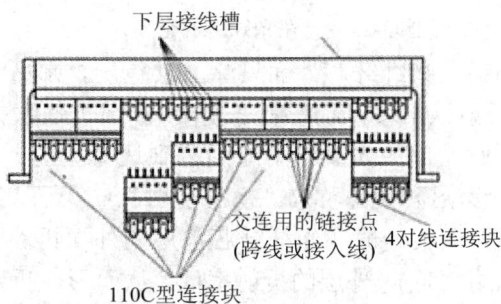

图 3-23　110C 型连接块端接方法

任务 3.3　认识光缆材料

光缆通信自 20 世纪 70 年代开始应用,光缆就以优越的性能一直被作为长距离主干网络通信的首选介质。随着人们对网络性能要求越来越高,技术的成熟和成本的下降,光缆已经从长途干线发展到用户接入网和局域网,如光纤到小区(FTTC)、光纤到大楼(FTTB)、光纤到户(FTTH)、光纤到桌面(FTTD)等应用。本书主要讨论综合布线工程中常用的光缆产品,如布线光缆、光纤连接器、光纤配线/箱/盒等。

光缆材料

3.3.1　光纤介绍

光缆的核心材料叫光导纤维，简称"光纤"，是光通信技术的核心介质，也是一种由玻璃或塑料制成的纤维，可作为光传导工具。将光纤用于通信传输的设想是香港中文大学前校长高锟和 George A. Hockham 首先提出的，它推动了通信实现颠覆式的进步，高锟因此获得 2009 年诺贝尔物理学奖，被誉为"光纤之父"。

1. 光纤的物理结构

光能沿着光导纤维传播，但若只有这种玻璃纤芯，也无法传播光。因为不同角度的入射光会毫无阻挡地直穿过它，而不是沿着光纤传播，就好像一块透明玻璃不会使光线方向发生改变一样。因此，为了使光线的方向发生变化从而使其可以沿光纤传播，就要利用光的全反射原理，如图 3-24 所示。在光纤芯外涂上折射率比光纤纤芯材料低的材料，这样就可以使大部分入射光发生全反射，进而沿着纤芯向前传播，光在到达光纤的另一端时损耗极少。这个涂层称为包层，如图 3-25 所示。包层所引起的作用就如透明玻璃背后所涂的水银一样，此时透明的玻璃就变成了镜子，也就是说，光纤加上包层之后才可以正常地传播光。

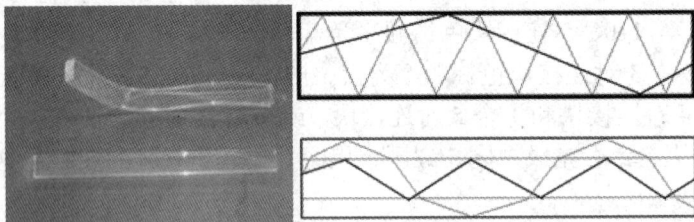

图 3-24　光在光纤中的全反射传导　　　　　　图 3-25　光纤结构

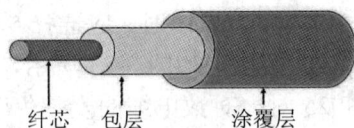

如果在光纤纤芯外面只涂一层包层，那么光线从不同的角度入射，角度大的(高次模光线)反射次数多从而行程长，角度小的(低次模光线)反射次数少从而行程短。这样，在一端同时发出的光线将不能同时到达另一端，就会造成尖锐的光脉冲经过光纤传播以后变得平缓(这种现象称为"模态散射")，从而可能使接收端的设备误操作。为了改善光纤的性能，人们一般在光纤纤芯包层的外面再涂上一层涂覆层，内层的折射率高(但比光纤纤芯折射率低)，外层的折射率低，从而形成折射率梯度。当光线在光纤内传播时，减少了入射角大的光线行程，使得不同角度入射的光大约可以同时到达端点，就好像利用包层聚焦了一样。

典型的光纤结构如图 3-25 所示，自内向外为纤芯、包层及涂覆层。为节约成本，有时一根光缆里有多根光纤，所以涂覆层外还可以涂不同颜色以区分光纤。包层的外径一般为 125 μm(一根头发的平均直径为 100 μm)，在包层外面是 5～40 μm 涂覆层，涂覆层的材料是环氧树脂或硅橡胶。需要注意的是，纤芯和包层是不可分离的，纤芯与包层组成裸光纤，光纤的光学特性及传输特性主要由它决定。用光纤工具剥去外皮(Jacket)和涂敷层(Coating)后，暴露在外面的是涂有包层的纤芯。实际上，我们是很难看到真正的纤芯的。

2. 光纤的介质属性

(1) 带宽。光纤通信的频带很宽，理论上可达 30 亿兆赫兹。这个带宽远远高于铜导体的带宽，但这是光信号的传输带宽。目前，计算机还是基于半导体的电气技术，因此在计算光链路带宽时是根据光电转换装置模拟电信号带宽进行计算的。随着计算机技术的进步，光通信的应用将会得到更广泛的发展。

（2）抗干扰能力。光纤的电磁绝缘性能好。光纤中传输的是光束，而光束是不受外界电磁干扰影响的，并且本身也不向外辐射信号，没有远近端串扰，因此光缆不需要屏蔽层结构。而这一属性使它适用于超长距离的信息传输以及安全性要求高的场景。

（3）衰减。光纤传播信号的衰减较小，相对于电气信号在导体中由于电阻等原因的信号能力损耗，光反射的损耗较小且在较大范围内基本上是一个常数值。由于信号衰减，在长距离链路中无论电缆还是光缆都需要在链路中加装中继装置，而光链路中信号衰减小，中继器间隔距离可以较大，从而比电缆通信大大减少中继器的数量，节约成本，因此光纤更适用于远距离的信号传输。

（4）环境适应性。光纤通信不带电，使用安全，可用于易燃、易爆场所。光纤组成的一些光缆产品，重量轻，体积小，适用的环境温度范围宽，抗化学腐蚀能力强，使用寿命长，适用于一些特殊环境下的布线。

当然，光纤也存在着一些缺点，如质地脆、机械强度低、切断和端接中技术要求较高、配套的光电网络设备成本高，这些缺点也限制了目前光纤的普及。

3. 光纤的分类

光纤的种类很多，可从不同的角度对光纤进行分类，比如从材料成分、制造方法、光纤的传输点模数、光纤横截面上的折射率分布和工作波长等方面来分类。下面介绍其中几种光纤分类方式。

（1）按材料成分分类。按照所用的材料成分不同，光纤一般可分为三类：玻璃光纤，即纤芯与包层都是玻璃，损耗小，传输距离长，但成本高、质地脆、机械强度低，一般需要较强的保护层，适用于远距离传输；胶套硅光纤，即纤芯是玻璃，包层为塑料，特性同玻璃光纤差不多，成本较低，性能也很均衡，而且有一定的柔韧性和抗压能力，目前市场上常见的光缆产品多为此种类型；塑料光纤，即纤芯与包层都是塑料，损耗大，传输距离很短，价格很低，多用于家电、音响以及短距离的语音或图像传输。

（2）按传输点模数分类。根据传输点模数的不同，光纤可分为单模光纤(Singlemode Fiber，SMF)和多模光纤(Multimode Fiber，MMF)。所谓"模"是指以一定角速度进入光纤的一束光。单模光纤只接收矢量光源，一般由固体激光器发射，这种光源入射方向基本一致，因此被称为"单模"；多模光纤则可接收发光二极管、LED 等发出的普通光源，这种光源是发散光，进入光纤后会分为多束光同时传播，从而形成模分散，所以被称为"多模"。模分散技术限制了多模光纤的带宽和距离，因此，多模光纤的芯线粗、传输速度低、距离短、整体的传输性能差，但其成本比较低，一般用于建筑物内或地理位置相邻的环境下。多模光纤传输原理图如图 3-26 所示。

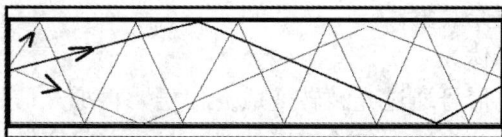

图 3-26　多模光纤传输原理图

单模光纤只能允许一束光传播，即没有模分散特性，因而，单模光纤的纤芯相应较细、传输频带宽、容量大、传输距离长。但因其需要激光源，且制造工艺复杂，因此成本较高，通常在建筑物之间或地域分散等长距离通信时使用。

单模光纤的纤芯直径很小，在给定的工作波长上只能以单一模式传输，传输频带宽且传输容量大。光信号可以沿着光纤的轴向传播，因此光信号的损耗很小，离散也很小，传播的距离较远。单模光纤 PMD 规范建议纤芯直径为 8～10 μm，包层直径为 125 μm，市场上常用 8.3/125 μm 单模光纤。单模光纤传输原理如图 3-27 所示。

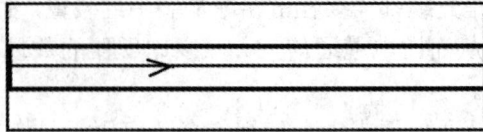

图 3-27　单模光纤传输原理

多模光纤是在给定的工作波长上，能以多个模式同时传输的光纤。多模光纤的纤芯直径一般为 50～200 μm，而包层直径的变化范围为 125～230 μm。国内计算机网络一般采用的纤芯直径为 50 μm 和 62.5 μm，包层为 125 μm，记为 50/125 μm 多模光纤或 62.5/125 μm 多模光纤。

(3) 按工作波长分类。光纤传输的信号是光，光具有波粒二相性，这里只讨论光的波长。中学物理讲过，不同波长的光其传输速率、折射率都不相同，因此在光纤制造过程中要考虑其可传输光信号的波长范围。根据波长，光可分为红外光、可见光和紫外光，可见光部分波长为 390～760 nm，大于 760 nm 部分是红外光，小于 390 nm 部分是紫外光。光纤通信中应用的是红外光。

按光纤的工作波长分类，有短波长光纤、长波长光纤和超长波长光纤。多模光纤的工作波长为短波长 850 nm 和长波长 1300 nm，单模光纤的工作波长为长波长 1310 nm 和超长波长 1550 nm。今后在 PON 网络中可能使用 1490 nm 和 1625 nm 波长的光纤产品。

4. 光纤通信技术

光纤通信的核心是利用光在优质玻璃中传输时衰减很小，特别是在具有特定纤芯尺寸的优质光纤中，光的传输性能大大提高，从而可将信号进行远距离的有效传输。另一方面，光是高频波，具有极高的传输速率和很大的频带宽度，可进行大容量实时信息传输。

(1) 光纤通信系统组成。光纤虽然有着如此巨大的传输光信号的能力，却不能直接将信号送至常用终端设备(如计算机、电视机、电话等)使用，也不能直接从这些设备得到要传输的信号，因为这些设备内部只能收发电子信号。因此要想使用光链路通信，必须有相应的光电转换设备，一般来说，这种通信系统需要由光源、光纤、光发射机、光接收机等组成，如图 3-28 所示。

光源：光波产生的发光装置。

光纤：传输光波的导体。

光发射机：负责将电信号通过光源转变成光信号，再把光信号导入光纤。

光接收机：负责接收从光纤上传输过来的光信号，并将它转变成电信号，经解码后再进行相应的处理。

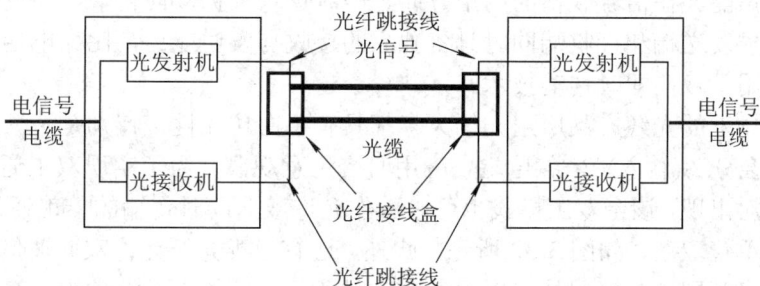

图 3-28 光纤通信系统组成

(2) 光信号调制技术。光信号的调制方式与电子信号不同，电子信号可以利用电导体属性，按频率、幅度、相位或混合等多种方式调制，并可构成频分、时分等多路复用系统。光信号只能利用光的属性如频率、波长等进行调制，并依此组成时分、频分或波分复用系统。光纤通信系统是以光波为载体、光导纤维为传输介质的通信方式，因此在这些信号调制过程中需要其他光原件辅助。例如：光分路器将光信号进行耦合、分支和分配；波分复用器(见图 3-29)将一系列载有信息、但波长不同的光信号进行合波复用，或者在接收端将在同根光纤中传播的多个波长不同的信号分离。

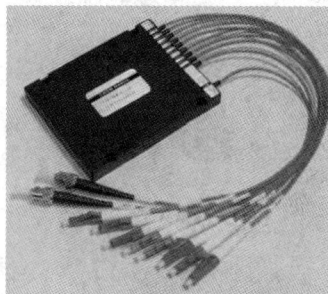

图 3-29 波分复用器

(3) 光链路的单双工属性。光纤跳线按照设备接口的工作模式可以分为单工和双工。那什么是单工、双工？单工和双工都是电信和计算机网络中的通信通道两种模式。单工是指只支持数据在一个方向上传输。通信两端，一端是发送器，另外一端是接收器，不具有可逆性，例如广播电台，通常只向观众发送信号，不接收观众的信号，如图 3-30 所示。

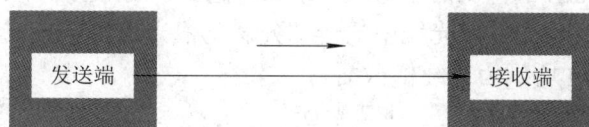

图 3-30 单工光链路

双工又有半双工和全双工，半双工是可以在信号载体上进行双向传输数据，但不能同时传输。在通信过程中，通信系统两端的发送器和接收器可通过收/发开关来进行方向的切换，实现单个方向上的传输；也可以说，半双工模式是一种可切换方向的单工通信，例如步话机，当你按下通话按钮时，可以发送对话给对方，对方也可以听到，但对方不能与你同时通话。半双工光链路如图 3-31 所示。

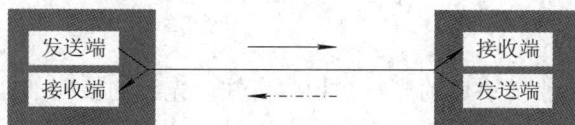

图 3-31 半双工光链路

全双工是指能够在信号载体的两个方向上同时进行数据双向传输，在发送数据的同时接收数据，要求发送端和接收端同时具备独立的接收与发送能力，比如电话，双方可以同时通话就是利用了双向即时传输技术。

现今，市场上的光缆产品所用光纤大多都具有单向传输性，特别是短波的多模光纤光缆，这种光缆会分 A(输入)/B(输出)端，应用时应注意观察。为了实现双工通信，这类光缆的光纤一般成对出现，该全双工模式也可以看作允许双向同时传输的单工通信，像 Uniboot 跳线就是采用单管双芯，如图 3-32 所示。此外，还有一类光纤允许双向通信，一般为长波单模光纤，它多利用波分复用技术实现双向实时通信，一般上行波长为 131 0nm，下行波长为 1550 nm，两端光纤端接设备都同时具有光发射机和光接收机的功能，如图 3-33 所示。分波全双工光链路多用于高端光通信设备跳线。

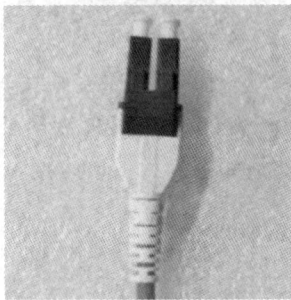

图 3-32　Uniboot 跳线

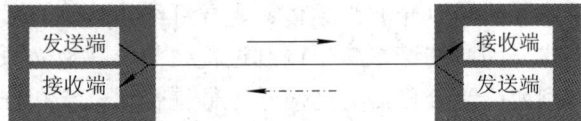

图 3-33　分波全双工光链路

3.3.2　光缆介绍

由于单独的光纤机械性太差，无法直接应用于综合布线工程中，必须在其外层加上保护层，这就形成了光缆，因此光链路布设使用的是光缆产品而不是光纤。一般的光缆产品是将若干根光纤疏松地置于特制的塑料绑带或铝皮内，再涂覆塑料或用钢带铠装，加上外护套后制成。也就是说，光纤是光缆中的一部分，一根光缆由一根或多根光纤组成，外面再加上保护层。图 3-34 所示为光缆横截面。

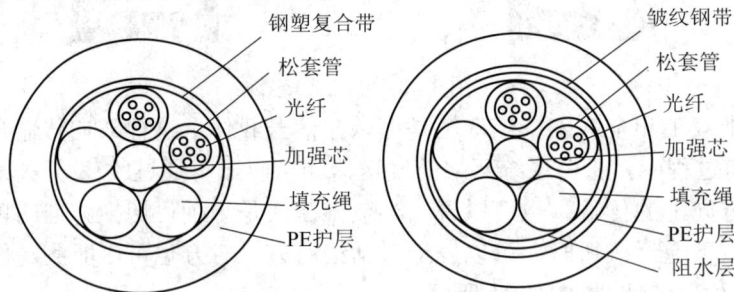

图 3-34　光缆横截面

1. 光缆的结构

(1) 光纤。从 3.3.1 小节讲述的光纤知识中可知，光缆的核心部件是光纤，它直接决定光缆产品的通信功能和性能，而其他部件是为了保护光纤而存在的。关于光纤的知识不再重复讲述，这里讲解光缆中光纤的一些值得注意的事项。

　　由于光缆的保护层成本较高，特别是一些机械性要求高的光缆。为了摊平成本，一根光缆中通常放入多根光纤，这样在增加光链路通路数量的同时光缆的造价不会增加太多；每根光纤都可成为一条独立的光链路，可接入对应数量的设备或作为备份信道，这样单条光链路的成本就降低了。常见的光缆中有 1 根光纤(单芯)、2 根光纤(双芯)、8 根光纤、12 根光纤、24 根光纤，甚至有更多光纤(如 48 根光纤、1000 根光纤)。一般单芯光缆和双芯光缆用于光纤跳线，多芯光缆用于室内外的综合布线。

　　为了区分同一光缆中的不同光纤，光缆中的光纤会在涂覆层外涂上不同的颜色或直接套装不同颜色的松套管，以色标加以区分。根据相关生产标准，不同芯数的光纤色标如下：

　　单芯光缆中的光纤颜色：一般没有统一标准，可以为无色；

　　双芯的：一般颜色不同即可；

　　4 芯的：蓝/橙/绿/棕；

　　6 芯的：蓝/橙/绿/棕/灰/白；

　　8 芯的：蓝/橙/绿/棕/灰/白/红/黑；

　　12 芯的：蓝/橙/绿/棕/灰/白/红/黑/黄/紫/粉红/青绿。

　　即使很多芯数的光缆也可以采用束管结构来区分光纤，如 24 芯的，会做成 6 芯 × 4 束的结构，色标为"蓝/橙/绿/棕/灰/白芯" × 蓝束、"蓝/橙/绿/棕/灰/白芯" × 橙束、"蓝/橙/绿/棕/灰/白芯" × 绿束、"蓝/橙/绿/棕/灰/白芯" × 棕束。更多芯数的以此类推。

　　(2) 缓冲层。光缆除光纤外就是缓冲层，或称保护层，一般是管状结构。缓冲层是为了保护光纤，在光缆使用过程中抵抗外部冲击力对光纤的伤害。值得注意的是，缓冲层有松缓冲层和紧缓冲层两种。

　　松缓冲层的内径比光纤的外层(涂覆层)直径大得多，如图 3-35 所示。这种设计主要优点有：第一，对机械力和冲击力有很好的隔离。因为存在间隙，机械力对缓冲层的作用力并不能影响光纤，除非这一外力足够大，以至于破坏了缓冲层才可能伤到光纤。第二，防止光纤被腐蚀。松缓冲层易于由隔水凝胶填充，这样可防止一些对光纤材料具有腐蚀性的气、液体侵入，在一些特殊环境布线时很有必要。第三，提供灵活的伸缩空间。在温度变化较大的环境中，热胀冷缩是所有物质无法避免的，松缓冲层可以给这一物理现象提供伸缩空间，从而保护光纤。

图 3-35　松缓冲层光缆

　　松缓冲层类的光缆也有缺点：第一，光缆不能长距离垂直敷设。因为松缓冲层对光纤没有垂直方向的固定作用，光纤会被自重扯断。第二，这类光缆直径一般比较大，不适用于一些室内暗装通道敷设。第三，端接的工艺比较复杂。因为松缓冲层类的光缆能在较高的温度和机械压力范围内及其他恶劣环境条件下提供稳定可靠的信号传输，所以它大多是大直径的室外光缆，主要应用于长距离的室外布线工程。

　　紧缓冲层的内径和光纤涂覆层外径相等，如图 3-36 所示。它的主要优点有：第一，能直接提高光纤的韧性和机械性，允许较小的敷设曲率半径，且可垂直安装光缆。第二，当光纤有断裂等损

图 3-36　紧缓冲层光缆

伤时，可在一定程度上保持光纤的信号传输能力。第三，端接工艺相对要求简单。因为缓冲层仅包含一根光纤而且没有凝胶要去除，所以进行这种类型光缆的端接相对容易。其缺点是：相比松缓冲层，光缆对温度、机械压力和水更敏感，因此，它们大多用于室内布线。

光缆的缓冲层可以不止一层，也可以不止一种。现在市场上的光缆根据其应用环境有不同类型的光缆，因此在选择光缆型号时要根据实际环境需求。

(3) 加强构件。加强构件是指除缓冲层外，用于增强光缆抗拉力、弯折力的部件，如钢丝、撕拉线等。这类部件是作用于整个光缆的，所以独立于缓冲层的作用。

(4) 外护套。外护套的作用是给光缆提供基本的保护作用，也作为光缆产品的包装。这里重点介绍它的几个特殊作用。

① 防火阻燃。室内布线一般都有消防要求，而光缆的防火功能主要体现在缓冲层和外护套上，所以外护套的选择也很重要。光缆目前有 PVC 阻燃(OFNR)、Plenum 阻燃(OFNP)和 LSZH 低烟无卤防火外套等型号的产品。

② 色标。对于一些光缆使用比较密集的区域如机房等，为方便区分不同类型的光缆，可通过不同颜色的外护套实现快速区分。一般的室内光缆或单芯跳线都用黄色表示单模光缆，橙色表示多模光缆。

③ 套印标识。跟铜缆一样，光缆外护套上每隔 1 m 也有激光打印的线缆产品标识，标明了线缆的型号、生产日期、长度标记等，是识别光缆产品的重要信息。

2. 光缆的分类和命名

光缆的分类方法有很多，根据光纤不同，可分为多模光缆、单模光缆；根据芯数不同，可分为单芯光缆、多芯光缆；根据缓冲层不同，可分为紧护套型和松护套型；根据应用环境不同，可分为室内光缆、室外光缆。这么多的因素影响光缆的类型，我们应该怎么辨别和选择光缆产品呢？这就涉及光缆型号的命名了。对于光缆型号的命名，在国际标准中并没有相关的标准来定义，而在国内，通常依照我国工业和信息化部发布的 YD/T908《光缆型号命名方法》国家标准来定义。目前最新版本是 2011 版，要详细了解可查看标准原件。

(1) 型号格式。型号由型式、规格和特殊性能标识(可缺省)三大部分组成，并且它们之间应有一个空格，如图 3-37 所示。

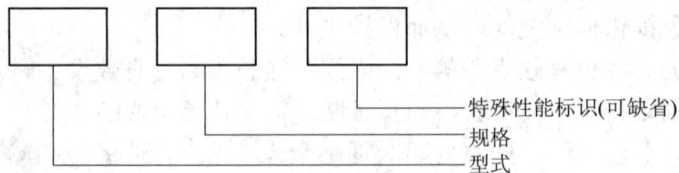

图 3-37　光缆型号格式

(2) 型号的组成内容、代号及含义。

① 型式。型式由五个部分组成，各部分均用代号表示，如图 3-38 所示。其中，分类是指光缆按适用场合大致分的几大类；加强构件主要表达加强构件材质属性，可按规定进行自定义；结构特征是指光缆芯结构和光缆派生结构特征；护套主要标识护套材质和功能，外护层是对光缆一些特殊结构的补充。

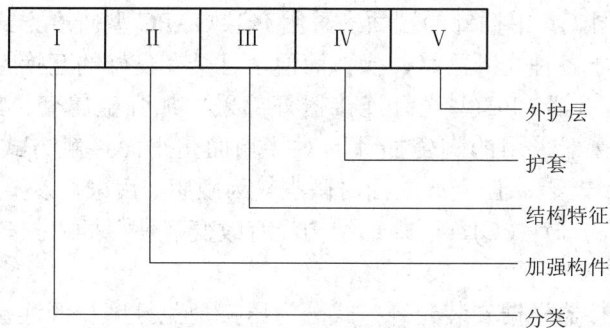

图 3-38　型式的组成

② 规格。光缆的规格由光纤、通信线和馈电线的有关规格组成。光缆的规格格式如图 3-39 所示。光纤、通信线以及馈电线的规格之间用"+"号隔开。通信线和馈电线可以全部或部分缺省。

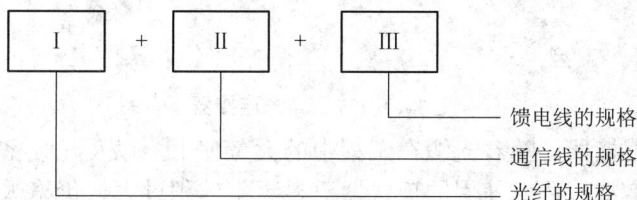

图 3-39　光缆的规格格式

③ 特殊性能标识。对于光缆的某些特殊性能可加相应标识。

3.3.3　认识光连接器件

一条光链路中除了光纤外还需要各种不同的连接部件，这些部件被称为光连接器件。光纤的连接应用主要分为两种：一种是端接，即光纤的尾端接入连接器件，连接器件的作用是方便设备的接入；另一种是接续，即连接器件两端都有光纤，连接器件的作用是对光纤进行连接、整合和调制。下面对常见的几种光连接器件做详细的介绍。

1. 端接连接器

端接连接器是光纤系统中使用最多的光纤无源器件，也叫快速连接器，一般用于接入设备，也可与耦合器、光纤配线架匹配组网。按连接器结构不同，快速连接器可分为 SC、ST、FC、LC、D4、D1N、MU、MT 等形式；按光纤端面形状不同，快速连接器可分为 FC、PC(包括 SPC 或 UPC)和 APC 型；按光纤芯数不同，快速连接器可分为单芯、多芯(如 MT-RJ)型。

传统主流的快速连接器是 SC 型(直插式)、ST 型(卡扣式)、FC 型 (螺纹连接式)三种。它们的特点是都有直径为 2.5mm 的陶瓷插针，这种插针可以大批量地进行精密磨削加工，以确保光纤连接精密准直。插针与光纤组装方便，经研磨抛光后，插入损耗一般小于 0.2dB。

(1) SC 型光纤连接器。SC 型光纤连接器外壳呈矩形，所采用的插针与耦合套筒的结构尺寸与 FC 型完全相同，其中插针的端面多采用 PC 或 APC 型研磨方式；紧固方式采用插拔销闩式，不用旋转。此类连接器价格低廉，插拔操作方便，抗压强度较高，安装密度高。

(2) ST 型光纤连接器。ST 型光纤连接器外壳呈圆形，所采用的插针与耦合套筒的结构尺寸与 FC 型完全相同，其中插针的端面多采用 PC 或 APC 型研磨方式；紧固方式为螺丝扣。此类连接器适用于各种光纤网络，操作简便，且具有良好的互换性。

(3) FC 型光纤连接器。FC 型光纤连接器外部采用加强金属套，紧固方式为螺丝扣。最早，FC 型光纤连接器采用的陶瓷插针的对接端面是平面接触方式。此类连接器结构简单，操作方便，制作容易，但光纤端面对微尘较为敏感。后来，该类型连接器有了改进，采用对接端面呈球面的插针(PC)，而外部结构没有改变，使得插入损耗和回波损耗性能有了较大幅度的提高。

SC、ST、FC 连接器根据安装光纤方式分为压接型免打磨光纤连接器、压接型光纤连接器和胶黏型光纤连接器等，安装方式不同结构有所区别，但外观一致，如图 3-40 所示。

SC 型　　　ST 型　　　FC 型

图 3-40　常见光纤连接器

(4) SFF 光纤连接器。随着光缆在工程中的大量使用，以及光缆密度和光纤配线架上连接器密度的不断增加，目前使用的连接器已显示出体积过大、价格太贵的缺点。于是小型化(SFF)光纤连接器应运而生，它压缩了面板、墙板及配线箱所需的空间，使其占有的空间只相当于传统连接器的一半；并能够成对一起使用而不用考虑连接的方向，有助于网络连接。SFF 光纤连接器越来越受到用户的喜爱，是光纤连接器的发展方向。

目前，SFF 光纤连接器有四种类型：美国朗讯公司开发的 LC 型连接器、日本 NTT 公司开发的 MU 型连接器、美国 Tyco Electronics 和 Siecor 公司联合开发的 MT-RJ 型连接器、3M 公司开发的 Volition VF-45 型连接器，如图 3-41 所示。

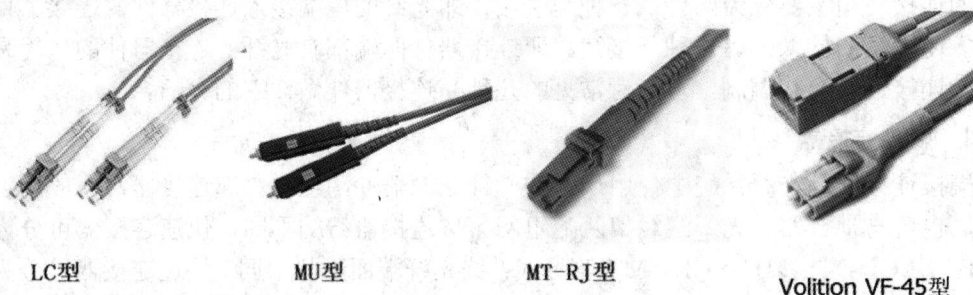

LC 型　　　MU 型　　　MT-RJ 型　　　Volition VF-45 型

图 3-41　SFF 光纤连接器

LC 型光纤连接器是为了满足客户对连接器小型化、高密度连接的使用要求而开发的一种新型连接器，有单芯、双芯两种结构可供选择，具有体积小、尺寸精度高、插入损耗低、回波损耗高等特点。

2. 接续连接器

接续连接器的种类较多，除了前面讲过的波分复用器等带有调制功能的连接器外，大多数光纤接续连接器都是用于光纤连接及组网的。

(1) 冷接子。冷接子主要用于光纤与光纤的机械对接；光纤与光纤的机械对接是指利用机械固定装置将两根光纤的纤芯相对，从而使两根光纤共同形成光信号的传播通道。这种光纤持续的方法被称为冷接，而所使用的机械固定装置被称为冷接子，如图 3-42 所示。

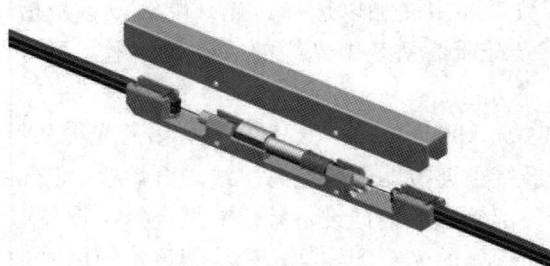

图 3-42 光纤冷接子

光纤冷接子在结构上与快速连接器十分相似，器件内部可预埋光纤或匹配膏，其原理是通过与光纤折射率相同的液态匹配物质填补对接尾纤间的空隙，从而低损耗地实现光纤通道的接续；同时为固定光纤，光纤夹持元件均采用弹性金属材料制造，不存在塑料元件的老化问题，温度变化对光纤夹持力几乎无影响。另外，器件内部带防松机构，器件抗震动、抗跌落性能都非常好。器件的制造成本较低，所以售价较低，而且安装非常简单，几乎不需要专用施工工具就能完成安装。

冷接子目前主要缺点是：首先，端接不可靠，受巨大外力时容易脱落，特别是布线和设备移动时，所以冷接子一般用于机房机柜等设备不轻易挪动的区域里；其次，冷接子中使用的匹配液存在老化问题，因此一些永久链路中，工程师还是倾向于熔接光纤来达到接续的目的。

(2) 耦合器。光纤适配器(Fiber Adapter)又称光纤耦合器，是实现光纤活动连接的重要器件之一，它通过尺寸精密的开口套管在适配器内部实现了光纤连接器的精密对准连接，保证两个连接器之间有一个低的连接损耗。局域网中常用的是两个接口的适配器，它实质上是带有两个光纤插座的连接器，同类型或不同类型的光纤连接器插入光纤耦合器，从而形成光纤的连接，主要用于光纤配线设备和光纤面板等需要灵活接续光纤通道的位置。

由于光纤适配器有两个接口，可以连接两个同类型和不同类型的光纤连接器，因此光纤适配器的类型可以是光纤连接器类型的任意组合，如图 3-43 所示。光纤耦合器一般不单独使用，而是和光纤配线架组合使用，从而实现不同接口类型的光设备统一布置。

图 3-43 光纤适配器

3. 光纤配线架

光纤配线架种类较多，有机架式光纤配线架、挂墙式光纤配线盒、光纤接续盒、光纤配线箱等，可根据光纤数量和用途加以选择。光纤配线设备是指光缆与光通信设备之间的配线连接设备，用于光纤通信系统中光缆的成端和分配，可方便地实现光纤线路的熔接、跳线、分配和调度等功能。

图 3-44 所示为机架式光纤配线架的外观及结构，多芯光缆从后部进入，固定在加强件压板下，开缆后分出尾纤接上连接器或与已有跳线尾纤熔接，按顺序插入适配器安装面板上的适配器中；适配器外部接口应根据设备接口类型选择，设备通过光纤跳线接入适配器与光链路连接，右图为布置好的光纤配线架。配线架日常使用时是封闭的，通过耳板固定在 19 英寸机柜里。

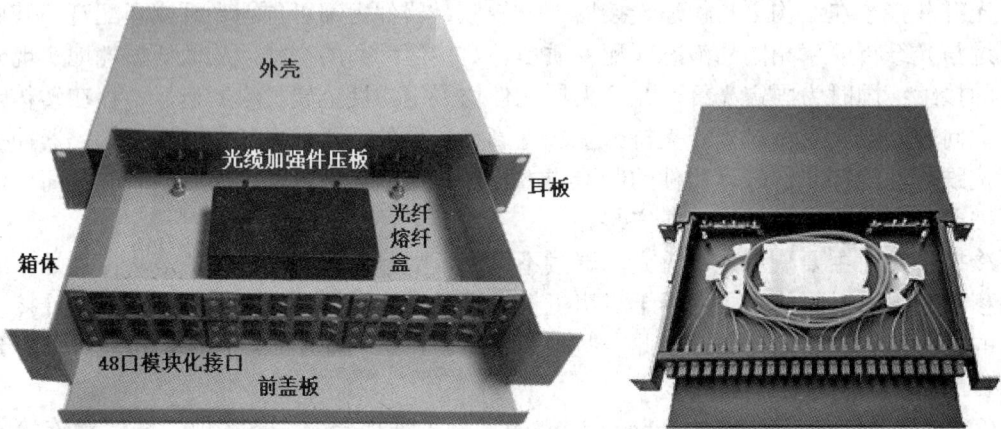

图 3-44　机架式光纤配线架的外观及结构

图 3-45 所示为挂墙式光纤配线盒。这种光纤配线设备结构更简单，体积更小，适合大规模集中布置光纤设备。

图 3-46 所示为光纤接续盒，主要用于机柜以外地点光缆接续。通过侧面端口，接续盒可接纳多种光缆外套，光缆进入端口后被密封。

图 3-45　挂墙式光纤配线盒　　　　　　　　图 3-46　光纤接续盒

图 3-47 所示是一款小型抽屉式光纤配线箱,它适用于多路光缆接入/接出的主配线间,具有光缆端接、光纤配线、尾纤余长收容功能。它既可作为光纤配线架的熔接配线单元,亦可独立安装于 19 英寸标准网络机柜内。

图 3-47　抽屉式光纤配线箱

光纤配线架适用于各种结构光缆的成端、配线和调度,可使光缆尾纤进行集中熔接,其面板可卡装各种型号的适配器,有清晰、完整的标识,从而接入各种型号的光设备。

任务 3.4　了解综合布线工程的支撑保护材料

线缆和连接器共同组成了介质系统的核心,承担了信息有线传输的基本功能。但从整个综合布线工程来看,必须使用额外的支撑保护材料来保证布线系统的可用性。这些支撑保护材料并不具有传输信息的功能,但在布线系统与建筑物结合、设备管理及用户使用过程中具有不可替代的作用。

支撑保护材料

3.4.1　线管材料介绍

线管是指圆形的线缆支撑保护材料,用于构建线缆的敷设通道。一般要求线管具有一定的抗压强度,可明敷墙外或暗敷于混凝土内;具有耐一般酸碱腐蚀的能力,防虫蛀、鼠咬;具有阻燃性,能避免火势蔓延;表面光滑、壁厚均匀。根据其材料不同,线管主要有塑料管和金属管(钢管)两种。

1. 塑料管

塑料管是由树脂、稳定剂、润滑剂及添加剂配制挤塑成型的。目前,用于综合布线线缆保护的塑料管主要有聚氯乙烯(PVC-U)管、PVC 蜂窝塑料线管、双壁波纹管、子管、铝塑复合管、硅芯管等。

(1) 聚氯乙烯(PVC-U)管(即 PVC 线管)。这是综合布线中最常使用的一种塑料管,它造价低廉,具有优异的耐酸、耐碱、耐腐蚀性能,耐外压强度和耐冲击强度都很高,还有优异的电气绝缘性能,适用于各种条件下的线缆保护。

成品的 PVC 线管,单管一般长为 4 m、5.5 m 或 6 m,这样方便运输。其规格是按直径来区分的，直径一般用 D 或 φ 符号来表示，单位是 mm。所以，常见的线管有 D16、D20、D25、D32、D40、D45、D63 等规格，如图 3-48 所示。

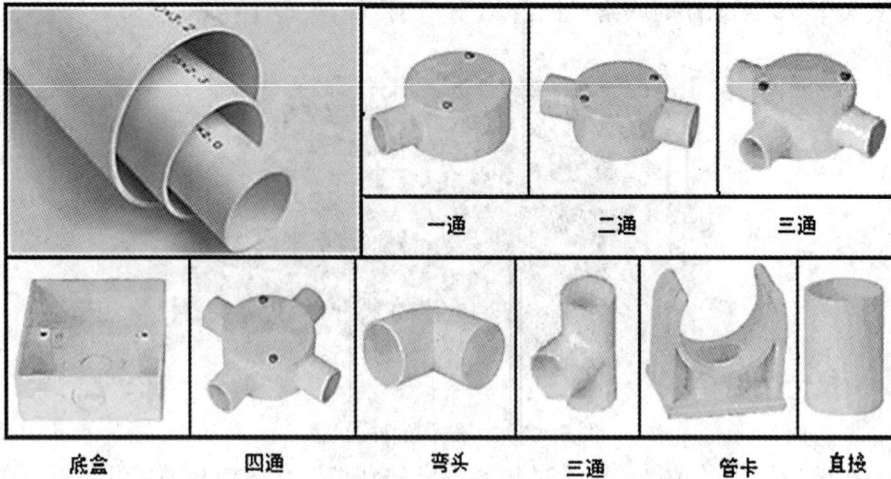

一通　二通　三通

底盒　四通　弯头　三通　管卡　直接

图 3-48　PVC 线管及附件

　　为能构建复杂的布线通道，线管还有一些辅助材料，如三通、弯头、直接、管卡等，如图 3-48 所示。它们的作用一般是将线管固定或对接起来形成通道。对于其他种类的线管也有与之匹配的附件。

　　(2) PVC 蜂窝塑料线管。这是一种新型的光缆护套管，采用一体多孔蜂窝结构，便于光缆的穿入、隔离及保护。它还具有抗压性强、成本低、安装方便等优点，但由于其直径较大，一般适用于室外。PVC 蜂窝塑料线管有 3 孔、4 孔、5 孔、6 孔、7 孔等规格，如图 3-49 所示。

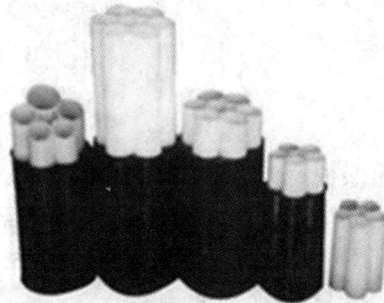

图 3-49　PVC 蜂窝塑料线管

　　(3) 双壁波纹管。图 3-50 所示是一种内壁光滑、外壁呈波纹状并具有密封胶圈的新颖塑料管。双壁波纹管结构先进，除具有普通塑料管的耐腐、绝缘、内壁光滑、使用寿命长等优点外，还具有以下独特的技术性能：

　　① 刚性大，耐压强度高于同等规格的普通塑料管；

　　② 重量是同规格普通塑料管的一半，从而方便施工，减轻劳动强度；

　　③ 密封好，在地下水位高的地方使用更能显示其优越性；

　　④ 波纹结构能加强管道对土壤负荷的抵抗力，便于连续铺设在凹凸不平的作业面上；

⑤ 工程造价比普通塑料管低 1/3。

图 3-50　双壁波纹管

(4) 子管。如图 3-51 所示,子管口径小,管材质软,具有柔韧性能好、可小角度弯曲使用、铺设安装灵活方便等特点,用于对光、电缆的直接保护。当光、电缆同槽铺设时,光缆一定要穿放在子管中。

(5) 铝塑复合管。严格来说,铝塑复合管是金属管和塑料管的合成,综合了塑料管和金属管的优点。其基本构成应为五层,即由内而外依次为内层聚乙烯、胶合层、对接焊铝层、胶合层、外层聚乙烯,如图 3-52 所示。由于其含有铝层,可增加耐压强度、阻隔有害气体等,同时抗静电、屏蔽性好,并有一定的阻燃作用。

图 3-51　子管

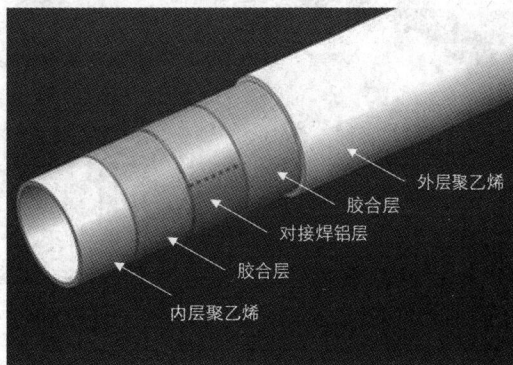

外层聚乙烯
胶合层
对接焊铝层
胶合层
内层聚乙烯

图 3-52　铝塑复合管

塑料管一般质量轻、耐腐蚀、成本低,方便运输、仓储及现场加工,所以在一般的综合布线工程中被大量使用,特别是建筑物内部线路进行暗埋管通道时。

2. 金属管

金属管(钢管)具有屏蔽电磁干扰能力强,机械强度高,密封性能好,抗弯、抗压和抗拉性能好等优点,但也存在成本高、抗腐蚀能力差、施工难度大等缺点,所以金属一般在特殊环境下才会使用。

综合布线系统中采用的钢管主要是焊接钢管,钢管按承压能力分为普通钢管(水压实验力为 2.5 MPa)、加厚钢管(水压实验压力为 3 MPa)和薄壁钢管(水压实验压力为 2 MPa)。普通钢管和加厚钢管统称水管,有时简称为厚管,它具有管壁较厚、机械强度高和承压能力较大等特点,在综合布线系统中主要应用在室外通道或室内的垂直干线、上升管路、房屋底层等地方。薄壁钢管简称为薄管或电管,因为管壁较薄,所以承受压力不能太大,常用于建筑物天花板内外部受力较小的暗敷管路。

钢管的规格有多种，以外径为单位，工程施工中常用的钢管有 D16、D20、D25、D32、D40、D50 和 D63 等规格，这与塑料管大致相同，其附件种类也与塑料管基本相同，如图 3-53 所示。在钢管内穿线比线槽布线难度更大一些，因此在选择钢管时要注意选择管径稍大的钢管。在钢管中还有一种是软管(俗称蛇皮管)，在弯曲的地方使使。虽然钢管具有上面所说的优点，但现场加工比塑料管困难得多，因此多集中在加工后匹配使用。

(a) 金属管　　　　　(b) 螺纹接头　　　　　(c) 直接头

(d) 金属弯头　　　　　(e) 金属底盒　　　　　(f) U 形管卡

(g) 金属抱箍　　　　　(h) 金属管卡

图 3-53　钢管及其附件

在机房的综合布线系统中，常使用金属管(槽)铺设双绞线和电源线，从而起到良好的电磁屏蔽作用。和市场上许多金属产品被塑料产品代替一样，由于钢管存在质量重、价格高、易锈蚀等缺点，随着塑料管的机械强度，密封性，抗弯、抗压和抗拉等性能的提高，金属管会被塑料管逐渐代替。

选择布线用的管材时应根据具体要求，以满足需要和经济性为原则，主要考虑机械(抗压、抗拉伸或抗剪切)性能、抗腐蚀能力、电磁屏蔽特性、布线规模、铺设路径、现场加工是否方便及环保特性等因素。

(1) 在一些较潮湿甚至是过酸或过碱性的环境中铺设管道,应首先考虑抗腐蚀能力。在这种情况下，往往 PVC 管更加适应，当然还应注意选用合适的防水、抗酸碱性密封涂料。

(2) 在强电磁干扰的空间中布线，如机场、医院、微波站等，金属管就明显地占据优势。因为金属管道能提供更好的屏蔽，外界的电磁场及其突变既不会干扰管道内的线缆，内部线缆的电磁场也不会对外界形成污染。

(3) 布线规模决定了线缆束的口径，必须根据实际需要，分别选用不同口径的布线线管。

(4) PVC 管和布线线缆在生产中需加入一定比例的氟和氯，因而在发生火灾或爆炸等灾害时，某些 PVC 管和线缆燃烧所释放出的有害气体往往比火灾污染更严重。

3.4.2 线槽材料介绍

线槽是指方形(非圆形)的线缆通道材料，一般由底槽和上盖组成，二者可以简便的分离和闭合，如图 3-54 所示。线槽有金属线槽和 PVC 线槽两种。由于线槽的上盖可以打开，因此比线管更能方便地布线；同时由于其密闭性不如线管，不能覆盖混凝土(混合液可从缝隙中流入通道内，凝固后阻塞通道)，因此通常只能用于综合布线工程中的明敷管路。

图 3-54 线槽及其规格

以 PVC 线槽为例，从型号上看，线槽分为 PVC-20 系列、PVC-2 系列、PVC-3 系列、PVC-40 系列等，对应规格是按线槽横截面的宽和高来生产的，有 20 mm × 12 mm、25 mm × 12.5 mm、25 mm × 25m、30 mm × 15 mm、40 mm × 20 mm 等。同线管一样，在通道铺设时，需要有一些附件，除相同的三通、平角等之外，由于其方形结构，其配套的连接器还有阳角、阴角、堵头、接头等，如图 3-55 所示。

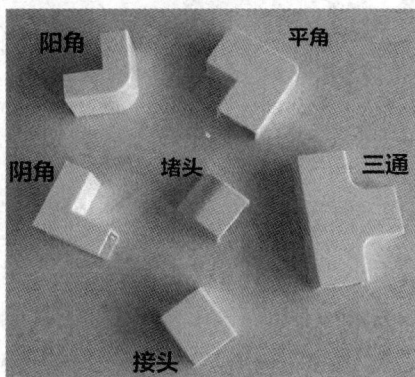

图 3-55 线槽附件

3.4.3　桥架介绍

桥架，通常是指非圆形的、非 PVC 材质的线缆支撑保护材料。根据材质的不同，桥架分为金属桥架和复合玻璃钢桥架两类。综合布线常用金属桥架，金属桥架的全部零件均需进行镀锌或喷塑处理，并安装在建筑物外露天的桥架上；如果露天的桥架邻近海边或属于腐蚀区，则必须考虑防腐处理，使其具有防腐、耐潮等特性。

根据外形不同，桥架有槽式、托盘式、梯级式、组合式等结构，由支架、吊杆、托臂和安装附件组成。桥架具有结构简单、造价低、施工方便、配线灵活、方便扩充和维护检修的特点，广泛应用于建筑物主干线缆管道的安装施工。

1. 槽式桥架

槽式桥架是全封闭的线缆桥架，对控制电缆的屏蔽干扰和重腐蚀环境中电缆的防护都有较好的效果，适用于室内外和需要屏蔽的场所。同时，槽式桥架也存在成本高、重量重、散热性差等问题，它与线槽属性相近，也被称为金属线槽；槽与槽连接时，使用相应尺寸的连接器固定，如图 3-56 所示。常用槽式桥架因为成本问题，一般都是大直径，用于干线通道，其规格有 50 mm × 25 mm、100 mm × 25 mm、100 mm × 50 mm、200 mm × 100 mm、300 mm × 150 mm、400 mm × 200 mm 等多种。

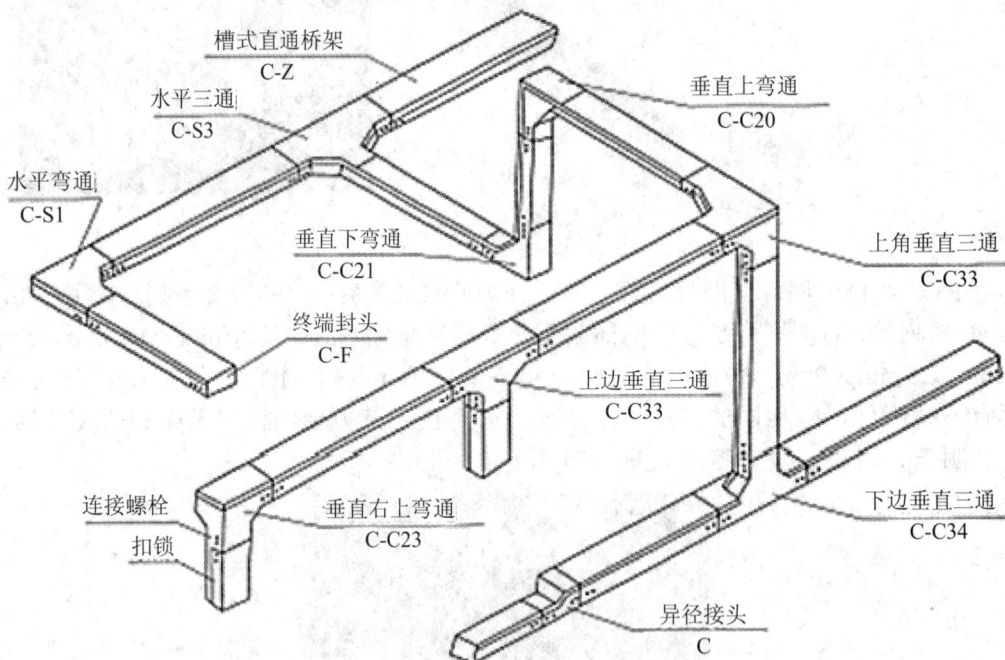

图 3-56　槽式桥架及其附件

2. 托盘式桥架

由于槽式桥架成本高、重量重、散热性差等问题，因此引进了托盘式桥架。托盘式桥架具有重量轻、载荷大、造型美观、结构简单、安装方便、散热透气性好等优点，适用于地下层、吊顶内等场所。但其封闭性效果不如槽式桥架，因而在消防、防腐蚀、防鼠患等方面不如槽式桥架。其附件及规格与槽式一样，必要时可搭配使用，如图 3-57 所示。

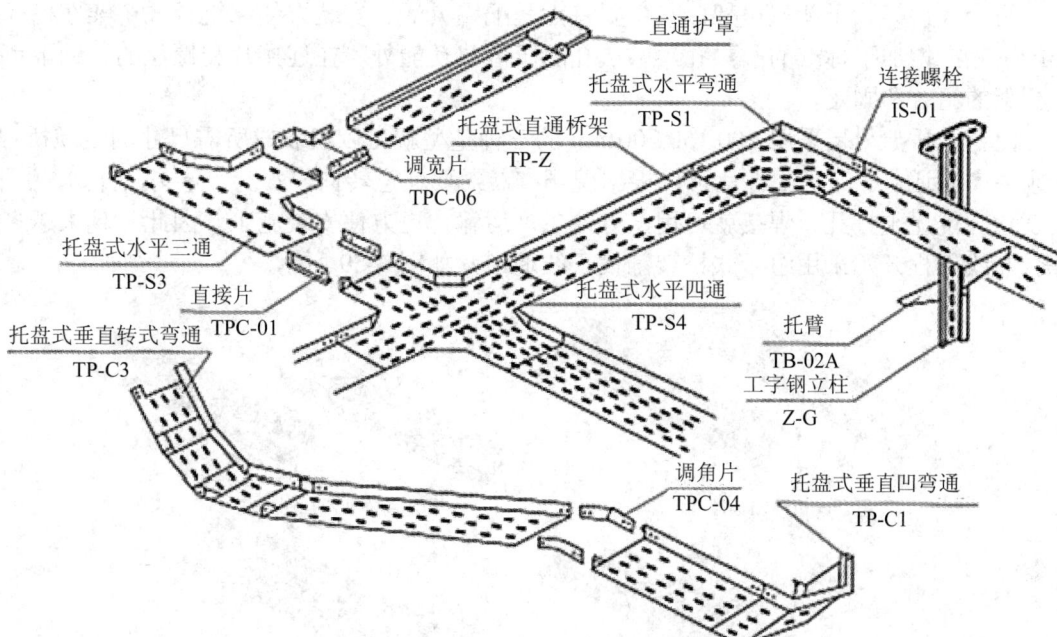

图 3-57　托盘式桥架及其附件

3. 梯级式桥架

梯级式桥架的结构更为简单，其外形和日常所见的梯子类似，如图 3-58 所示。梯级式桥架具有重量轻、成本低、造型别致、通风散热好等特点，主要用于直径较大线缆(如大对数电缆、干线光缆等)的敷设，适用于地下层、竖井、设备间的线缆敷设，特别是竖井内的敷设，方便布线及固定。其规格及附件也与其他桥架通用，必要时可对接。

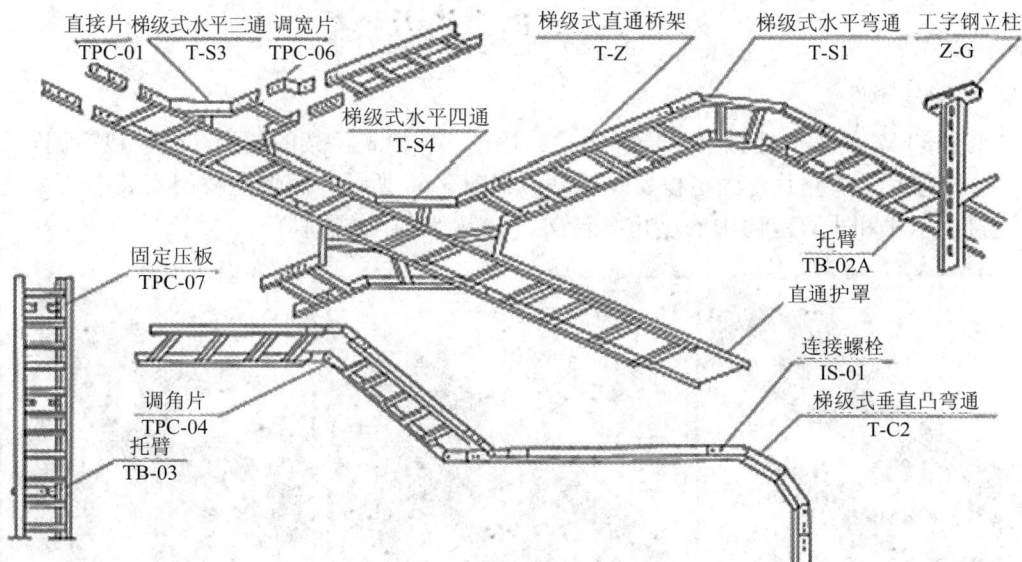

图 3-58　梯级式桥架及其附件

4. 组合式桥架

组合式桥架属于新型桥架，其主要特点是配置灵活、安装方便。组合式桥架在槽式桥架的基础上增加了标准的散热孔，散热孔除了散热功能外，在连接片和螺丝的辅助下可实现桥架的组合和固定。

组合式桥架只要采用 100.150.200 mm 的三种基型就可以组装成所需尺寸的线缆桥架，无须生产弯通、三通等配件就可以根据现场安装需要任意转向、变宽、分支、引上、引下，在任意部位无须打孔、焊接就可用，方便生产运输，更方便安装施工。因此，越来越多的综合布线工程开始采用组合式桥架铺设干线通道，如图 3-59 所示。

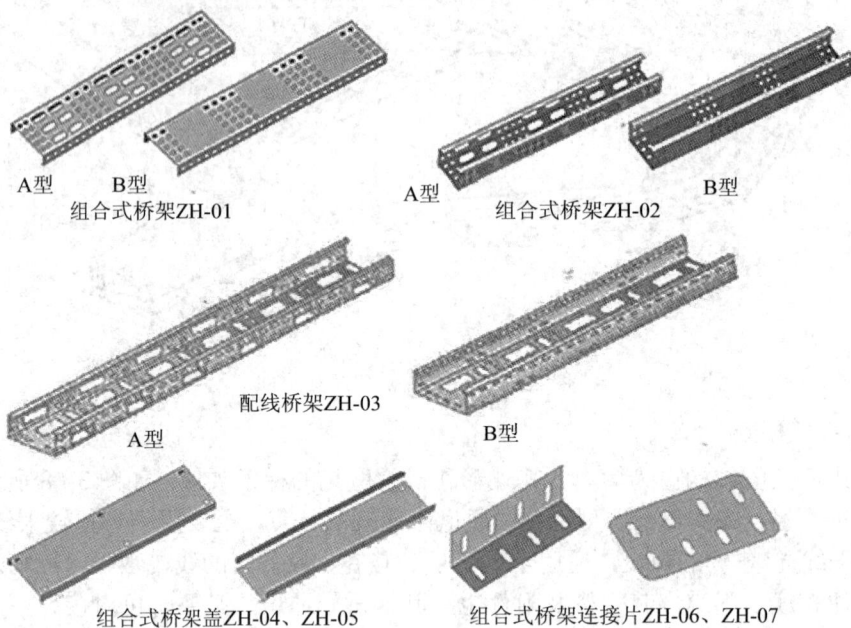

A型　B型
组合式桥架ZH-01

A型　组合式桥架ZH-02　B型

配线桥架ZH-03
A型　　　B型

组合式桥架盖ZH-04、ZH-05　　组合式桥架连接片ZH-06、ZH-07

图 3-59　组合式桥架

5. 桥架的附件

(1) 连接器。桥架的连接器是指梯级式、托盘式、槽式桥架的通用配件，包括调宽片、调高片、连接片、调角片、固定板、隔板等，如图 3-60 所示。它们是桥架安装中变宽、变高、连接，水平和垂直走向中的小角度转向、分隔等必需的附件。

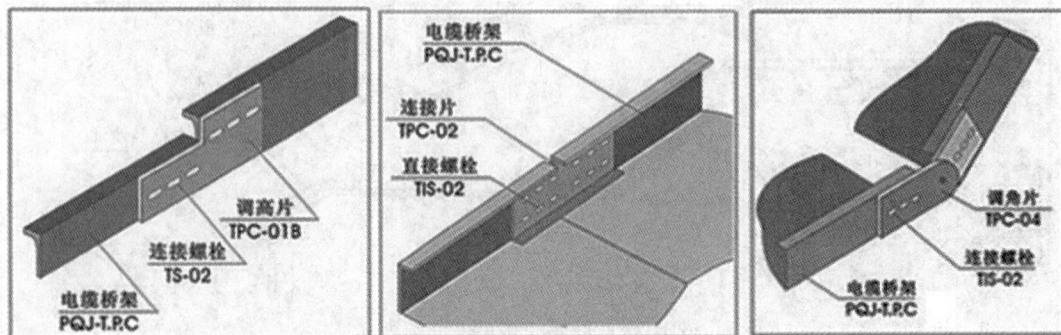

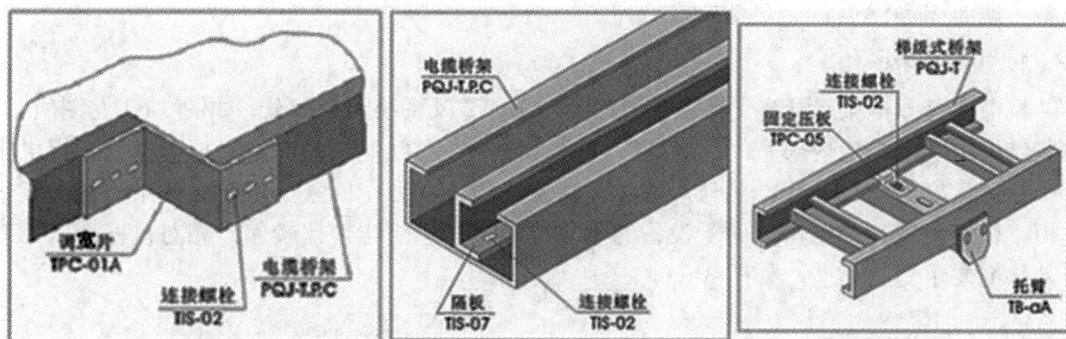

图 3-60 桥架的连接器

(2) 固定件。桥架用的固定件可分为两类，一类是用于把桥架固定在建筑物或其他承重设施上的附件，主要包括各种桥架托臂、支架、角钢、吊杆。桥架托臂可在固定或非固定的情况下给桥架提供支持点，通过支架、角钢或吊杆固定在承重设施上，如图 3-61 所示。

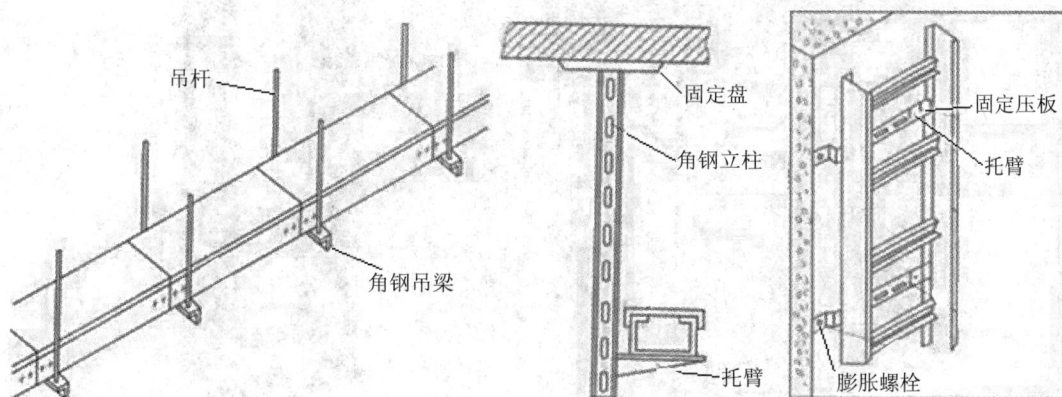

图 3-61 桥架的固定件

另一类固定件在桥架内部用于固定线缆或通道，主要包括线缆卡、导管夹，如图 3-62所示。这类固定件一般用于固定直径较大的干线线缆，或需要区分不同属性、用途的线缆。

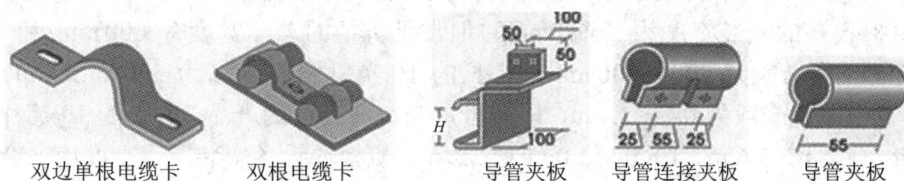

图 3-62 桥架内线缆固定件

3.4.4 机柜介绍

机柜是指综合布线工程中配线设备及各类电子设备集中安放的空间管理装置，用于布线配线设备、计算机网络设备、通信设备、电子设备等的叠放，并广泛存在综合布线系统中的管理间、设备间等网络中心类子系统中，有增强电磁屏蔽、削弱设备工作噪声、减少设备占地面积等优点。

1．机柜结构

机柜有基本框架、内部支撑系统、布线系统、通风系统四个部分，如图 3-63 左图所示，这些结构可实现机柜内部空间的封闭、支撑、散热、布线等功能，给机柜内的设备提供了一个相对良好的运行环境。此外，在一些特殊环境下，如空间狭小，还会使用机架来代替机柜。机架为敞开式结构，便于设备的安装与施工，但防尘性比较差，相对机柜而言，对外部环境要求更高一些，如图 3-63 右图所示。

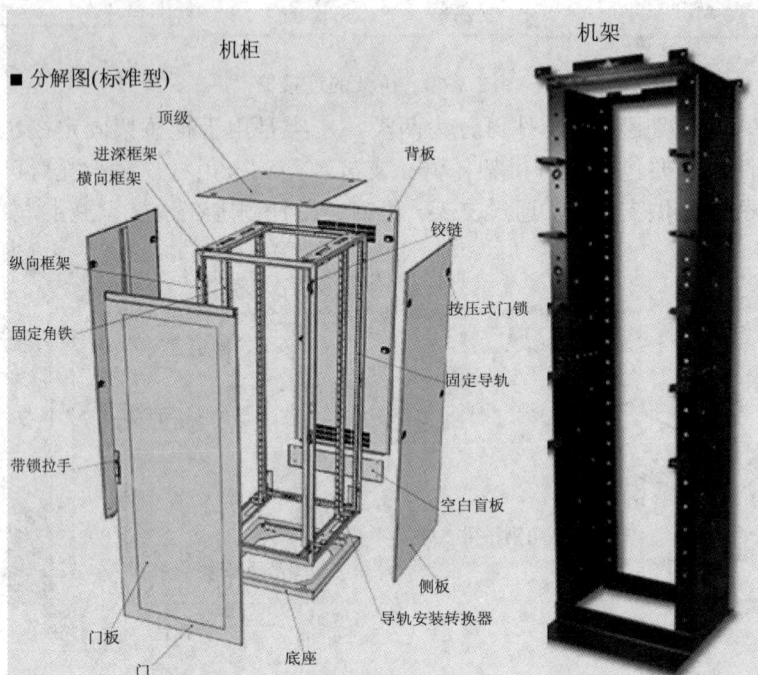

图 3-63　机柜与机架结构

2．机柜指标

机柜有宽度、高度和深度三个常规指标。人们把 19 英寸(宽)机柜叫作标准机柜。虽然 19 英寸机柜设备的安装宽度为 465.1mm，但常见机柜的总体宽度有 600mm 和 800mm 两种。机柜深度一般为 400～800mm，常见的 19 英寸机柜深度为 500mm、600mm 和 800mm。机柜高度一般为 0.7～2.4m，厂商可定制特殊高度的产品。常见的 19 英寸机柜高度为 1.0m、1.2m、1.6m、1.8m、2.0m 和 2.2m。机柜内设备安装所占高度用一个特殊单位 "U" 表示，1U=44.45mm。机柜一般都是按 nU 的规格制造的。前面讲述的配线设备和网络设备，其厚度和 U 保持一致，通常也是 1U 或 nU，多少个 "U" 的机柜表示能容纳多少个 "U" 的配线设备或网络设备。通常，42U 机柜的高度为 2.0m，37U 机柜的高度为 1.8m，18U 机柜的高度为 1.0m。

3．机柜附件

为完成布线系统的端接和设备的管理，机柜内部通常需要一些附件来协助对机柜内部进行布置。

(1) 理线环。理线环用于整理机柜前部设备接口与配线设备接口之间的跳线，让机柜里的设备跳线显得整齐、规范，便于管理，使整个机柜整洁美观，如图 3-64 所示。

图 3-64　理线环

(2) 扎带。扎带主要用在机柜内部固定线缆。为保证机柜内部空间合理利用，线缆管理方便，从外部进入机柜的线缆都需要走机柜上专用的线缆进出口和柜内通道，而为保证这些线缆整齐且不易移动，通常使用扎带固定，如图 3-65 所示。

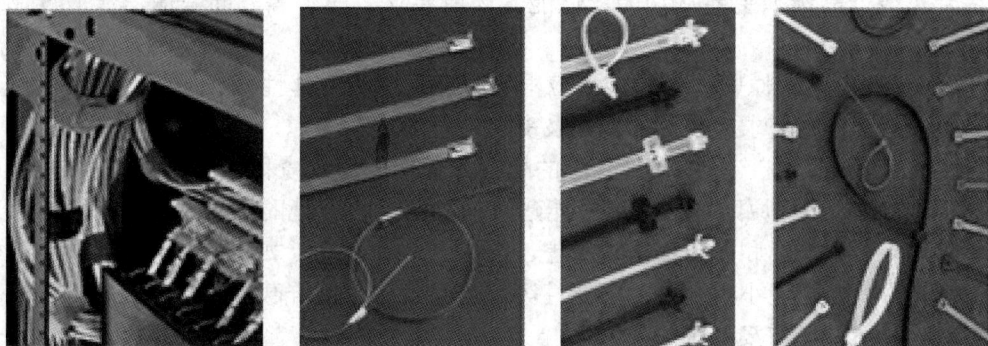

机柜内扎带　　　　　不锈钢扎带　　　　　插销式扎带　　　　　自锁式扎带

图 3-65　机柜内扎带及常见扎带

扎带一般设计有止退功能，只能越扎越紧，多为一次性使用，也有可拆卸的扎带。根据材料的不同，扎带可分为金属扎带(不锈钢材料)和塑料扎带(尼龙材料)两种；按锁紧方式的不同，扎带可分为自锁式尼龙扎带、标记扎带、固定头扎带、插销式扎带等。

3. 标签

机柜除了盛放各类设备外，最重要的一个功能就是管理，管理对综合布线系统来说非常重要，它涉及日后的维护和拓展。那管理如何体现呢？线缆可以通过分区、色标、编号等方法管理，而机柜内部既存在线端，又存在接口、设备等，因此需要一套严谨的标签制度来标记。标签有色标、数标、字标，建议使用专业标签纸及打印机制作，如图3-66 所示。

图 3-66　标签工具

任务 3.5　掌握布线产品的选型

通过前面学习，读者初步了解了综合布线工程材料的情况，应该知道器材的选型是任何工程的基础，是工程设计的关键环节和重要内容。它与技术方案的优劣、工程造价的高低、业务功能的满足程度、日常维护管理及今后系统的扩展等都密切相关。因此，从整个工程来看，产品选型具有基础性的意义，应予以高度重视。

产品选型

3.5.1　产品选型原则

综合布线产品选型主要从功能、性能、环境要求、成本等方面考虑，一般遵循以下原则：

(1) 满足功能需求原则。产品选型应根据智能建筑的主体性质、所处地位、使用功能等特点，从用户信息需求、今后的发展及变化情况等方面考虑，选用等级合适的产品，例如 5_E 类、6 类、6_A 系统产品或光纤系统的配置，包括各种线缆和连接硬件。

(2) 结合实际环境原则。应考虑智能建筑和智能小区所处的环境、气候条件、客观影响等特点，从工程实际和用户信需求考虑，选用合适的产品。如目前和今后有无电磁干扰源存在，是否有向智能小区发展的可能性等，这与是否选用屏蔽系统产品、设备配置以及网络结构的总体设计方案都有关系。

(3) 选用同一品牌的产品原则。由于在原材料、生产工艺、检测标准等方面的不同，因此不同厂商的产品在阻抗特性等电气指标方面存在较大差异。如果线缆和插接件选用不同厂商的产品，因链路阻抗不匹配会产生较大的回波损耗，这对高速网络是非常不利的。

(4) 符合相关标准原则。选用的产品应符合我国国情和有关技术标准，如国际标准、我国国家标准和行业标准。所用的国内外产品均应以我国国家标准或行业标准为依据进行检测和鉴定，未经鉴定合格的设备和器材不得在工程中使用。

(5) 技术性与经济性相结合原则。目前，我国已有符合国际标准的通信行业标准，综合布线系统产品的技术性能应以系统指标来衡量。在产品选型时，所选设备和器材的技术性能指标一般稍高于系统指标，这样在工程竣工后，才能保证全系统的技术性能指标满足发展的需要，当然也不能一味追求高的技术性能指标，否则会增加工程造价。

(6) 方便后期维护原则。一些维护工作在产品选型中应综合考虑，例如，在产品价格相同且技术性能指标符合标准的前提下，若已有可用的国内产品且能提供可靠的售后服务，则应优先选用国内厂家的产品，一来降低工程总体的运行成本，二来后期的系统可维护性比较高。

3.5.2　铜缆与光缆的选择

综合布线工程中，很多情况下设计者会优先确定使用什么通信介质，现有的有线通信介质产品是铜缆和光缆，具体是双绞线与光纤。有一种观点认为，铜质电缆在不久的将来会逐渐消亡，取而代之的是光缆布线系统和无线网络系统。这种观点虽然偏激，但客观上也反映了目前计算机通信的一个发展方向。应该说这种观点虽有道理，但并不全面。替代铜质电缆的两种系统都有其优越之处，但细加分析，在目前和今后一段时期，它们也各有难以解决的缺点和问题。

1. 光纤的优势

光纤与非屏蔽双绞线相比具有以下优势：

(1) 光纤布线是数据干线的首选。早在 5 类 UTP(非屏蔽双绞线)推出之前，计算机网络的桌面应用速率为 10Mb/s 时，100Mb/s 的骨干网就采用了 FDDI(Fiber Distributed Data Interface，光纤分布数据接口)网，而 FDDI 是完全基于光纤构建的。因此可以说，综合布线的数据干线绝大多数工程都采用光缆。它有以下优点：

① 干线用缆量不大；

② 使用光缆不必为升级考虑；

③ 处于电磁干扰较严重的弱电井内，光缆能够理想地防电磁干扰；

④ 光缆在弱电井内布放，安装难度较小。

(2) 存在光纤到桌面的机遇。光纤到桌面(Fiber To The Desktop，FTTD)是指光纤替代传统的铜缆传输介质直接延伸至用户终端电脑，使用户终端全程通过光纤实现网络接入。铜缆系统由于价格成本低、安装施工简单、维护方便和支持 POE 以太网技术等特点，在工作区子系统中仍然处于统治地位。但是，随着光通信技术的发展，以及铜缆系统升级的瓶颈和应用环境的复杂性等，光纤的优点越发明显。GB 50311—2016 中已经引入了光纤入户的内容，相信不远的将来光纤到桌面就会实现。

(3) 光纤可支持更远距离、更高带宽的传输。新一代的 OM4 多模光缆支持最长 550 m 的 10Gb/s 串行传输，以及 150 m 以上的 40/100Gb/s 传输。OS2 单模光缆在万兆的以太网中，最长甚至可以达到 40km 的传输。这些都是铜缆系统根本无法做到的。

(4) 光纤具有抗干扰性。光纤是非金属物质，数据在光波上传输，可以避免外界的电磁干扰(EMI)和无线电频干扰(RFI)。例如在一些特殊的布线环境：空调机房、医院的医疗设备房间、机械制造工厂等。并且，纤芯之间无串扰，信号也不会对外泄露，起到了很好的保密作用。例如在一些信息要求保密的场所：公检法机关、军事行业、科技研发单位等。

(5) 光纤的环境适应性强。使用光纤时，外部温度适应范围宽，通信不带电，可用于易燃、易爆场所，使用安全；而且耐化学腐蚀，使用寿命长。不同的护套材料和内部结构，可应付恶劣的办公环境。

(6) 光链路的施工安装简便，验收测试容易。施工方面，铜缆系统从 Cat 5 发展到 Cat 6$_A$，在结构上增加了十字骨架、屏蔽层(甚至双层屏蔽层)，线径变得越来越大，这些都无形增加了铜缆的原材料成本、运输成本、安装辅材成本、安装施工成本等。然而，光纤发展到今天，体积及重量没发生过任何变化，原材料成本有下降的趋势，而且长距离布线也使得施工成本下降，安装施工变得越来越简便。验收测试方面，铜缆系统从 Cat 5 的 4 个测试参数发展到后来十几个，还多了外部串扰测试参数，使得 Cat 6$_A$ 布线系统的验收测试更加烦琐和费时。光纤发展到今天，其测试参数一般只有两个：衰减和长度。

2. 铜缆的现状

尽管在高速数据传输上光纤比铜缆具有优势，但也不是十全十美的。首先是价格问题。使用光纤会大幅度地增加成本，光纤成本可能不高，但光纤布线系统中光纤配线架、光纤耦合器、光纤跳线等的价位比铜缆高，而且使用光纤传输的网络连接设备，如带光纤端口的交换机、光电转发器、光纤网卡等的价格也高。其次有光纤安装施工技术要求高以及安装难度大等缺点。此外，从目前和今后几年的网络应用水平来看，并不是所有的桌面都需要很高的传输速率。因此，虽然光缆在综合布线系统中有着重要的地位，但在目前和今后一定时期，它还不能完全立即取代铜缆。光缆主要应用在建筑物间和建筑物内的主干线路，而双绞线电缆仍将会在距离近、分布广且带宽要求低的工作区的水平布线系统中得到广泛应用。只有当水平布线距离很远导致电缆无法达到且桌面应用有高带宽和高安全性要求时，水平布线就需要采用光纤布线系统了。

光纤的应用和发展是一个循序渐进的过程，从光纤到路边、光纤到楼、光纤到户，发展到光纤到桌面，实现全光纤网络。

实践与思考

实 践 篇

作为全书的主要内容，本篇从工程建设的角度入手，根据综合布线工程项目通用的建设流程介绍综合布线工程的相关技术，最大程度做到理论与实践相结合，适合专业人员学习。

本篇共包含六个项目：

项目 4 为设计综合布线工程，将带领读者学习综合布线工程设计的基本技能，使其全面掌握工程设计的流程、方法和参考依据，并掌握设计的基本技能。建议占用 4 个学时的学习时间。

项目 5 为综合布线线缆工程的施工，将带领读者从工程建设的过程中掌握线缆布线施工的相关工艺、注意事项和工程管理方法。建议占用 4 个学时的学习时间，若有实训条件可增加 4 个学时的实践学习。

项目 6 为综合布线机房工程的施工，主要围绕综合布线系统中机房类空间的建设过程，带领读者掌握此类工程的施工方法，并进一步了解以数据中心为建设目标的综合布线工程的建设标准。建议占用 4 个学时的学习时间，若有实训条件可增加 4 个学时的实践学习。

项目 7 为综合布线端接工程的施工，主要讲述综合布线工程中最重要的线缆端接工艺。因为端接工艺直接影响着链路的通信质量，所以每个布线工作者应当不断磨炼端接技艺。该项目通过全面的讲述和示范，确保读者在工作中掌握规范的线缆端接技能。建议占用 8 个学时的学习时间。

项目 8 为综合布线工程的测试，主要讲述工程施工中链路施工质量的测试方法，带领读者掌握链路通信属性的测试方法和要点，这对工程的质量控制至关重要。建议占用 4 个学时的学习时间。

项目 9 为综合布线工程的验收，全面讲述了综合布线工程中的验收工作，以便让读者能全面了解验收的流程、方法和要点。建议占用 4 个学时的学习时间。

本篇包含了工程项目的四大要素，即设计、产品、施工、验收，从设计到验收共同组成了一个完整的项目建设流程，能够让读者全面掌握综合布线技术的主要内容，预计学习时间为 28~36 学时。

项目 4　设计综合布线工程

【知识目标】

(1) 熟悉综合布线工程设计的一般流程；

(2) 熟悉综合布线工程设计的基本原则；

(3) 掌握综合布线工程设计的常用文档和使用方法；

(4) 熟悉工程设计涉及的国家标准内容。

【能力目标】

(1) 能够运用方法和工具进行综合布线系统需求分析；

(2) 能够根据需求进行综合布线系统结构设计；

(3) 能够进行材料设备选型和预算；

(4) 能够进行综合布线图纸绘制；

(5) 能够完成中小型综合布线系统的设计方案。

【项目背景】

任何工程项目都必须有设计方案，综合布线系统也不例外。综合布线系统的工程设计是网络通信和智能建筑的基础。网络通信科技的不断发展，给综合布线系统不断增加新的技术内容和要求，特别是智能建筑的各种终端和控制设备的数字化改进，促使原来依赖传统控制线、同轴线、电话线的智能弱电系统逐渐过渡到以铜缆双绞线和光纤通信的综合布线系统上来。

1. 设计步骤

综合布线系统设计是综合布线系统工程建设的关键。一般来说，综合布线系统设计步骤如下：

(1) 获取用户需求，即需求分析，需要根据客户需求规划信息系统的种类、数量和分布；

(2) 进行总体设计，即设计系统结构，设计各功能子系统；

(3) 进行系统详细设计，主要包括绘制图纸、选择综合布线产品、材料用量、编制施工方案，财务预算等内容；

(4) 将设计内容编制成设计方案书。

2. 遵循的原则

综合布线系统设计涉及方方面面，十分复杂。设计过程中应当遵循以下原则：

(1) 综合布线系统设计应当以满足客户通信的各项需求为目标，综合考虑用户需求、建筑物功能、当地技术和经济的发展水平等因素，尽可能将更多的信息系统通信纳入综合布线系统。

(2) 综合布线系统设计应当具有长远规划思想，保持一定的先进性。综合布线是预布线，在进行布线系统的规划设计时可适度超前，采用先进的概念、技术、方法和设备，做到既能反映当前水平，又具有较大的发展潜力。

(3) 综合布线系统设计应当具备可扩展性。综合布线系统应是开放式结构，能够满足语音、数据、图像(较高档次的应能支持实时多媒体图像信息的传送)及监控等系统的需要。在进行布线系统设计时，应适当考虑今后信息业务种类和数量增加的可能性，预留一定的发展余地。

(4) 综合布线系统设计应当符合标准规定。综合布线系统的设计内容均应符合国际标准或国家标准的规定，支持基于标准的主流厂家的网络通信设备。综合布线系统工程设计除应符合国标规范外，还应符合国家现行的相关强制性或推荐性标准规范的规定；必须选用符合国家或国际有关技术标准的定型产品，未经认可的产品标准或未经产品质量检验机构鉴定合格的设备及主要材料不得在设计方案中预使用。

(5) 综合布线系统设计应当具有一定的灵活性。设计方案中关于综合布线工程中应采用的工程材料、通信设备和通信服务供应商等不应固定，应具有灵活性，方便建设方根据自身需求选择。

(6) 综合布线系统设计应当符合经济性原则。设计方案在满足项目要求的同时应力求综合布线工程的经济性，如线路尽可能简洁，距离最短，尽可能降低建设成本，使有限的投资发挥最大的效用。

任务 4.1　完成综合布线工程需求分析

需求分析是综合布线系统设计的基础，它的准确程度和完善程度将会直接影响综合布线系统的网络结构、线缆规格、设备配置、布线路由、工程投资等重大问题。因此，需求分析阶段要求如下：

(1) 确定用户性质和需求。对用户的建设需求进行分析，确定建筑物中需要信息点的场所，也就是综合布线系统中工作区的数量，摸清各工作区的用途和使用对象，从而为准确预测信息点的位置和数量创造条件。

需求分析

(2) 工作区以考虑近期需求为主。智能建筑建成后期建筑结构已形成，并且其使用功能和用户性质一般变化不大，因此，一般情况下智能建筑物内设置满足近期需求的信息插座数量和位置是固定的。

(3) 布线路由兼顾长远发展需要。建筑物内的综合布线系统主要是水平布线和主干布线，水平布线一般敷设在建筑物的天花板内或管道中，如果要更换或增加水平布线，不但损坏建筑结构且影响整体美观，施工费也比初始投资的材料费高，为保护建筑物投资者的利益，应采取"总体规划、分步实施，水平布线尽量一步到位"的策略。因此，需求分析中，信息插座的分布数量和位置要适当留有发展和应变的余地。而主干布线大多数都敷设在建筑物的弱电井中，和水平布线相比，更换或扩充相对省事。

(4) 多方征求意见。根据调查收集到的资料，参照其他已建智能建筑的综合布线系统的

情况，初步分析出该综合布线系统所需的用户信息，并将分析结果与建设单位或有关部门共同讨论分析，多方征求意见，进行必要的补充和修正，最后形成比较准确的用户需求报告。

4.1.1　用户需求采集

在综合布线系统工程规划和设计之前，必须对用户需求信息进行采集。用户需求采集是指通过与用户的交流，获取用户对信息系统的实际要求。对这些信息进行分析，分析结果是建设综合布线系统的基础需求。主要获取的需求信息包括通信业务需求和信息点需求。

1. 通信业务需求

综合布线系统是为通信业务服务的，获取用户的通信业务需求是设计综合布线系统的基础，这里的通信业务需求包括现在及将来的业务需求。通信业务需求一般从以下三个方面进行分析：

(1) 从用户的组织结构入手，即系统的使用者结构，如董事长、董事、总经理、部门经理、员工等，分析每个使用者通信业务的类型、数量和规模。

(2) 从用户业务流程入手，分析在整个业务流程中的通信业务需求(如产品设计、产品生产、产品销售、售后服务等)，以及在此业务流程中客户需要的通信类型、数量和规模。

(3) 从智能建筑用途方面确认需求，如政府、银行、军队等对保密要求较高的单位通常会选用普遍认为保密性能更好的屏蔽系统或光纤布线系统；而普通的商用智能建筑，其布线系统则常采用非屏蔽的 D、E 等级的布线系统。

2. 信息点需求

信息点是相对于建筑物来说的，由于用户的流动性大，综合布线只能依附建筑物中固定的信息点来提供通信服务，因此信息点就是用户通信终端接入综合布线系统的接口。有些文献把信息点和工作区对应起来，将一个信息点记为一个工作区。信息点是用户对综合布线系统最直观的认知，可以称为综合布线系统的用户界面，用户对信息系统的要求都是在信息点上得到体现的。对信息点的类型、数量、位置统计可以使用《信息点统计表》等设计文档来实现。后续内容将详细讲解。

4.1.2　了解建筑结构

在用户访谈期间，为了确认用户需求的可行性，综合布线的设计与施工人员必须熟悉建筑物的结构，避免用户需求偏离实际。通过了解建筑结构，设计者可根据用户需求确认项目的实施方案。若建筑物结构设计未确定，则可根据需求向建设方提出关于综合布线工程结构的设计要求或直接参与结构设计；若新建建筑主体结构建设已经完成或旧楼改造，则可结合设计图纸到现场勘察。关于建筑结构主要注意以下细节。

1. 预埋管

主要确认工作区预埋管道的情况，根据用户需求确认预埋管是否满足需求。如需改造，可提出改造方案，如切槽或明敷。

2. 吊顶

查看各楼层、走廊、房间、电梯厅和大厅等吊顶的情况，包括吊顶是否可以打开，吊顶高度和吊顶距梁高度等，然后根据吊顶的情况，确定配线子系统通道是走吊顶内线槽，还是走地面线槽。如需改造，改造工程的敷设路线尽可能美观安全。

3. 竖井

找到干线子系统要用的电缆竖井，查看竖井中有无楼板，询问建设方竖井内有哪些其他线路(如强电线)。若需要公用，则要有隔离设施。若没有可用的电缆竖井，则要和建设方商定垂直槽道的位置。

4. 机房

查看电信间、设备间等机房情况，位置，空间等是否符合标准要求，即电信间、设备间的位置是否靠近垂直竖井，面积、配套设施(如通风、供电等)是否符合标准要求。如果不符合要求，则提出整改意见。

5. 电缆入口

确认建筑物外部线缆入口位置有无建设进线间的条件。若没有，则可选择利用设备间空间或外部地下空间建设进线间。

6. 室外布缆环境

确认园区建筑群子系统通道建设条件，有无道路、绿化或其他管线影响布线路由，有无专用或公用的布线隧道。布线方案需要跟建设方协商，根据标准要求选择合适路由。

4.1.3　技术交流

除了以建设方提供的数据为依据，充分理解用户近期和将来的通信需求及建筑物结构外，设计者还需要在技术上确保项目需求的可行性。这就需要设计者从技术的角度与项目相关方进行交流。这里的技术交流包括通信技术、工程材料、施工技术、工程进度和政策法规。

1. 通信技术

设计方案预选用的通信技术是否已成熟，特别是新技术，是否得到了科学和实践的论证；所需的通信器材是否已采购或有确定的采购渠道；通信技术的使用是否合法等。这些问题需要同建设方相关负责人交流确定。

2. 工程材料

设计方案预选用的工程材料是否符合标准要求。如线缆、连接器、通道材料、机柜、备用电源、控温设备、空气净化设备等材料是否已采购或有确定的采购渠道，新型材料的可用性是否得到了科学和实践的论证。这些问题需要同承建方相关负责人交流确认。

3. 施工技术

设计方案中需要特殊工艺才能实现的工程,需要询问承建方是否具备相关的施工能力;施工方案设计中涉及工期、质量等要求时，需要询问承建方是否具备相关的工程管理经验和管理能力;涉及布线系统与其他管线(如供水管、供暖管、燃气管等)并行或交汇方案时，需要询问承建方是否有相关施工经验和处理方案。

4. 工程进度

工程进度是工程建设设计中的重要内容，包括开工时间、竣工时间、施工工序的安排，人力、物力、财力的统计。设计者需要与建设方、承建方、监理方等各方进行沟通确认。

5. 政策法规

工程项目在依照设计方案进行建设过程中会涉及环境、交通、安全、消防、税费、劳务等诸多事项。因此，在设计时应充分考虑这些因素对项目的影响，及时与有关部门沟通，确保设计方案符合当地的政策法规。

4.1.4　需求分析常用文档

需求分析过程中，需要一些文档工具来辅助完成工作，这些文档有的是用来记录用户信息的，有的是用来分析建筑结构的，有的是用来进行技术交流的。

1. 需求分析记录表

综合布线需求分析需要有一定的针对性，在与用户沟通之前，为了确保获取有效的需求信息，且得到用户的有效确认，可以根据项目的不同制定需求分析记录表(如表 4-1 所示)。

表 4-1　综合布线用户需求分析记录表

项目	内　　容	用户答复	备注
工程类型	工程目标：新建/增建/改造		
	建筑类型：办公楼/商场/酒店/学校/医院/……		
	园区类型：校园/住宅小区/商业办公区/工厂园区		
	可扩展性：基础型/平衡型/先进型/		
	实施阶段：策划阶段/招标阶段/施工阶段		
系统等级	系统要求：屏蔽系统/非屏蔽系统/光纤		
	工作区等级：超 5 类/6 类/6_A 类		
	水平布线等级：5_E 类/6 类/6_A 类/7 类/多模光纤		
	数据主干布线：5_E 类/6 类/6_A 类/7 类/光纤		
	语音主干布线：3 类/5 类大对数电缆		
	设备间等级：A/B/C		
材料选择	国内品牌/国际品牌		
关键数据统计	(1) 建筑物进线间、电信间、设备间的位置与平面布置		
	(2) 水平布线路由形式：桥架/穿管/埋地		
	(3) 楼层数据信息点数量统计		
	(4) 楼层语音信息点数量统计		
	(5) 信息面板：单口/双口		
	(6) FD 机柜安装形式：挂墙/落地		
特殊通信要求	如监控、门禁、一卡通、数字电视、数字广播等		
询问人签字	客户签字		日期

2. 需求分析报告

需求分析报告是需求分析阶段的总结性文档，是对需求分析工作结果的总结。报告中包括的内容如图 4-1 所示。

(1) 项目简介：包括工程名称、地点、建筑结构、用途、投资规模，系统级别等内容。

(2) 用户需求：包括用户的组织结构、业务流程、信息系统类别、信息点需求、产品品牌选择以及其他弱电系统等。

(3) 网络结构：信息化网络的拓扑结构等。

(4) 建筑技术资料。

(5) 线缆通道预路由。

(6) 工作区分布。

(7) 电信间、设备间、进线间的可选位置。

(8) 其他说明。

XXXX 实业有限公司

工业生产基地综合布线工程

项目需求书

目录

1.项目简介
2.用户需求
3.网络结构
4.建筑技术资料
5.线缆通道预路由
6.工作区分布
7.电信间、设备间、进线间的可选位置
8.其他说明

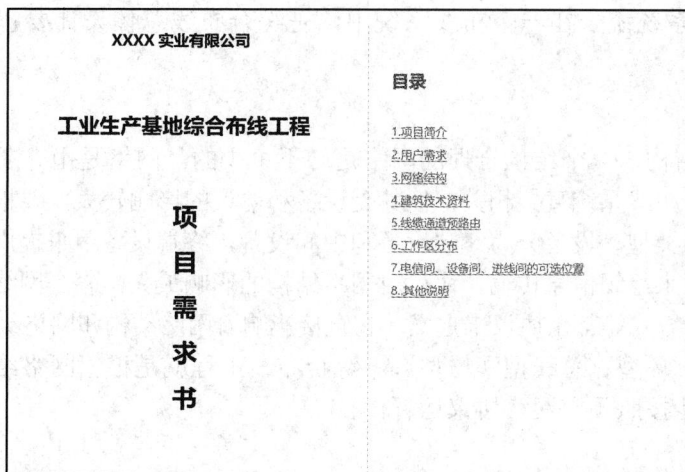

需求书案例

图 4-1 项目需求书

由于设计方、建设方、承建方、监理方对工程的理解一般存在一定的偏差，因此对需求分析结果的确认是一个反复的过程，得到各方认可的分析结果才能作为设计的依据。所以，需求分析工作一般是，设计方在做好前期准备工作后，再会同建设方、监理方、建筑单位的技术负责人及其他需要了解工程现状的人一起进行，以便研究决定关键事项。

任务 4.2 完成综合布线工程总体设计

总体设计是综合布线系统工程设计方案的大纲，其以需求分析结果为依据，结合布线标准、通信技术、信息系统功能、工程造价等因素对综合布线系统的整体架构和系统级别进行合理的设计，并制定方案说明。

总体设计

4.2.1 综合布线系统结构

综合布线系统是信息系统的介质基础，所以其结构必然是以信息系统的网络结构为基础。同时，设计原则中要求把尽可能多的信息系统集成到综合布线系统中，这就要求在选择系统结构时要注意它的普适性。

1. 信息系统结构

信息系统结构是指由信息系统内部各个组成部分所构成的框架结构。按照物理结构，信息系统结构一般分为集中式与分布式两大类。

集中式结构是指计算资源在空间上集中配置，由分布在不同地点的多个用户通过终端共享资源的多用户系统，优点是资源集中，便于管理，资源利用率较高。这一类的信息系统适合客户端设备简单的应用，如门禁、监控、广播等。

分布式结构是指通过计算机网络把不同地点的计算机硬件、软件、数据等资源联系在一起，实现不同地点的资源共享。各地的计算机系统可以在网络系统的统一管理下工作。由于分布式结构适应了现代企业管理发展的趋势，即企业组织结构朝着扁平化、网络化方向发展，因此分布式结构已经成为信息系统的主流模式。

如何将不同结构的信息系统统一在一个布线系统中，是综合布线总体设计要解决的问题。

2. 网络结构

若想统一信息系统应用结构，一个结构合理的网络是必不可少的。网络是由介质、设备和协议组成的。介质与综合布线系统直接相关，但其受设备和协议的影响较大，要根据设备和网络协议选择通信介质的类型。设备分为终端设备和中间设备，终端设备用来提供信息系统的业务功能，中间设备用来组织信息传输。协议对网络结构的影响最大，它是网络通信模式的约定；信号类型、传输方式等都由协议来定义，它直接影响着网络结构和网络级别。

常见的网络结构有星型、环型、总线型和树型等。综合布线工程就是根据网络结构将介质和设备妥善安置，使其能按照预定网络协议运行。

3. 布线结构

综合布线系统结构虽然以网络结构为基础，但不是与网络结构完全一致，因为综合布线是符合建筑标准的布线系统，在布线结构设计中也要充分考虑建筑物的结构。GB 50311—2016《综合布线系统工程设计规范》中给出了电缆、光缆等常用介质产品的布线结构，如图 4-2 所示，可根据实际情况选择。

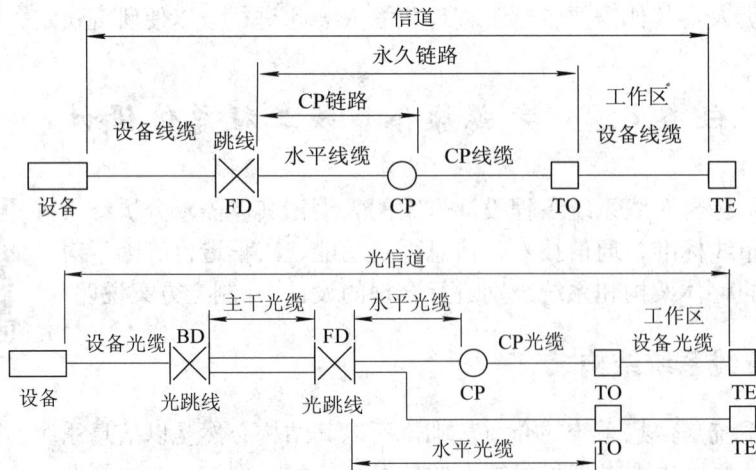

图 4-2　标准中的布线结构图

4.2.2　综合布线系统配置设计

1. 系统级别配置

系统级别是综合布线设计时必须参照的标准依据，一般在需求分析阶段由建设方确定。

系统级别并不是单一地指一条链路的性能级别，而是整个综合布线系统所应达到的性能要求，通常标准中对系统级别定义集中在产品类别与最高带宽上，如表 4-2 所示。但其实际要求综合布线系统在整体上满足性能底线，因此在上层网络中需要更高级别的产品配置，这就需要在总体设计中综合考虑，设计合理配置方案。

表 4-2　综合布线系统分级与类别

系统等级	产品类别	线缆类型	介质最高带宽/Hz	数据传输速率/(b·s⁻¹)
A	—	电话线缆	100 k	无数据传输
B	—		1 M	4 M
C	3 类/4 类	大对数电缆	16 M/20 M	10 M/16 M
D	5 类	屏蔽/非屏蔽双绞电缆	100 M	100 M
	5$_E$ 类	屏蔽/非屏蔽双绞电缆	100 M	100～1000 M
E	6 类	屏蔽/非屏蔽双绞电缆	250 M	1000 M～1 G
E$_A$	6$_A$ 类	屏蔽/非屏蔽双绞电缆	500 M	1～10 G
F	7 类	屏蔽双绞电缆	600 M	10 G
F$_A$	7$_A$ 类	屏蔽双绞电缆	1000 M	10 G
OF-300	OM1	(62.5/125)LED 多模光纤	在 850 nm 支持模态带宽 200 MHz·km	1000 M～1 G
	OM2	(50/125)LED 多模光纤	在 850 nm 支持模态带宽 500 MHz·km	1～10 G
OF-500	OM3	(50/125)LD 多模光纤	在 850 nm 支持模态带宽 2000 MHz·km	10 G
	OM4	(50/125)LD 多模光纤	在 850 nm 支持模态带宽 4700 MHz·km	10 G
OF-2000	OS1	(9/125)单模光纤	支持衰减 1 dB/km	10 G
	OS2	(9/125)单模光纤	支持衰减 0.4 dB/km	10 G

2. 链路属性配置

链路属性是由系统级别和布线结构共同决定的。综合布线系统可分为配线子系统、干线子系统和建筑群子系统，每个子系统都有一条完整的链路。这些链路的配置属性包括数量、长度、材质等内容，并按以下方法设置：

(1) 数量。配线子系统的链路数量应该由信息点类型和数量确定，干线子系统的链路数量应由接入层交换机数量确定，建筑群子系统的链路数量应由各建筑物的信息需求量确定。但这些设备数量的信息在总体设计阶段很难准确获取，所以通常采用估算法。也就是说，通过需求分析可知用户终端或信息点数量，以此为基础推算所需各层设备的数量，当然其中应包含冗余链路数量。

(2) 长度。这里的长度跟建筑结构有较大的关系，总体设计阶段主要关注信息点离配线设备的最大距离，如果超出线缆的长度极限应及时调整布线结构或路由，或更换更高级别的线缆。综合布线系统的电缆信道由最长 90 m 的配线电缆、最长 10 m 的工作区电缆、跳线和设备电缆及最多 4 个连接器件组成；永久链路则由最长 90 m 的配线电缆及 3 个连接器件组成，但 F 级的永久链路仅包括最长 90 m 的配线电缆和 2 个连接器件(不包括 CP 连接器件)。光纤信道分为 OF-300、OF-500 和 OF-2000 三个等级，各等级光纤信道支持的应用长度不应大于 300 m、500 m 和 2000 m。

由综合布线系统配线线缆与建筑物主干线缆及建筑群主干线缆之和所构成的信道总长度不应大于 2000 m(单模光纤链路可稍长)。布线系统主干线缆组成如图 4-3 所示。

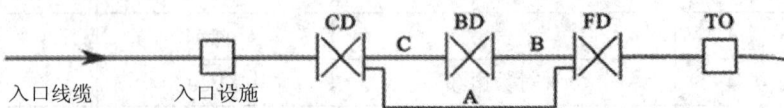

线缆类型	各线段长度限制/m		
	A	B	C
100 Ω 对绞电缆	800	300	500
62.5 m 多模光缆	2000	300	1700
50 m 多模光缆	2000	300	1700
单模光缆	3000	300	2700

图 4-3　布线系统主干线缆组成

(3) 类别。链路的类别应根据系统级别、信息点类型和链路长度综合考虑。例如：信息点距离接入设备较远，可以在水平链路上考虑光链路。

3. 工程造价概算

总体设计中，工程概算十分重要。在用户确定了系统级别和规模后，建设方的总预算是否能满足所选的级别和规模是需要在总体设计时就知道的，这就要对工程的造价有个大体的估算。这种估算的目的是为了确认总体设计方案在成本上是否可被建设方接受，或在招投标阶段制定标底时的需要。若工程造价概算与建设方预期相差太大，就必须改变总体设计方案。

工程造价概算一般使用信息点估算法，即根据信息点数量乘以每条信息点链路的平均价格得到工程总造价。信息点的平均价格可以根据材料及劳务的市场价格推算，也可以根据承建方既往工程项目中同级别的信息点平均价格来计算。

4.2.3　系统图的制作

综合布线的总体设计方案一般通过《综合布线系统图》来表述，因此《综合布线系统图》是综合布线系统设计图中必有的重要内容。一般在施工图册的首页，它直接表述了综合布线的总体设计意图。本节通过对综合布线系统图进行学习，掌握综合布线工程总体设计方法。

图 4-4 所示是一份完整的综合布线系统图，它主要由三大部分组成：主图、设计说明和图衔。

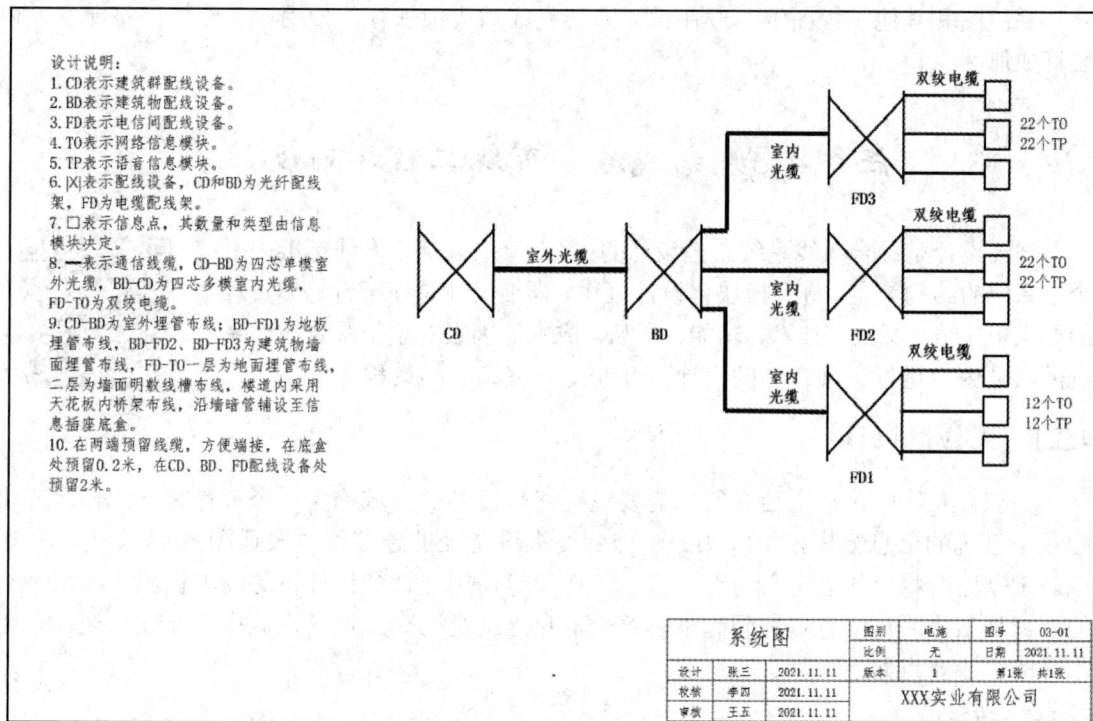

图 4-4 综合布线系统图

1. 主图

主图是系统图的主要内容，也是总体设计的集中体现。主图一般通过 CAD 软件或类似的工程作图软件来绘制，宜采用国家标准中的图例。若自定义图例，则应在设计说明中声明，并在后续的工程图纸中沿用。

主图中至少包括以下内容：

(1) 综合布线工程的总体布线结构；

(2) 信息点、电信间配线设备、建筑物配线设备、建筑群配线设备的类型和数量；

(3) 各链路所选线缆的类型、数量和最大长度。

这里，配线设备不等于电信间或设备间数量，因为一个电信间可能有多组配线设备。

2. 设计说明

设计说明是对主图及总体设计中无法在系统图中表明的设计意图的陈述说明，包括以下内容：

(1) 主图中的图例、标识、数据的解释；

(2) 主图无法表述的内容说明，如布线方式等；

(3) 需特别注意的设计要点。

3. 图衔

图衔是所有设计图纸都要有的标记内容，一般包括名称、图别、图号、比例、版本、日期、页码以及设计者、校验者和审核者的签名，设计单位的名称等。这些信息是为了方便设计图纸的管理。图衔一般位于图纸右下角，方便左侧装订后的图纸查阅。

系统图和其他工程图纸一般在设计方案完成后集中保存，使用 A3 纸横向打印，左侧装订成册。

任务 4.3　完成综合布线工程详细设计

详细设计是综合布线系统工程设计的核心，一般以综合布线标准中七个子系统的结构为主，进行模块化设计工作。详细设计是在符合总体设计的要求下，结合标准、技术、功能、产品、成本等因素对整个综合布线系统的具体内容进行详细合理的设计，并制定方案说明的过程。

详细设计

4.3.1　工作区设计

在综合布线中，一个独立的、需要设置终端设备的区域称为一个工作区。工作区应由配线子系统的信息插座模块(TO)、延伸到终端设备处的连接线缆及适配器(或无线 AP)组成。国家标准将工作区定义为办公室、工作间等需用电话和计算机等终端设施的区域，有的资料将工作区与信息点等同起来，每个信息点就是一个工作区，这样方便设计处理。工作区的设计要点如下。

1. 数量设计

(1) 根据《信息点统计表》中的数据确认工作区数量。当将每一个信息点按照工作区统计后，经过前期的需求分析，工作区的数量可以和《信息点统计表》中的数据一致。这个数据根据用户需求所得，相对比较准确。若用户需求不明确，则可根据国家标准规定设置工作区的数量。

(2) 根据建筑物的功能类型确定单个工作区的面积，然后根据实际空间面积算出该空间中所需工作区的数量。根据 GB 50311—2016《综合布线系统工程设计规范》条文说明，建筑物的功能类型大体上可以分为商业、文化、媒体、体育、医院、学校、交通、住宅、通用工业等类型。工作区面积需求可参照表 4-3。

表 4-3　工作区面积表

建筑物类型及功能	工作区面积/m²
网管中心、呼叫中心、信息中心等座席较为密集的场地	3~5
办公区	5~10
会议、会展	10~60
商场、生产机房、娱乐场所	20~60
体育场馆、候机室、公共设施区	20~100
工业生产区	60~200

表 4-3 中：

① 如果终端设备的安装位置和数量无法确定,或使用场地为大客户租用并考虑自行设置计算机网络,那么工作区面积可按区域(租用场地)面积确定。

② 对于 IDC 机房(数据通信托管业务机房或数据中心机房),可按机房每个机架的设置区域考虑工作区面积。此类项目涉及数据通信设备安装工程设计,应单独考虑实施方案。

③ 其余详细的工作区面积参考表可参考本书附录 B。

2. 通信类型设计

由于建筑物用户性质不一样,其功能要求和业务需求也不一样,尤其是如今物联网技术迅猛发展,对于专用建筑(如电信、金融、体育场馆、博物馆等建筑)及计算机网络存在内、外网等多个网络时,各类功能建筑物的工作区信息点通信类型更趋向多样化。GB50311—2016《综合布线系统工程设计规范》中对每个工作区中的信息点类型和对应数量做了要求,如表 4-4 所示。但现实工程中可能会有其他通信类型的加入。

表 4-4　工作区信息点类型

建筑物功能区	信息点数量(每一个工作区)			备注
	电话	数据	光纤(双工)	
办公区(基本)	1 个	1 个	—	—
办公区(高配)	1 个	2 个	1 个	对数据有较大需求
出租或大客户区域	2 个及以上	2 个及以上	1 个以上	指整个区域的配置量
办公区(政务工程)	2~5 个	2~5 个	1 个以上	涉及内、外网络时

注意：表 4-4 中对出租的用户单元区域可设置信息配线箱;工作区的用户业务终端可通过电信业务经营者提供的 ONU 设备直接与公用电信网互通;大客户区域也可以为公共设施的场地,如商场、会议中心、会展中心。

不同类型的信息点需要相应配线模块的支持。该部分的材料选择可参考本书项目 3 中的材料介绍。

3. 位置设计

工作区的位置分布可根据建筑结构和信息点两种模式进行确定。从建筑结构来看,可根据功能区域的空间分布,按房间、底盒顺序等要素设计;从信息点来看,可按照信息点编号来确定工作区位置。除此之外,信息点的底盒位置选择也在工作区设计范围之内。底盒位置可分为地面型、桌面型、墙面型等。其中,地面型底盒不宜贴近墙体、柱体和可移动物体附近;桌面型底盒一般在桌面边缘位置,同时注意其配线线缆与桌子的契合。地面型、桌面型底盒需防尘抗压,设计时可用平面施工图来表示,如图 4-5 所示。墙面型底盒通常放置在离地面 30 cm 的墙面或柱面位置,若在特定环境下,如工作台,则可设置在桌面上方的墙面位置。墙面型信息点除使用平面施工图外,还需立面施工图来表示,如图 4-6 所示。

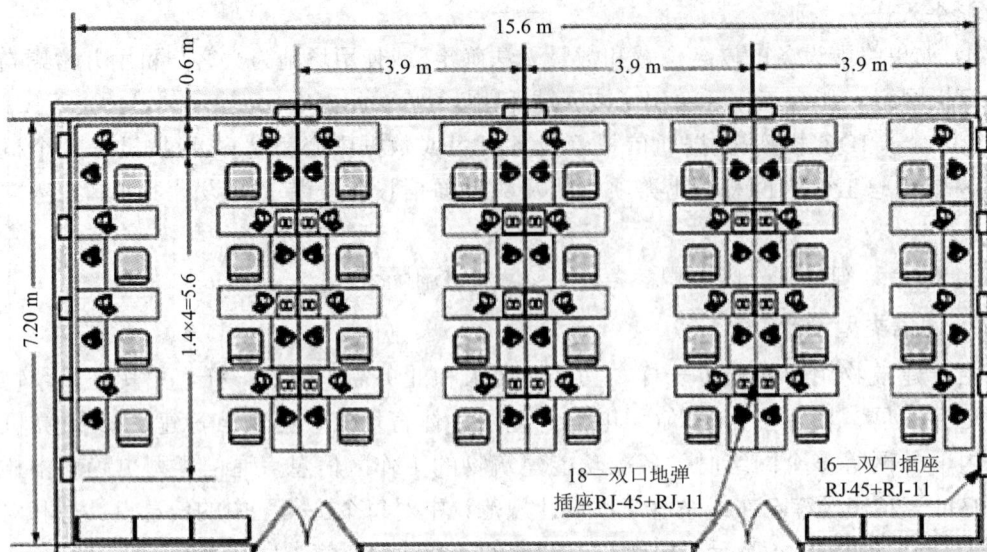

图 4-5　工作区平面施工图

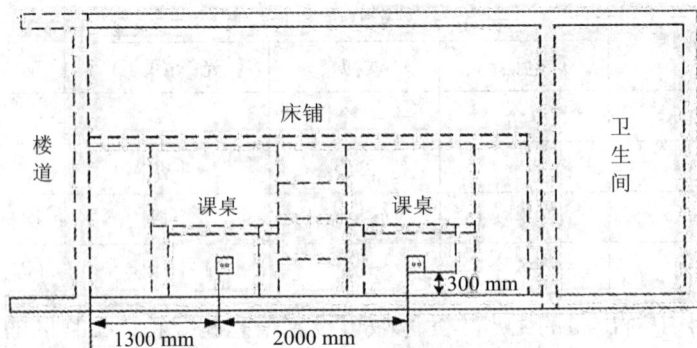

图 4-6　工作区立面施工图

4. 用电配置设计

在综合布线工程中设计工作区子系统时，要同时考虑终端设备的用电需求。每组信息插座附近宜配备 220 V 电源三孔插座为设备供电，电缆信息插座与其旁边的电源插座应保持 200 mm 的距离，防止电磁干扰。工作区的电源插座应选用带保护接地的单相电源插座，保护接地与零线应严格分开，如图 4-7 所示。

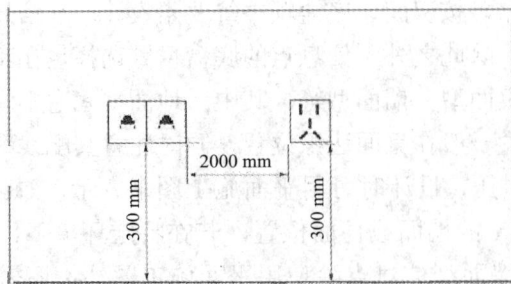

图 4-7　电源配置设计

5. 终端跳线配置设计

终端跳线是工作区中设备接入综合布线系统的信道线缆，其设计原则如下：

(1) 长度不宜超过 5 m；

(2) 线缆类型应与综合布线系统级别匹配；

(3) 终端跳线的连接器类型应与终端通信类型及信息点适配器匹配；

(4) 电缆的屏蔽结构应与水平线缆的屏蔽结构一致；

(5) 所需的连接器数量应有 5%以上的冗余，防止因加工失误造成材料不足。

6. 信息点统计表

信息点统计表以客户提供的数据为依据，在充分理解建筑物近期和将来的通信需求后，最后分析得出信息点类型、数量和分布。信息点统计表一般以建筑物为单位，将建筑物的楼层、房间布局平面化，形成外层表格；以房间为单位统计信息点的类型和数量，形成内层表格；将数量记录在内层表格的对角线格内。这样就可以利用 Excel 等表格工具方便地统计出每一楼层，乃至整个建筑物的信息点类型和数量。信息点统计样表如表 4-5 所示。

表 4-5　信息点统计样表

×××项目×号楼信息点统计表												
房间号		01		02		03		04		05		合计	
楼层号	通信类型	TO	TP	TO	TP	TO	TP	TO	TP	TO	TP	TO	TP
五层	TO	10		8		6		2			2	28	
	TP		10		8		2		2		2		24
四层	TO	12		4		2		4		4		26	
	TP		8		2		1		2		2		15
三层	TO	4		4		1		1		0		10	
	TP		4		0		1		1		0		6
二层	TO	1		1		1		1		2		6	
	TP		1		1		1		1		2		6
一层	TO	0				2		2				6	
	TP		0		1		0		2		2		5
总计												76	56
统计人：　　　　审核人：　　　　客户：　　　　日期：												

注意：

(1) 表 4-5 中的 TO/TP 分别代表数据通信和语音通信，现实中类型可以设置更多种。

(2) 房间号一般以各楼层中最大房间号为准，即某楼层没有该房间号或该房间内没有通信需求，则对应房间信息点数据应填 0，而不能空，以免误认为遗漏统计。

4.3.2　配线子系统设计

配线子系统应由工作区内的信息插座模块、信息插座模块至电信间配线设备(FD)的水平线缆、电信间的配线设备及设备线缆和跳线等组成。它的布线路由是整个综合布线系统中最庞大复杂的，并与每个房间和管槽系统密切相关，是综合布线工程中工程量最大、最难施工的一个子系统。配线子系统的设计涉及水平布线系统的布线拓扑结构、布线路由、通道的设计、线缆类型的选择、线缆长度的确定、线缆布放和设备的配置等内容，它们既相对独立又密切相关，在设计中要考虑相互间的配合。

1. 配线子系统设计原则

在配线子系统的设计中，一般遵循下列原则：

(1) 性价比最高原则。因为配线子系统是整个综合布线工程中范围最广、布线最长、材料用度最大的工程，其对工程总造价和质量有较大的影响，所以在设计时应遵循性价比最高原则，从而使整个工程的性价比得到控制。

(2) 预埋管原则。新建建筑物的配线子系统通道应该在土建阶段通过预埋管道来实现，设计时应认真分析布线路由和距离，确定线缆通道的走向和位置应优先考虑避让建筑物承重结构如横梁、立柱，以及其他管线通道如供水管、供电线、燃气管、暖气管等。旧楼改造或者装修时考虑在墙面刻槽布管或墙面明装线槽等方式，但预埋管从成本上及外观美观度上都比较有优势。

(3) 线缆最短原则。为保证配线子系统性价比最高，线缆长度设计一般符合最短原则，一般要把电信局设在所属信息点居中的位置，从而保证水平线缆总长度最短。若信息点比较密集时，如学生机房，则可以就近设置电信间减少配线线缆长度，这样既能节约成本，又能降低施工难度。

(4) 线缆长度受限原则。按照 GB 50311 国家标准规定，铜缆双绞线电缆链路的信道长度不得超过 100 m，水平线缆长度一般不超过 90 m；光缆链路根据使用的光纤级别，一般不超过 300 m、500 m 或 2000 m。

(5) 地面无障碍原则。在设计和施工中必须坚持地面无障碍原则，一般考虑在吊顶上布线，楼板和墙面预埋管等。对于电信间和设备间等需要大量地面布线的场合，可以增加抗静电地板，在地板下布线。

2. 配线链路的构成

配线子系统的功能是完成接入层网络的搭建，即实现接入层交换机与终端设备的通信信道。根据通信介质不同，配线子系统可以分为电缆信道和光缆信道两种。

(1) 电缆信道。根据标准规定，铜缆布线系统信道应由长度不大于 90 m 的永久链路、两段总长度不超过 10 m 的跳线和设备线缆及最多 4 个连接器件组成，永久链路则应由长度不大于 90 m 水平线缆及最多 3 个连接器件组成，如图 4-8 所示。

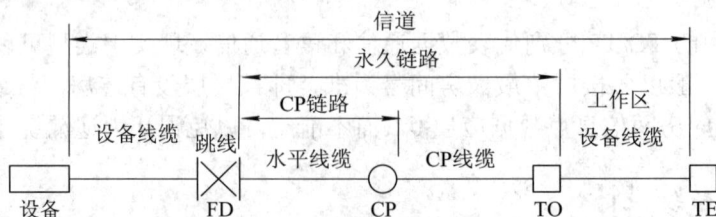

图 4-8　电缆信道的构成

(2) 光纤信道(即光信道)。光纤信道应分为 OF-300、OF-500 和 OF-2000 三个等级,各等级光纤信道支持的应用长度不小于 300 m、500 m 及 2000 m。由于光纤的有效通信距离较远,且设备价格比较昂贵,设备运行环境要求较高,因此光纤通信设备一般放置在设备间。光纤信道构成与铜缆略有不同,其结构应符合下列规定:水平光缆和主干光缆可在楼层电信间的光配线设备(FD)处,经光跳线连接构成信道,如图 4-9 所示。

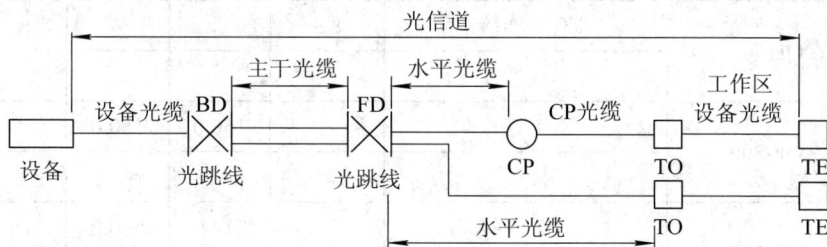

图 4-9　光信道结构 1

此外,水平光缆和主干光缆可在楼层电信间处,经接续(熔接或机械连接)互通构成光纤信道,如图 4-10 所示。

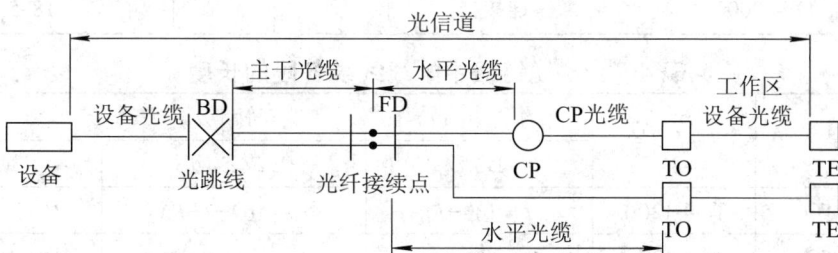

图 4-10　光信道结构 2

当信道长度小于所用光纤介质的有效通信长度时,如使用 OF-2000 级别的光纤,而信道长度小于 2000 m,电信间只可作为主干光缆或水平光缆的路径场所,如图 4-11 所示。

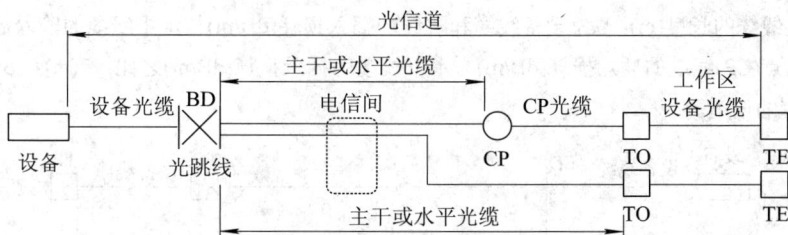

图 4-11　光信道结构 3

光信道的三种结构可根据现场需要进行选择。

3. 配线信道长度设计

配线子系统的信道长度对通信质量影响很大(跟传播时延有关),因此在设计时应经过精确计算,确定各段线缆的长度。光纤介质的信道长度在配线系统中一般足够长,选择时按照其应用的网络标准和光缆规格(如表 4-6 所示),只要信道长度不超过其级别长度即可。

而铜缆通信由于受通信长度的影响较大，因此标准对电缆链路中配线线缆各段的长度有详细规定，如表 4-7 所示。

表 4-6　光纤介质的信道长度

光纤等级	信道长度/m					
	波长/nm	650	850	1300	1310	1550
OF-25、OF-50	双工连接	8.3				
	接续					
OF-100、OF-200	双工连接		150.0	150.0		
	接续					
OF-300、OF-500	双工连接		214.0	500.0		
	接续		86.0	200.0		
OF-2000	双工连接				750.0	750.0
	接续				300.0	300.0
OF-5000、OF-10000	双工连接				1875.0	1875.0

表 4-7　电缆链路中配线线缆各段的长度

连接模式	对应图号	等级		
		D 级	E 或 E_A 级	F 或 F_A 级
FD 互联-TO	图 4-12(a)	$H = 109 - FX$	$H = 107 - 3 - FX$	$H = 107 - 2 - FX$
FD 交叉-TO	图 4-12(b)	$H = 107 - FX$	$H = 106 - 3 - FX$	$H = 106 - 3 - FX$
FD 互联-CP-TO	图 4-12(c)	$H = 107 - FX - CY$	$H = 106 - 3 - FX - CY$	$H = 106 - 3 - FX - CY$
FD 交叉-CP-TO	图 4-12(d)	$H = 105 - FX - CY$	$H = 105 - 3 - FX - CY$	$H = 105 - 3 - FX - CY$

注：H 为水平线缆的最大长度(m)；F 为楼层配线设备(FD)线缆和跳线及工作区设备线缆总长度(m)；C 为集合点(CP)线缆的长度(m)；X 为设备线缆和跳线的插入损耗(dB/m)与水平线缆的输入插入损耗(dB/m)之比；Y 为集合点(CP)线缆的插入损耗(dB/m)与水平线缆的插入损耗(dB/m)之比；2(m)和3(m)为裕量，以适应插入损耗值的偏离。

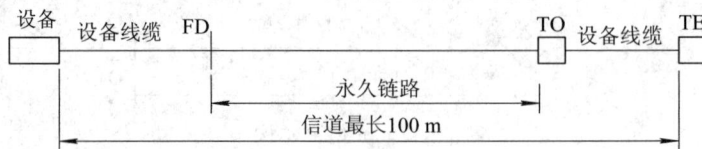

(a) 方式1

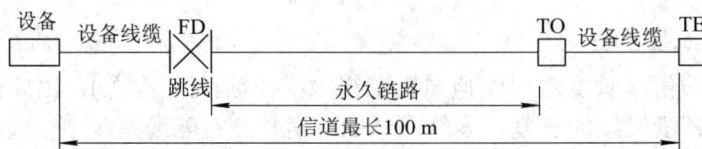

(b) 方式2

(c) 方式3

(d) 方式4

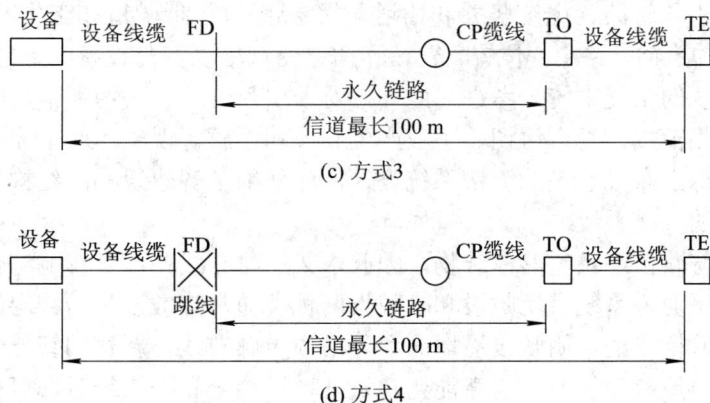

图 4-12　电缆链路结构图

除了精确设计信道链路中信道线缆的长度以保证通信质量外,在配线子系统的设计过程中,对所用线缆总长度的估算也十分重要,涉及工程的前期材料采购。一般的估算方法如下:

(1) 确定布线方法和走向。

(2) 确定每个楼层电信间或二级交接间所要服务的区域。

(3) 确认离楼层电信间距离最远的信息插座位置,将其距离记为 L。

(4) 确认离楼层配线间距离最近的信息插座位置,将其距离记为 S。

(5) 用平均线缆长度估算每根电缆长度,平均电缆长度 $=(L+S)/2$。

(6) 单根线缆总长度 = 平均电缆长度 + 备用部分(平均电缆长度的 10%) + 端接容差 6 m(可变量)。每个楼层用线量的计算公式如下:

$$C=[0.55(L+S)+6] \times N \tag{4-1}$$

式中: C 为每个楼层的总用线量(m); N 为楼层信息点数量; L 为服务区域内信息插座至电信间的最远距离; S 为服务区域内信息插座至配线间的最近距离。

式(4-1)是对同一种类的信息点配线系统进行统计,对不同的链路级别或不同类型的信息点进行分类统计,以便采购不同的线缆材料。例如:如今市场上的双绞线线缆一般按箱进行成品售卖,每箱线缆为 305 m,因此采购时该层电缆订购箱数 $=C/305$(不够一箱时按一箱计)。

4. 配线通道路由设计

配线子系统中设计最复杂、施工难度最大的就是永久链路的布线工程。永久链路的布线通道建成后,与房屋建筑成为一个整体,属于永久性设施。设计永久链路的路由时要根据建筑物的用途和结构特点,从布线规范、便于施工、路由最短、工程造价、隐蔽、美观和扩充方便等几个方面考虑。在设计中往往会存在一些矛盾,如考虑了布线规范却影响了建筑物的美观,考虑了路由长短却增加了施工难度,所以,设计水平子系统必须折中考虑,对于结构复杂的建筑物一般都设计多套路由方案,通过对比分析,选取一个较佳的布线方案。

　　管槽系统由引入管路、电缆竖井和槽道、楼层管路(包括槽道和工作区管路)、联络管路等组成。它们的走向、路由、位置、管径和槽道的规格以及与设备间、电信间等的连接，都要从整体和系统的角度来统一考虑。此外，对于引入管路和公用通信网的地下管路的连接，也要做到互相衔接，配合协调，不应产生脱节和矛盾等现象。对于原有建筑改造成智能化建筑而增设综合布线系统的管槽系统设计，应仔细了解建筑物的结构，从而设计出合理的垂直和水平的管槽系统。

　　由于配线系统路由遍及整座建筑物，因此永久链路布线路由是影响综合布线工程美观程度的关键。水平通道系统有明敷设和暗敷设两种，通常暗敷设是沿楼层的地板、楼顶吊顶和墙体内预埋管槽布线，明敷设沿墙面和无吊顶走廊布线。新建的智能化建筑中，应采用暗敷设方式；将原有建筑改造成智能化建筑须增设综合布线系统时，可根据实际工程尽量创造条件采用暗敷管槽系统；只有在不得已时才允许采用明敷管槽系统。

　　(1) 暗敷设布线方式。这种方式适用于建筑物设计与建设时已考虑综合布线系统的场合。预埋线槽宜采用金属线槽，预埋或密封线槽的截面利用率应为 30%～50%。敷设暗管宜采用钢管或阻燃聚氯乙烯硬质管，布放大对数主干电缆 4 芯以上光缆时，直线管道的管径利用率应为 50%～60%，弯管道应为 40%～50%。暗管布放 4 对对绞电缆或 4 芯及以下光缆时，管道的截面利用率应为 25%～30%。

　　(2) 天花板吊顶内敷设线缆方式。这种方式适用于新建建筑和有天花板吊顶的已建建筑的综合布线工程，有分区方式、内部布线方式和电缆槽道方式三种。这三种方式都要求有一定的操作空间，以利于施工和维护，但操作空间也不宜过大，否则将增加楼层高度和工程造价。此外，在天花板或吊顶的适当地方应设置检查口，以便日后维护检修。

　　① 分区方式：将天花板内的空间分成若干个小区，敷设大容量电缆。从楼层配线间利用管道或直接敷设到每个分区中心，由小区的分区中心分别把线缆经过墙壁或立柱引到信息插座；也可在中心设置适配器，将大容量电缆分成若干根小电缆再引到信息插座。

　　② 内部布线方式：从楼层配线间将电缆直接敷设到信息插座。内部布线方式的灵活性最大，不受其他因素限制，经济实用，无须使用其他设施且电缆独立敷设，传输信号不会互相干扰，但需要的线缆条数较多，初次投资较分区方式大。

　　③ 电缆槽道方式：这是使用最多的天花板吊顶内敷设线缆的方式，线槽可选用金属线槽，也可选用阻燃、高强度的 PVC 槽，通常安装在吊顶内或悬挂在天花板上，适用在大型建筑物或布线比较复杂而需要有额外支持物的场合，用横梁式线槽将线缆引向所要布线的区域。由配线间出来的线缆先走吊顶内的线槽，到各房间的位置后，经分支线槽从横梁式线槽分叉后，将电缆穿过一段支管引向墙柱或墙壁，沿墙而下到本层的信息出口，或沿墙而上引到上一层墙上的暗装信息出口，最后端接在用户的信息插座上。

　　(3) 地板下敷设线缆方式。这种方式在智能化建筑中使用较为广泛，尤其对新建和扩建的房屋建筑更为适宜。由于线缆敷设在地板下面，既不影响美观，又无须考虑其荷重，因此施工安装和维护检修均较方便。地板下的布线方式主要有地面线槽布线方式、蜂窝状地板布线方式和高架地板布线方式三种。此外，直接埋管方式也属于地板下敷设线缆方式，可根据客观环境条件予以选用。上述几种方法可以单独使用，也可混合使用。

　　① 直接埋管方式。直接埋管方式和新建建筑物同时设计施工。这种方式由一系列密封

在现浇混凝土中的布线管道组成，而这些管道从配线间向信息插座的位置辐射。根据通信和电源布线要求、地板厚度和占用的地板空间等条件，直接埋管方式可以采用 PVC 管或薄金属管。

② 地面线槽布线方式。地面线槽布线方式是指由配线间出来的线缆走地面线槽到地面出线盒或由分线盒出来的支管到墙上的信息出口。由于地面出线盒或分线盒不依赖墙或柱体而直接走地面垫层，因此这种方式适用于大开间或需要打隔断的场合。地面线槽布线方式一般采用金属线槽，长方形的线槽打在地面的垫层中，每隔 4~8 m 设置一个过线盒或出线盒(在支路上出线盒也起分线盒的作用)，直到信息点出口的接线盒。

③ 蜂窝状地板布线方式。蜂窝状地板结构较复杂，一般采用钢铁或混凝土制成构件，其中导管和布线槽应事先设计，适用于电力、通信两个系统交替使用的场合。蜂窝状地板布线方式与直接埋管方式相似，其容量大，适用于电缆条数较多的场合，但工程造价较高，地板结构复杂(增加地板厚度和重量)，与房屋建筑配合协调较多，不适用敷设地毯的场合。

④ 高架地板布线方式。高架地板又称活动地板，由许多方块面板组成，放置在钢制支架上的每块面板均能活动。高架地板布线方式具有安装和检修线缆方便、布线灵活、适应性强、不受限制、操作空间大、布放线缆容量大、隐蔽性好、安全和美观等特点，但初次工程投资大，并降低了房间净高。

(4) 明敷设布线方式。明敷设布线方式主要用于既没有天花板吊顶又没有预埋管槽的建筑物的综合布线系统，通常采用走廊槽式桥架和墙面线槽相结合的方式来设计布线路由。通常水平布线路由从 FD 开始，经走廊槽式桥架，用支管到各房间，再经墙面线槽将线缆布放至信息插座(明装)。当布放的线缆较少时，从配线间到工作区信息插座布线也可全部采用墙面线槽方式。明敷线缆应符合室内或室外敷设场所环境特征要求，并应符合下列规定：

① 采用线卡沿墙体、顶棚、建筑物构件表面或家具上直接敷设，固定间距不宜大于 1 m。

② 线缆不应直接敷设于建筑物的顶棚内、顶棚抹灰层、墙体保温层及装饰板内。

③ 明敷线缆与其他管线交叉贴邻时，应按防护要求采取保护隔离措施。

④ 敷设在易受机械损伤的场所时，应采用钢管保护。

(5) 走廊槽式桥架方式。对一座既没有天花板吊顶又没有预埋管槽的已建建筑物，水平布线通常采用走廊槽式桥架和墙面线槽相结合的方式来设计布线路由。当布放的线缆较多时，走廊使用槽式桥架，进入房间后采用墙面线槽；当布放的线缆较少时，从管理间到工作区信息插座的布线也可全部采用墙面线槽方式。走廊槽式桥架是指将线槽用吊杆或托臂架设在走廊的上方。

(6) 墙面线槽方式。墙面线槽方式适用于既没天花板吊顶又没有预埋管槽的已建建筑物的水平布线。墙面线槽的规格有 20 mm × 10 mm、40 mm × 20 mm、60 mm × 30 mm、100 mm × 30 mm 等型号，根据线缆的多少选择合适的线槽，主要用于房间内布线。当楼层信息点较少时也用于走廊布线，和走廊槽式桥架方式一样，墙面线槽设计施工方便，最大的缺陷是线槽明敷，影响建筑物的美观，如图 4-13 所示。

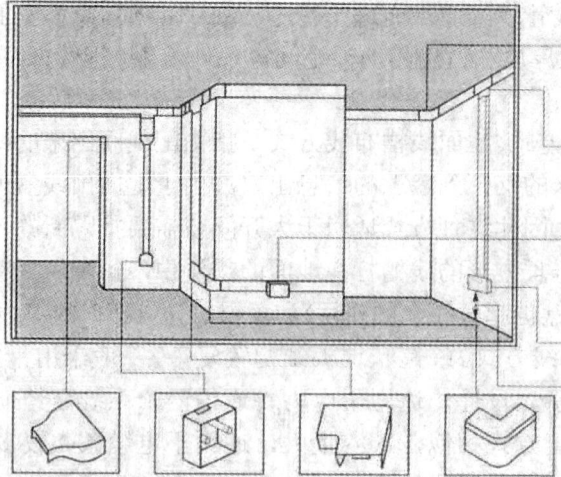

图 4-13　明敷线槽通道及其附件

(7) 其他布线方式。其他还有护壁板管道线、地板导管、模制管道等布线方式。

5. 通道配置设计

根据 GB 50312 标准要求和工程经验,线槽(PVC 或金属)、线管(PVC 或金属)在不同的安装方式下有不同的利用率,具体要根据密封还是开放、暗装还是明装的现场环境而定。同样大小的管槽,开放、明装方式比密封、暗装方式可多布放一些线缆,也就是截面利用率可大一些。

(1) 管槽利用率。通常,管槽利用率如下:

① 预埋或密封线槽的截面利用率应为 30%～50%。

② 暗管布放 4 对对绞电缆或 4 芯及以下光缆时,管道的截面利用率应为 25%～30%。

③ 放大对数主干电缆及 4 芯以上光缆时,直线管道的管径利用率应为 50%～60%,弯管道应为 40%～50%。

(2) 管槽规格设计方法。管槽规格的设计实际上就是选择合适直径(宽高)规格的线管、线槽和桥架。

① 线管直径计算公式为

$$D \geqslant d\sqrt{\frac{n}{\mu}} \tag{4-2}$$

式中:D 为线管直径;d 为线缆直径;n 为线缆数量;μ 为管槽利用率。

② 线槽和桥架由于宽高的比例不同而无法确定具体规格,但其横截面积可以计算。线槽/桥架横截面积计算公式为

$$S \geqslant d^2\frac{\pi n}{4\mu} \tag{4-3}$$

式中:S 为线槽/桥架横截面积;d 为线缆直径;n 为线缆数量;μ 为管槽利用率。

思考:某水平布线路由处须敷设 85 条 5$_E$ 类 UTP 双绞线电缆,由于该线槽是明装,盖板可开启,截面利用率高,若按 45%计算,则用多大规格的金属线槽(设该线槽厚度可忽略

不计)布放这些线缆最合适?

6. 屏蔽布线系统的设计

随着布线系统的发展,屏蔽布线系统的物理带宽已经超过了非屏蔽布线系统,非屏蔽布线系统的最高产品等级为 6_A 类,屏蔽布线系统的最高产品等级为 7_A 类,目前 8 类的屏蔽布线产品也已投入市场。

(1) 屏蔽布线系统应用场景。针对不同的应用场景,相关的标准也提出了屏蔽布线系统的应用场合。如《公共建筑电磁兼容设计规范》DG/TJ 08-1104—2005 规定"银行、证券交易所的市级总部办公楼、结算中心以及备份中心的计算机网络宜采用屏蔽布线系统,在医技楼、专业实验室等特殊建筑内必须设置大型电磁辐射发射装置、核辐射装置或电磁辐射较严重的高频电子设备时,计算机网络宜采用屏蔽布线系统。"在实际工程中应综合平衡价格、性能、施工、测试、维护等诸多因素,选择适当的布线产品。一般来说,采用屏蔽布线系统时应符合下列条件:

① 当综合布线区域内存在的电磁干扰场强高于 3 V/m 时,宜采用屏蔽布线系统;

② 用户对电磁兼容性有防电磁干扰和防信息泄露等较高的要求时,或有网络安全保密的需要时,宜采用屏蔽布线系统;

③ 安装现场条件无法满足对绞电缆的间距要求时,宜采用屏蔽布线系统;

④ 当布线环境温度影响到非屏蔽布线系统的传输距离时,宜采用屏蔽布线系统。

(2) 屏蔽布线系统选材。屏蔽布线系统应选用相互适应的屏蔽电缆和连接器件,采用的电缆、连接器件、跳线、设备电缆都应是屏蔽的,并应保持信道屏蔽层的连续性与导通性。

7. 电信间设计

电信间又称为管理间或者配线间,是专门安装楼层机柜、配线架、交换机和配线设备的楼层管理间,是建筑物楼层配线系统水平链路的集中端接点,因此国家标准中将电信间归于配线子系统。其设计内容如下:

(1) 电信间的数量。一般建筑物每一楼层要设置一个电信间,但如果楼层信息点数量较少,如居民住宅每层仅 2~4 户,且水平线缆长度不大于 90 m 的情况下,可以几个楼层合设一个管理间。如果该楼层信息点数量不大于 400 个,水平线缆长度都在 90 m 以内,宜设置一个管理间,超出这个范围时宜设置两个或多个管理间。在实际工程应用中,为了方便管理,保持网络传输速度和节约布线成本,在信息点密集、使用时间集中的终端区域(如教学机房),也可以单独设置一个电信间。

(2) 电信间的面积。GB 50311—2016 中规定电信间的使用面积不应小于 5 m^2,也可根据工程中配线管理和网络管理的模式进行调整。一般新建建筑都有弱电专用的垂直竖井,楼层的电信间基本都设计在建筑物弱电间内,面积在 3 m^2 左右。在一般小型网络工程中,电信间可能只是一个网络机柜或机架。一般旧楼增加综合布线系统时,可以将电信间选择在楼道中间位置的房间,也可以采取壁挂式机柜明装在楼道。在楼层电信间安装落地式机柜时,机柜前面的净空不应小于 800 mm,后面的净空不应小于 600 mm,以方便施工和维修;安装壁挂式机柜时,一般在楼道安装且高度不小于 1.8 m。

(3) 电信间的电源。电信间应提供不少于两个 220 V 带保护接地的单相电源插座。如果综合布线系统与弱电系统设备合用一个场地，从建筑的角度出发，可称为弱电间；如果安装其他弱电设备，供电应符合相应的设备要求，并可考虑在该场地设置线缆竖井、等电位接地体、电源插座、UPS配电箱等设施。

(4) 电信间环境要求。电信间主要为楼层配线设备和楼层网络接入设备(Hub或SW)的安置场地，因此要考虑设备运行环境。根据国家标准，电信间应采用外开丙级防火门，门宽大于0.7 m；室内温度宜为10℃～35℃；相对湿度宜为20%～80%；一般要考虑网络交换机等设备发热对室温的影响，夏季必须保持温度不超过35℃，必要时要有室温调节设备。在场地容积满足的情况下，也可设置安防、消防、建筑设备监控系统以及无线信号覆盖等系统。

4.3.3　干线子系统设计

干线子系统由建筑物设备间和楼层配线间之间的连接线缆组成，它是智能化建筑综合布线系统的中枢部分，与建筑设计密切相关。设计时主要是确定线缆类型、数量、长度、端接方式、布线方式以及垂直路由的数量、位置和建筑方式(包括占用房间的面积大小)等。

1. 干线子系统线缆类型设计

干线子系统所需要的线缆类型应符合系统级别的设定，一般遵从总体设计时确定的系统级别和线缆类型。系统级别及线缆配置表如表4-8所示。

表 4-8　系统级别及线缆配置表

业务种类		配线子系统		干线子系统		建筑群子系统	
		等级	类别	等级	类别	等级	类别
语音		D/E	5/6(4 对)	C/D	3/5(大对数)	C	3(室外大对数)
数据	电缆	D/E/E$_A$/F/F$_A$	5/6/6$_A$/7/7$_A$(4 对)	E/E$_A$/F/F$_A$	6/6$_A$/7/7$_A$(4 对)	—	—
	光缆	OF-300 OF-500 OF-2000	OM1、OM2、OM3、OM4 多模光缆；OS1、OS2 单模光缆及相应等级连接器件	OF-300 OF-500 OF-2000	OM1、OM2、OM3、OM4 多模光缆；OS1、OS2 单模光缆及相应等级连接器件	OF-300 OF-500 OF-2000	OS1、OS2 单模光缆及相应等级连接器件
其他应用		可采用 5/6/6$_A$ 类 4 对对绞电缆和 OM1/OM2/OM3/OM4 多模、OS1/OS2 单模光缆及相应等级连接器件					

2. 干线子系统线缆数量设计

干线线缆所需的电缆总对数或光纤总芯数应满足工程的实际需求，并留有适当的备份容量。数量及备份应符合以下规定：

(1) 对于语音业务，大对数主干电缆的对数应按每一个电话 8 位模块通用插座配置 2 对线，并在总需求线对的基础上至少预留约 10%的备用线对。

(2) 对于数据业务，应以集线器(Hub)或交换机(SW)群(按 4 个 Hub 或 SW 组成一群)为主配置。每个 Hub 或 SW 设备应设置 1 个主干端口，每一群网络设备或每 4 个网络设备宜考虑 1 个备份端口。主干端口为电端口时应按 4 对线容量配置，为光端口时则按 2 芯光纤容量配置。

3. 干线子系统线缆长度的设计

干线子系统信道应包括主干线缆、跳线和设备线缆。干线子系统线缆结构如图 4-14 所示。

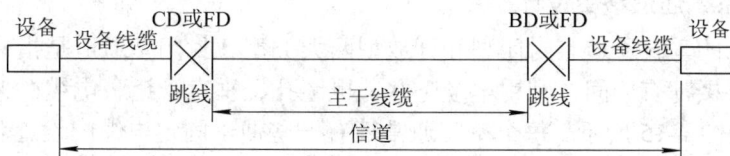

图 4-14　干线子系统线缆结构

干线子系统中的信道链路可以由光缆构成，也可以由电缆构成。光缆的有效传输距离远，其长度极限符合附录中的规定。电缆的长度计算方法应符合表 4-9 的规定。

表 4-9　干线电缆的长度计算方法

类别	等级							
	A	B	C	D	E	E_A	F	F_A
5	2000	$B=250-FX$	$B=170-FX$	$B=105-FX$	—	—	—	—
6	2000	$B=260-FX$	$B=185-FX$	$B=111-FX$	$B=105-3-FX$	—	—	—
6_A	2000	$B=260-FX$	$B=189-FX$	$B=114-FX$	$B=108-3-FX$	$B=105-3-FX$	—	—
7	2000	$B=260-FX$	$B=190-FX$	$B=115-FX$	$B=109-3-FX$	$B=107-3-FX$	$B=105-3-FX$	—
7_A	2000	$B=260-FX$	$B=192-FX$	$B=117-FX$	$B=111-3-FX$	$B=105-3-FX$	$B=105-3-FX$	$B=105-3-FX$

注：B 为干线电缆最大长度(m)；F 为设备线缆和跳线及工作区设备线缆总长度(m)；X 为设备线缆和跳线的插入损耗(dB/m)与干线电缆的输入插入损耗(dB/m)之比；3(m)为裕量。

无论是电缆还是光缆，综合布线干线子系统都受到最大布线距离的限制，即建筑群配线架(CD)到楼层配线架(FD)的距离不应超过 2000 m，建筑物配线架(BD)到楼层配线架(FD)的距离不应超过 500 m。

通常将设备间的主配线架放在建筑物的中部附近，使线缆的距离最短。若超出上述距离限制，则可以分成几个区域布线，使每个区域满足规定的距离要求。配线子系统和干线子系统布线的距离与信息传输速率、信息编码技术和选用的线缆及相关连接器有关。根据使用介质和传输速率要求，布线距离会有变化。特别是电缆，在高速网络通信中，有效信道长度有较大变化，如超 5 类双绞线在百兆网络中有效信道长度为 100 m，而在千兆网中有效信道长度为 16 m，设计时应特别注意。

4. 干线子系统线缆端接设计

干线电缆宜采用点对点端接，设备间与电信间的每根干线电缆应直接延伸到指定的楼层配线间。语音链路的干线也可采用分支递减端接。分支递减端接是指用一根大对数干线电缆足以支持若干楼层的通信容量，经过电缆接头保护箱分出若干根小电缆，它们分别延伸到每个楼层，并端接于目的地的连接器上。

为便于综合布线的路由管理，干线电缆、干线光缆布线的交接不应多于两次。也就是说，从楼层电信间(FD)配线架到设备间(BD)配线架最多只能有一个交接点。若同一楼层有若干个电信间，彼此之间可设置直连的干线路由。

5. 干线子系统通道路由设计

现代建筑物的垂直通道有封闭型和开放型两大类型。封闭型通道是指一连串上下对齐的电信间，每层楼都有一间，利用电缆竖井、电缆孔、垂直管道、电缆桥架等穿过这些房间的地板层，如图 4-15 所示。每个空间通常还有一些便于固定电缆的设施和消防装置。开放型通道是指从建筑物的地下室到楼顶的一个开放空间，中间没有任何楼板隔开，例如通风通道或电梯通道，不能敷设干线子系统电缆。对于没有垂直通道的老式建筑物，干线子系统垂直通道一般采用敷设垂直线槽的方式。

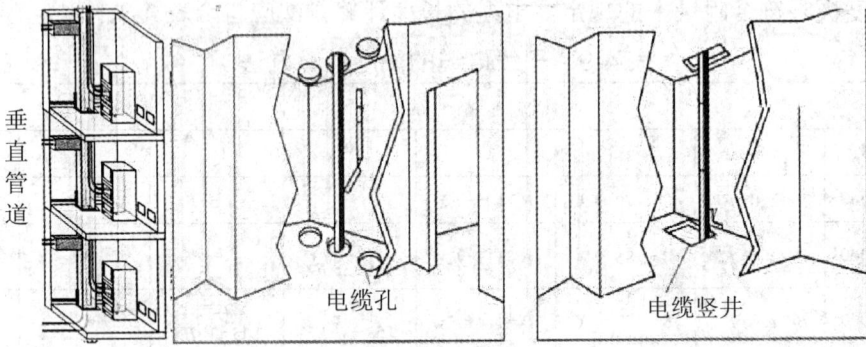

图 4-15   垂直通道类型

干线垂直路由应选在管辖区域的中间，使楼层水平布线通道的平均长度适中，有利于保证信息传输质量。干线线缆不应布放在电梯、供水、供气、供暖、强电等竖井中，宜选择带门的封闭型综合布线专用的通道。敷设干线电缆时，如果语音交换机和网络设备设置在建筑物内不同的设备间，宜采用不同的干线路由以分别满足语音和数据的通信需求。

在综合布线中，干线子系统的线缆并非一定是垂直布置的，从概念上讲，它应是建筑物内的干线通信线缆。在某些特定环境中，如低矮宽阔的单层建筑，干线子系统的水平通道可选择预埋暗管或槽式桥架方式(参考配线子系统水平线缆的设计方式)。

4.3.4　设备间设计

设备间子系统就是建筑物的网络中心，有时也称为建筑物机房。智能建筑物一般都有独立的设备间。设备间是综合布线系统的关键部分，是建筑物的信息中心，一般是服务器、存储器、网络设备以及建筑物配线设备(BD)安装的地点，也是进行网络管理的场所。对整个综合布线工程而言，设备间还要安装总配线设备(CD)。也就是说，设备间是一个设备的集中安置区域，因此，此处的设计主要是围绕设备进行的。

1. 设备间结构要求

设备间结构要求如下：

(1) 设备间内梁下净高不应小于 2.5 m;

(2) 设备间房门应采用外开双扇防火门,净高不应小于 2.0 m,净宽不应小于 1.5 m;

(3) 设备间墙壁应采用隔音防潮材质,不可用易产生粉尘的墙漆;

(4) 设备间的水泥地面应高出本层地面不小于 100 mm 或设置防水门槛;

(5) 设备间室内地面应具有防潮措施;

(6) 设备间楼板应具有相应级别的承重能力。

2. 设备间的数量

每栋建筑物内应设置不小于 1 个设备间,并符合下列规定:

(1) 当电话交换机与计算机网络设备分别安装在不同的场地、有安全要求或有不同业务应用需要时,可设置两个或两个以上配线专用的设备间;

(2) 当综合布线系统设备间与建筑内信息接入机房、信息网络机房、用户电话交换机房、智能化总控室等合设时,房屋使用空间应进行分隔。

3. 设备间的位置

设备间的位置设置应根据设备的数量、规模、网络构成等因素综合考虑。

(1) 设备间宜处于干线子系统的中间位置,并应考虑主干线缆的传输距离、敷设路由与数量。

(2) 设备间宜靠近建筑物布放主干线缆的竖井位置。

(3) 设备间宜设置在建筑物的首层或二层,方便设备进场。当地下室为多层时,也可将设备间设置在地下一层。

(4) 设备间应远离供电变压器、发动机和发电机、X 射线设备、无线射频或雷达发射机等设备以及有电磁干扰源存在的场所。

(5) 设备间应远离粉尘、油烟、有害气体以及存有腐蚀性、易燃、易爆物品的场所。

(6) 设备间不应设置在厕所、浴室或其他潮湿、易积水区域的正下方或毗邻场所。

4. 设备间的面积

设备间内的空间应满足机房布线系统、配线设备和机柜的安装要求,其使用面积不应小于 10 m^2。当设备间内需安装其他信息通信系统设备机柜或光纤到用户单元通信设施机柜时,应增加使用面积。一般设备间面积估算有两种方法。

(1) 已知 S_b 为设备所占面积(m^2),则设备间的使用总面积为

$$S=(5\sim7)\sum S_b \tag{4-4}$$

(2) 当设备尚未选型时,则设备间的使用总面积为

$$S=KA \tag{4-5}$$

式中:A 为设备间的所有设备台(架)的总数(总体设计时有估算);K 为系数,取值为 4.5～5.5 m^2/台(架)。

5. 设备间配置设计

参考国家标准 GB 50174—2008《电子信息系统机房设计规范》,根据中心机房使用性质、管理要求,将中心机房配置分为 A、B、C 三个等级。设备间配置项目及标准值如表 4-10 所示。

表 4-10　设备间配置项目及标准值

项目	A 级	B 级	C 级
温度/℃	夏季：22 ± 4 冬季：18 ± 4	12～30	8～35
相对湿度	40%～65%	35%～70%	20%～80%
尘埃粒度/μm	最大 0.5	最大 0.5	
尘埃个数/(粒/dm³)	< 10 000	< 18 000	
电压变动/%	−5～+5	−10～+7	−15～+10
项目	A 级	B 级	C 级
频率变动/%	−0.2～+0.2	−0.5～+0.5	−1～+1
波形失真率/%	< ±5	< ±7	< ±10
楼板承重	≥500 kg/m²	≥300 kg/m²	
火灾报警及消防设施	强制要求		
内部装修	要求		无要求
防水	要求	部分要求	无要求
防静电	要求	部分要求	无要求
防雷击	要求	部分要求	无要求
防鼠害	要求	部分要求	无要求
电磁波防护	部分要求		无要求

6. 设备间内部设计

设备间作为中心机房，机柜、机架、设备与线缆通道摆放位置对于机房的环境设计至关重要，以机柜排列而形成冷热通道的形式是目前主流的摆放方式。机柜前部(正面)相对摆放，与制冷设备一起形成冷通道；机柜后部相对摆放，与通风设备一起作为热通道。机房中精密空调的冷风通过防静电地板的出风口排出，并从机柜前部穿过机柜流向后部，充分使设备机身得到散热，带走热量之后的热空气在机柜外的热通道或开放空间通过天花板的回风口排出热气，进行再次循环。图 4-16 所示是机柜排列散热通道的原理。

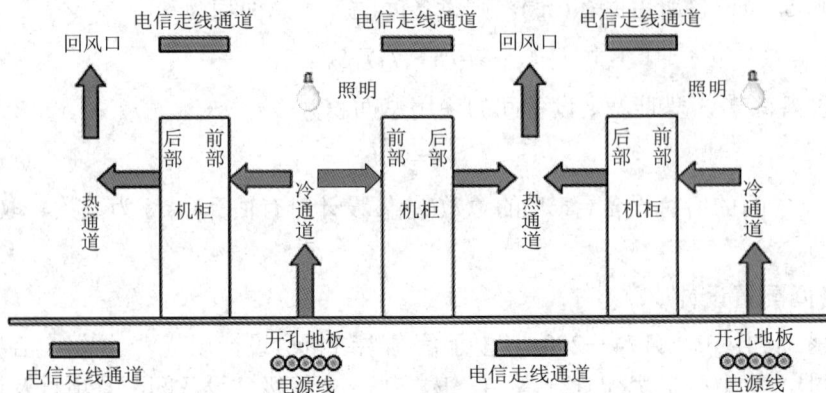

图 4-16　机柜排列散热通道的原理

同时，机房内的水平线缆走向应与机柜排列方向一致，便于线缆进入机柜。线缆在顶部走线时，可使用天花板内线槽、托盘式桥架等通道类型，通道应位于机柜正上方，避开回风口和照明设备；线缆在活动地板下走线时，应避免在机柜正下方，防止机柜对其压迫造成损坏，同时方便打开地板维修检查。

设备间的电源要求频率为 50 Hz，电压为 220 V 和 380 V，三相五线制或者单相三线制。220 V 用于一般设备供电，380 V 用于精密空调、空气净化器等高功率电器，其走线也应与机柜排列平行，且不应与弱电线缆及机柜有交叉，彼此保持标准要求的距离。

设备间内距地面 0.8 m 处，照明度不应低于 200 lx。设备间配备的事故应急照明，在距地面 0.8 m 处，照明度不应低于 5 lx。

4.3.5　进线间设计

每栋建筑物宜设置 1 个进线间，一般位于地下层，外线宜从两个不同的路由引入进线间，有利于与外部管道沟通。进线间与建筑物红外线范围内的人孔或手井采用管道或通道的方式互连。综合布线系统入口设施及引入线缆构成如图 4-17 所示。对于设置了设备间的建筑物，设备间所在楼层的 FD 可以和设备间中的 BD/CD 及入口设施安装在同一场地。

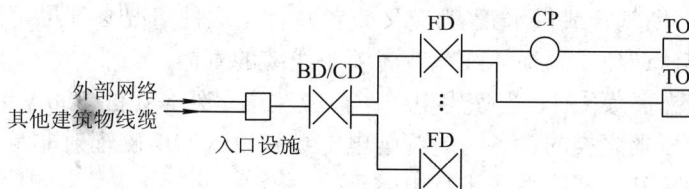

图 4-17　综合布线系统入口设施及引入线缆构成

1. 设计原则

进线间是线缆系统进出建筑物的接口。其设计遵循以下原则：

(1) 进线间内应设置管道入口，入口的尺寸应满足不少于 3 家电信业务经营者通信业务接入及建筑群子系统和其他弱电子系统的引入管道管孔容量的需求。

(2) 在单栋建筑物或由多栋建筑物构成的建筑群体内应设置不少于 1 处的进线间。

(3) 进线间应满足室外引入线缆的敷设与成端位置及数量、线缆的盘长空间和线缆的弯曲半径等要求，并应提供安装综合布线系统及不少于 3 家电信业务经营者入口设施的使用空间及面积，进线间面积不宜小于 10 m²。

(4) 进线间可设置在建筑物地下一层，临近外墙、便于管线引入的位置。其设计应符合下列规定：

① 管道入口位置应与引入管道高度相对应；

② 进线间应防止渗水，宜在室内设立排水地沟并与附近设有排水装置的集水坑相连；

③ 进线间应与电信业务经营者的通信机房、建筑物内配线系统设备间、信息接入机房、信息网络机房、用户电话交换机房、智能化总控室等及垂直弱电竖井之间设置互通的管槽。

(5) 与进线间安装的设备无关的管道不应在室内通过。

(6) 进线间安装信息通信系统设施应符合设备安装设计的要求。

(7) 综合布线系统进线间不应与数据中心使用的进线间合设，建筑物内各进线间之间应设置互通的管槽。

2. 配置设计

(1) 进线间应设置不少于两个单相交流 220 V/10 A 电源插座盒，每个电源插座的配电线路均应装有保护器。设备供电电源应另行配置。

(2) 进线间应采用相应防火级别的外开防火门，门净高不应小于 2.0 m，净宽不应小于 0.9 m。

(3) 进线间宜采用轴流式通风机通风，排风量应按每小时不小于 5 次换气次数计算。

4.3.6　建筑群子系统设计

1. 设计原则

(1) 地下埋管原则。建筑群子系统的室外线缆一般通过建筑物进线间进入大楼内部的设备间，室外距离比较长，设计时通常选用地埋管道穿线或者电缆沟敷设方式，也有在特殊场合使用直埋方式或者架空方式。

(2) 线缆保护原则。建筑群的光缆或者电缆经常在室外部分或者进线间入口需要与其他管道(热力管、燃气管或供水管等)交叉或者并行。这种情况必须尽可能保持较远的距离或设置保护措施，避免高温损坏线缆或者缩短线缆的寿命。

(3) 远离电磁干扰原则。当使用电缆时，应注意室外布设的 380 V 或者 10000 V 的交流强电电缆及变压器之类的设备。这些强电电缆和设备的电磁辐射非常大，网络系统的线缆必须远离，避免其对网路系统进行电磁干扰。

(4) 备份原则。建筑群子系统的室外管道和线缆必须预留备份，方便未来升级和维护。

(5) 通道保护原则。建筑群子通道系统必须满足保护线缆的功能，具有抗冲击、抗压、抗腐蚀等功能。如地埋管道穿越园区道路时，必须使用钢管或者抗压 PVC 管。

(6) 曲率半径原则。建筑群子系统一般使用光缆，要求通道拐弯半径大，以便布线及保证链路质量。实际工程中，一般在拐弯处设立接线井，方便拉线和后期维护；如果不设立接线井，则在拐弯时必须保证较大的曲率半径。

(7) 经济性原则。因为建筑群子系统的布线距离较长，选用布线方案时应考虑经济性。

2. 设计内容

(1) 确定建筑物的线缆入口。进线间的入口位置需要在建筑群子系统的设计中确定，以满足经济性原则的要求。

(2) 确定明显障碍物的位置。选择布线路由时应规避明显障碍物的区域，如河流、山体等。若无法规避，则应设计通道方案。

(3) 确定主线缆路由和备用电缆路由。主线缆路由与备用电缆路由尽可能不同，防止因环境意外造成链路中断。

(4) 选择最经济、最实用的设计方案，并确定所选方案的施工计划、所需线缆的类型和规格。

3. 布线方式

建筑群子系统的线缆布设方式通常使用架空布线法、直埋布线法、地下管道布线法、隧道内布线法等。

(1) 架空布线法。这种布线方式造价较低，但影响环境美观且安全性和灵活性不足。架空布线法要求用电杆作建筑物之间悬空架设，一般先架设钢丝绳，然后在钢丝绳上挂放线缆。架空布线使用的主要材料和配件有线缆、钢缆、固定螺栓、固定拉攀、预留架、U 形卡、挂钩、标志管等，如图 4-18 所示。在架设时需要使用滑车、安全带等辅助工具。

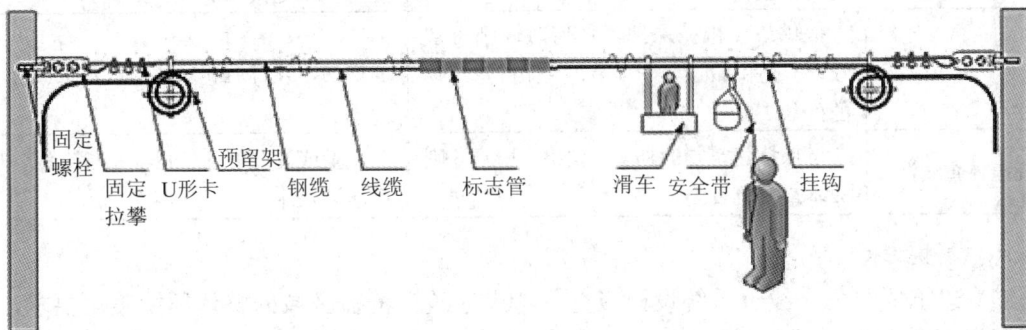

图 4-18　架空布缆结构

(2) 直埋布线法。直埋布线法就是在地面挖沟，然后将线缆直接埋在沟内，通常应埋在距地面 0.6 m 以下的地方，或按照当地城管等部门的有关法规去施工。直埋布线法的路由选择受到土质、公用设施、天然障碍物(如木、石头)等因素的影响。直埋布线法具有较好的经济性和安全性，总体优于架空布线法，但更换和维护不方便且成本较高。

(3) 地下管道布线法。地下管道布线是一种由管道和人孔组成的地下系统，它把建筑群的各个建筑物进行互连，1 根或多根管道通过基础墙进入建筑物内部的结构。地下管道能够保护线缆，不会影响建筑物的外观及内部结构。管道埋设的深度一般在 0.8～1.2 m，或符合当地城管等部门有关法规规定的深度。为了方便后期的布线，管道安装时应预埋 1 根拉线，以供以后的布线使用。为了方便管理，地下管道应在间隔 50～180 m 处设立一个接合井，此外安装时至少预留 1、2 个备用管孔，以供扩充之用。图 4-19 所示为地下埋管布线。

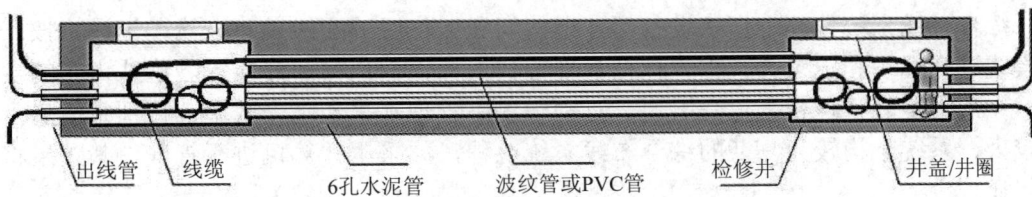

图 4-19　地下埋管布线

(4) 隧道内布线法。在建筑物之间通常有地下通道，利用这些通道来敷设电缆不仅成本低，而且可以利用原有的安全设施，如考虑暖气泄漏等条件；安装时应与供气、供水、供电的管道保持一定的距离，安装在尽可能高的地方；可根据民用建筑设施有关条件进行施工。

室外布缆方式优缺点对比表如表 4-11 所示。

表 4-11　室外布缆方式优缺点对比表

方法	优　点	缺　点
架空布线法	如果有电线杆，则成本最低	没有提供任何机械保护，灵活性差，安全性也差，影响建筑物美观
直埋布线法	提供某种程度的机械保护，可保持建筑物的外貌	挖沟成本高，难以安排电缆的敷设位置，难以更换和加固
地下管道布线法	提供最佳机械保护，任何时候都可敷设，扩充和加固都很容易，可保持建筑物的外貌	挖沟、开管道和入孔的成本很高
隧道内布线法	可保持建筑物的外貌，如果有隧道，则成本最低且安全	热量或泄漏的热气可能损坏线缆，也可能被水淹

4. 设计要求

(1) 建筑群主干布线子系统设计应充分考虑建筑群覆盖区域的整体环境美化要求，建筑群干线线缆尽量采用地下管道或电缆沟敷设方式。

(2) 在布线设计时，要充分考虑各建筑需要安装的信息点种类、信息点数量，选择相对应的干线光缆类型以及敷设方式，使综合布线系统建成后保持相对稳定，能满足今后一定时期内各种新的信息业务发展需要。

(3) 考虑到节省投资，路由应尽量选择距离短、线路平直的路由。

(4) 建筑群干线光缆进入建筑物时都要设置引入设备，并在适当位置终端转换为室内电缆、光缆。引入设备应安装必要保护装置，以达到防雷击和接地的要求。

(5) 建筑群的主干光缆布线的交接不应多于两次。

(6) 建筑群子系统敷设的线缆类型及数量由连接应用系统种类及规模来决定。

(7) 当线缆从一个建筑物到另一建筑物时，易受到雷击、电源碰地、感应电压等影响，必须进行保护。如果铜缆进入建筑物，则必须按照 GB 50311 的强制性规定增加浪涌保护器。

4.3.7　管理子系统设计

综合布线系统管理是指将设备间、电信间和工作区的配线设备、线缆等设施按一定的模式进行标识和记录。其内容包括管理方式、标识、色标、连接等。这些内容的实施将给今后维护和管理带来很大方便，有利于提高管理水平和工作效率。特别是信息点数量较大、系统架构较为复杂的综合布线系统工程，如采用计算机进行管理，其效果将十分明显。

1. 管理系统分级

根据布线系统的复杂程度，管理系统分为以下四级：

一级管理：针对单一电信间或设备间的系统。

二级管理：针对同一建筑物内多个电信间或设备间的系统。

三级管理：针对同一建筑群内多栋建筑物的系统，包括建筑物内部及外部系统。

四级管理：针对多个建筑群的系统。

2. 管理标记

布线系统的管理常使用线缆标记、端接标记和场标记三种标记。

(1) 线缆标记。这种标记一般是用塑料标牌或不干胶固定在线缆端头或贴到其表面。其尺寸和形状根据需要而定。设计时，线缆的两端应标明相同的唯一编号，并以此来辨别电缆的来源和去处。

(2) 端接标记。这种标记与线缆标记配合使用，一般标记在机房系统的配线设备上，用来标记线缆相应的卡接位置，通常用硬纸片或颜色块来标识。端接标记一般包括机柜、配线架、配线架端口的编号。对于 110 配线架，可插在两水平齿形条间的透明塑料夹内；对于模块化配线架，可插在配线架预留的标记位置上。

(3) 场标记。这种标记又称区域标记，一般会用色标来标记。在设备间、进线间、电信间中，因为有不同子系统的线缆在此交汇，不同的设备在此集中，所以为区分各配线设备上的线缆或设备类型，用色标来标记。如在电信间内，干线线缆的配线设备区域用红色标记，配线线缆设备区域用蓝色标记。

3. 端口对应表

端口对应表是用于管理子系统设计的表格，一般可实现表格管理软件制作。其原理是以工作区中的每个信息点为单位，给每个信息点命名。信息点名称格式如图 4-20 所示，这样每个信息点的线缆标记内容就产生了；同时该名称包含了端接标记内容，看到线缆标记就能确定线缆两端的端接位置。因此，该格式里包含了线缆标记系统和端接标记系统。表4-12 为端口对应表，该表格还可以用在干线子系统及建筑群子系统中，但需要将底盒编号改为设备配线端口编号。

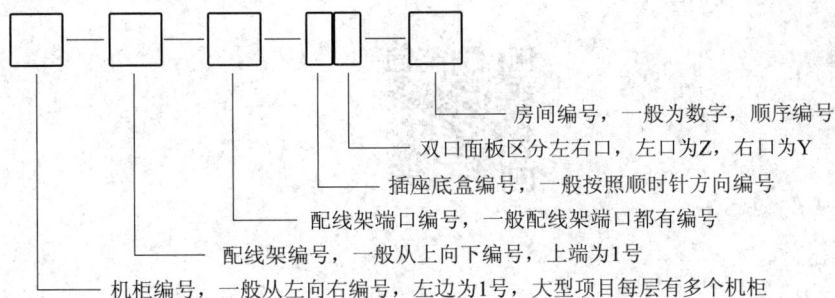

房间编号，一般为数字，顺序编号
双口面板区分左右口，左口为Z，右口为Y
插座底盒编号，一般按照顺时针方向编号
配线架端口编号，一般配线架端口都有编号
配线架编号，一般从上向下编号，上端为1号
机柜编号，一般从左向右编号，左边为1号，大型项目每层有多个机柜

图 4-20　信息点名称格式

表 4-12　端口对应表

1号楼1层端口对应表						文件编号
序号	线缆编号	机柜编号	配线架编号	配线架端口编号	插座底盒编号	房间编号
1	FD1-1-1-1Z-101	FD1	1	1	1	101
2	FD1-1-2-1Y-101	FD1	1	2	1	101
3	FD1-1-3-2Z-101	FD1	1	3	2	101
4	FD1-1-4-2Y-101	FD1	1	4	2	101
编制人		审核人		日期		

端口对应表设计步骤如下：

(1) 命名文件和设计表头。文件题目为"1 号楼 1 层端口对应表"，建筑物名称为 1 号楼，楼层为 1 层 FD1 机柜，文件编号为 XY03-2-1。

(2) 设计表格。表中为 7 列，第一列为"序号"，第二列为"信息点(线缆)编号"，第三列为"机柜编号"，第四列为"配线架编号"，第五列为"配线架端口编号"，第六列为"插座底盒编号"，第七列为"房间编号"。

(3) 填写机柜编号，1 层管理间只有 1 个机柜，图中标记为 FD1，因此就在表格中"机柜编号"栏每一行填写"FD1"。

(4) 填写配线架编号。

(5) 填写配线架端口编号。一般每个信息点对应一个端口，一个端口只能端接一根双绞线电缆。因此就在表格中"配线架端口编号"栏从上向下依次填写 1、2、…、24 数字。

(6) 填写插座底盒编号。一般按照顺时针方向从 1 开始编号。每个底盒设计和安装双口面板插座，因此就在表格中"插座底盒编号"栏从上向下依次填写 1 或者 2 数字。

(7) 填写房间编号。一般用 2 位或者 3 位数字。

(8) 填写信息点(线缆)编号。

(9) 填写编制人和审核人等信息。

端口对应表编制完成后可按其内容设置线缆标记系统和端接标记系统，表格作为设计资料入档，施工时可以机房为单位打印，指导端接工程的施工。

实践与思考

项目 5　综合布线线缆工程的施工

【知识目标】

(1) 理解 GB 50312—2016《综合布线工程验收规范》中对线缆施工的技术要求；

(2) 了解布线工程中常用的工具和使用方法；

(3) 了解布线工程施工流程。

【能力目标】

(1) 能够组织通道工程的施工活动；

(2) 掌握常用的管材加工工艺；

(3) 掌握常用的布线方法。

【项目背景】

完成设计阶段的工作后，就进入综合布线系统的安装施工阶段。施工质量的好坏将直接影响整个网络的性能，必须按设计方案和 GB 50311—2016《综合布线工程设计规范》组织施工，同时必须符合 GB 50312—2016《综合布线工程验收规范》。

根据综合布线系统与建筑物本体的关系，综合布线系统工程由下列三类工程组成：

(1) 与新建建筑物同步安装综合布线通道及线缆系统；

(2) 建筑物预留了的设备间、电信间和进线间的建设工程；

(3) 线缆与连接器、设备的端接工程。

第(1)类工程的工程量只考虑线缆系统管槽通道的建设和线缆的布放安装；第(2)类工程的工程量包括机房空间的装潢、机柜系统的建设、机房内的布线及设备的安装；第(3)类工程的工程量包含各节点、各类型连接器与线缆的端接及管理系统的建设。

本项目主要介绍第(1)类工程的施工过程及需要注意的事项。

任务 5.1　施工前准备

在综合布线系统安装施工前，必须做好各项准备工作，保障工程开工后有步骤地按计划组织施工，从而确保综合布线工程的施工进度和工程质量。安装施工前的准备工作很多，主要做好以下几项工作。

施工前准备

5.1.1　资料准备

1. 熟悉工程技术资料

施工人员在施工之前应详细阅读工程设计文件和施工图纸,了解设计内容及设计意图,明确工程所采用的设备和材料以及图纸所提出的施工要求,熟悉和工程有关的其他技术资料,如施工及验收规范、技术规程、质量检验评定标准以及制造厂商提供的资料(包括产品安装使用说明书、产品合格证、测试记录数据等)。

2. 编制施工方案

项目 4 中提到,设计方案会包括施工方案,但在实际项目中,设计文件的施工方案都比较粗略,大致规定了开工、结项等重要节点的时间,还需要施工人员根据施工现场情况、技术能力及技术装备情况、设备材料供应情况,做出合理、详细的施工方案。施工方案的内容主要包括施工组织和施工进度,要做到人员组织合理、施工安排有序、工程管理有方,同时要明确综合布线工程和主体工程以及其他安装工程的交叉配合,确保在施工过程中不破坏建筑物的强度、不破坏建筑物的外观、不与其他工程发生位置冲突,以保证工程的整体质量。

5.1.2　施工现场准备

为了加强现场管理,要在施工现场布置临时场地和设施,如管槽加工制作场地、仓库、现场办公室、工人驻地、交通管理等。

(1) 管槽加工制作场地:在管槽施工阶段,根据布线路由实际情况,对管槽材料进行现场切割和加工。

(2) 仓库:对于规模稍大的综合布线工程,设备材料都有一个采购周期,同时,当天使用的施工材料和施工工具不能存放在公司仓库,因此必须在现场设置一个临时仓库来存放施工工具、管槽、线缆及其他材料。

(3) 现场办公室:现场施工的指挥场所,一般配备照明、电话和计算机等办公设备。

(4) 工人驻地:某些施工阶段需要大批施工人员驻扎现场,他们的衣食住行需要现场有一个生活条件相对完善的驻地。

(5) 交通管理:施工阶段有时需要材料的运输、大型施工机械的进场等交通活动,因此需要预留场地的进出通道和车辆停泊区域。如果施工范围包含公共交通设施,还要与相关部门协调解决。

5.1.3　施工工具的准备

根据综合布线工程施工范围和施工环境的不同,需要准备不同类型和品种的施工工具。

1. 室外工程施工工具

室外工程施工工具用于项目室外通道的施工,主要是建筑群子系统的通道工程,包括开挖电缆沟、地下隧道工程、架空工程、人孔、手孔等。室外工程施工工具包括铁锹、十字镐、电镐和电动夯等。如图 5-1 所示,一些大型机械如掘井机、挖沟机等,需要有可靠租用渠道。

挖沟机　　　　掘井机　　　　过路打孔机

图 5-1　通道建设大型机械

2. 室内管槽系统施工工具

线槽、线管和桥架是室内通道系统建设的主要材料。室内通道系统建设工程包括管槽的二次加工，管槽、桥架的安装，地面墙体的开槽、破拆工程等，所需工具包括手电钻、冲击电钻、电锤、型材切割机、台钻、角磨机、钳工台、手提电焊机、曲线锯、钢锯、钢钎等，如图 5-2 所示。

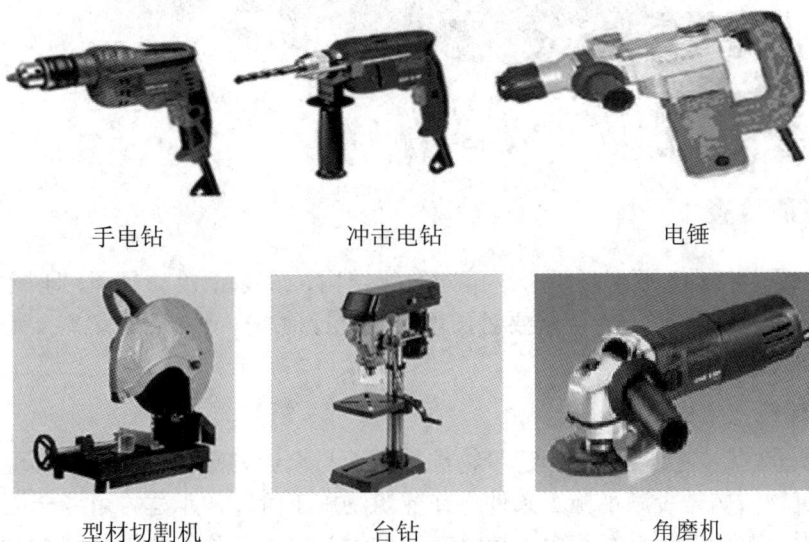

手电钻　　　　冲击电钻　　　　电锤

型材切割机　　　　台钻　　　　角磨机

图 5-2　室内通道工具

3. 线缆敷设工具

线缆敷设工程是综合布线的重要工程，主要包括线缆标识、水平布线、垂直布线，线缆固定等，所需工具包括线缆牵引工具和线缆标识工具。线缆牵引工具有牵引绳索、牵引缆套、拉线转环、滑车轮、防磨装置、电动牵引绞车等；线缆标识工具有手持线缆标识机、热转移式标签打印机等。线缆敷设工具如图 5-3 所示。

布线器　　　　滑轮　　　　放线器

图 5-3　线缆敷设工具

4. 通用工具

通用工具包括施工中常用的攀高、加工、测量、照明、安全等工具,如人字梯、安全带、安全帽、老虎钳、尖嘴钳、斜口钳、一字旋具、十字旋具、测电笔、美工刀、剪刀、活动扳手、卷尺、铁锤、绝缘手套、移动电源、手电筒、探照灯等,如图 5-4 所示。

图 5-4　通用工具

5.1.4　环境的检查

在通道工程施工前,要现场调查了解建筑物结构、布线路由(如吊顶、地板、电缆竖井、暗敷管路、线槽及洞孔等),特别是要对预埋管路进行检查,看是否有堵塞、是否符合布线施工的基本条件。

1. 检查建筑物结构

施工开始前,一定要现场检查建筑物结构是否与设计方案中预想一致,现场判断通道路由上的建筑物结构是否满足施工条件。在建筑物施工阶段,承建方可能会因为各种因素而在实际工程中改变设计方案。由于综合布线的设计可能与建筑物设计同时进行,建筑物的后期改变会对布线工程施工造成影响,因此需要在开工前检查建筑物结构,如果有变更,则要重新设计评估。

2. 检查布线路由

布线路由是设计方案中的重要内容,其可行性一般经过设计阶段的论证,但施工开始前还需要对布线路由进行现场确认。可根据设计方案沿通道路由路线检查,如吊顶、地板、电缆竖井、暗敷管路、洞孔等结构是否符合设计要求,是否存在妨碍施工的问题。

3. 检查预埋管路

预埋管路一般是指在建筑物施工阶段同步施工的永久通道工程,之后会用水泥浇筑进建筑物主体中,属于隐蔽工程。一般在浇筑预埋管路之前需要进行测试验收,确保通道内不会存在因管道安装而产生的堵点;浇筑之后还需检查,确保在浇筑过程中没有水泥液体进入管路,造成堵点。预埋管路的出口管体应留有余量,防止被水泥封住,检查完后应将出口用软塞塞住,防止后期杂物进入管道造成堵点。

5.1.5 材料的检查

工程材料是工程质量的基础保障，因此在施工前需要对工程材料进行详细检查。

1. 管槽、桥架与连接器的检验

各种金属材料的材质、规格应符合设计文件的规定。表面所做防锈处理应光洁良好，无脱落和气泡的现象，不得有歪斜、扭曲、突刺、断裂和破损等缺陷。各种管材的管身不得变形，接续配件要齐全。各种管材(如钢管、硬质 PVC 管等)内壁应光滑、无节疤、无裂缝，材质、规格、型号及孔径壁厚应符合设计文件的规定和质量标准，并有生产商出具的产品检验合格证明。

2. 电缆、光缆产品的检验

当前市场上的布线产品良莠不齐，甚至还有许多假冒伪劣产品，把好线缆产品的进货质量关，是保障综合布线系统质量的关键。可从以下几个方面进行检查：

(1) 外观检查。

① 检查管槽外壁或线缆外护套上的标识印字。线缆外护套上都印有生产厂商、产品型号、产品规格、认证、长度、生产日期等文字。精品印刷的文字非常清晰、圆滑，基本上没有锯齿；次品的印刷质量较差，文字不清晰，有的存在严重锯齿状。

② 检查色标。无论电缆还是光缆，线芯上都有橙、蓝、绿、棕、白等几种颜色的色标，正品颜色纯正而假货通常发灰发暗。

③ 检查双绞线线对绞距和绞向。双绞线的每对线都绞合在一起，正品电缆绕线密度适中均匀，方向是逆时针。次品和假货通常绞距很大且 4 对线的绕距可能一样，方向也可能会是顺时针，这样的制作工艺容易且节省材料，减少了生产成本，所以价格非常便宜。

(2) 与样品对比。

为了保障电缆、光缆的质量，在工程的招标、投标阶段可以对厂家所提供的产品样品进行分类封存备案，待厂家大批供货时，用所封存的样品进行对照，检查样品与批量产品品质是否一致。

(3) 检测线缆的性能指标。

双绞线一般以 305 m 为单位包装成箱，也可按 1500 m 来包装成箱；光缆则采用 2000 m 或更长的包装方式。最好的性能检测方法是使用认证测试仪器对整轴线缆进行测试。测试结果应包含验收标准中的项目指标。

任务 5.2 配线子系统施工

配线子系统是线缆系统施工的重点工程，也是施工过程中最开始、工程量最大、跨越时间最长的工程。

5.2.1 水平布线通道的施工

配线子系统施工

水平布线通道一般为室内楼层布线，施工时一般按照设计方案进行建设。在施工过程中主要关注施工流程、施工内容和工艺要求。

1. 施工流程

水平通道施工一般以楼层为单位，施工包括信息点底盒安装、房间内永久链路通道施工、水平主干通道施工。其施工过程一般如下：

(1) 施工前准备。施工前，施工人员应按分工领取施工图纸、材料表等设计材料，按要求做好施工前的准备工作，如现场准备、材料工具领取等。

(2) 通道施工。水平通道施工应先打通空间通道，包括墙面和地面的切槽、打孔，膨胀螺栓和管卡的安装，天花板、地板下区域划分等工作。

(3) 管材铺设。通道空间打通后按设计要求进行管材的铺设，主要是线管、线槽和桥架的安装，注意接口位置的处理。

(4) 通道检测。使用穿线设备对预布线线路进行测试，确保通道畅通，为布线工程做好准备。

(5) 扫尾收工。

2. 施工内容

通道系统(包括线管、线槽和桥架)是综合布线系统的基础设施之一，对于新建建筑物，要求与建筑设计和施工同步进行。所以对于通道系统需要预留管槽的位置和尺寸，并满足洞孔的规格和数量以及其他特殊工艺要求(如防火要求或与其他管线的间距等)。这些资料要及早提供给建筑设计单位，以便在建筑设计中一并考虑，使通道系统能满足综合布线系统线缆敷设和设备安装的需要。配线通道的施工内容如图 5-5 所示。

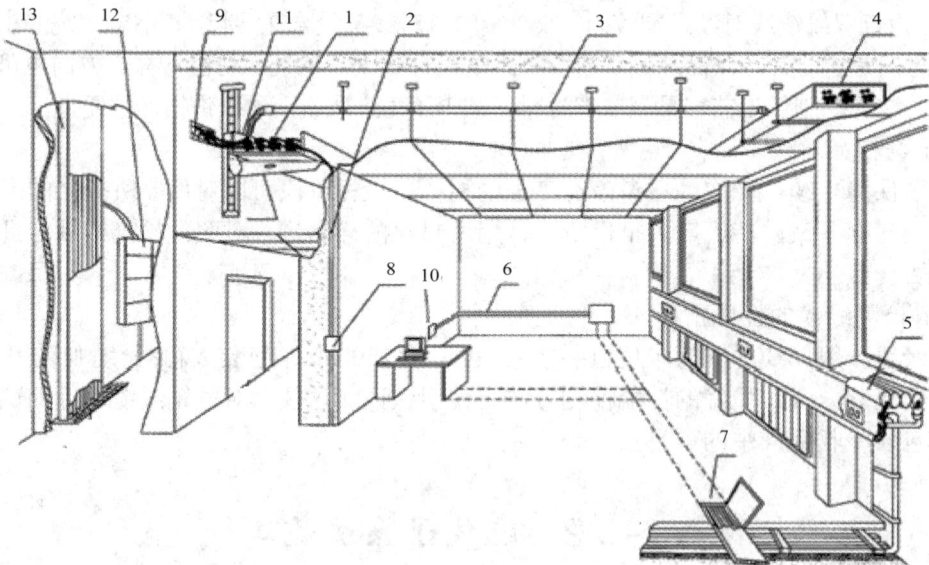

1—走廊水平主干线缆桥架；2—房间墙壁暗埋管路；3—天花板上明装管路；4—天花板上布线槽式桥架；
5—窗台暗装布线管路；6—房间墙壁明装管槽；7—房间地板下暗装管路；8—接线盒；
9—电信间进线孔；10—信息插座底盒；11—桥架托臂；12—电信间；13—垂直竖井

图 5-5　配线通道的施工内容

3. 工艺要求

根据 GB 50311—2016 的国家标准规定，水平子系统通道施工应符合以下安装工艺要求：

(1) 布线管槽或桥架的材质、性能、规格以及安装方式的选择应考虑铺设场所的温度、湿度、腐蚀性、污染以及自身耐腐蚀性、耐火性、承重、抗挠曲、抗冲击等因素对布线的影响，并应符合安装要求。现场施工人员应根据自身经验检验材料属性及安装要求，发现问题及时反映。

(2) 布线通道的管槽在穿越防火分区楼板、墙壁、天花板、隔断等建筑构件时，其主隙或空闲的部位应按等同于建筑构件耐火等级规定的材料进行封堵。塑料管槽及附件的材质应符合相应阻燃等级的要求。施工过程中需要注意材料规格的变更。

(3) 管槽或桥架在穿越建筑结构伸缩缝、沉降缝、抗震缝时，会因温度、承载等引起结构变形，应考虑使用管槽或桥架的软连接线路或伸缩结构；其冗余量长度及连接的方法应依据建筑物土建构造并满足施工安装、检修、维护方便及建筑美观等要求，布放与使用过程应对线缆无实质损害。

(4) 在钢筋混凝土楼板内暗敷的线管或底盒最大外径宜为楼板厚度的 1/4～1/3，需要切槽时注意不宜过深，避免破坏楼板钢筋结构。

(5) 底盒、管槽和桥架的直线连接、转角、分支及终端处宜采用专用附件连接。

(6) 在明装管槽和桥架的路由中设置吊架或支架等固定点时，宜设置在下列位置：

① 直线段不大于 3 m 及接头处；

② 首尾端及进出接线盒 0.5 m 处；

③ 转角处。

(7) 布线路由中尽可能减少转弯角，特别是线管，每根线管的转弯角不应多于两个，且所有通道弯曲的曲率半径都应符合预布线缆的曲率半径要求。施工时要重点注意设计方案中的相关数据。

(8) 为方便后期布线，通道中可设置过线盒。过线盒宜设置于通道的下列位置：

① 管槽的直线路由每 30 m 处；

② 有 1 个转弯，导管长度大于 20 m 处；

③ 有两个转弯，导管长度不超过 15 m 处；

④ 路由中有反向(U 形)弯曲的位置。

施工人员应根据设计方案及现场情况合理安装过线盒，如需变更应及时提出。

(9) 暗埋的管道出口、房间线缆出入孔等，其通道材料需凸出预留 25～50 mm，方便后期连接部件的安装。

5.2.2　线缆布放的施工

水平布线是整个综合布线工程中工程量最大的项目，由于前期的通道工程已完成，敷设时一般按照通道路由进行建设。但在施工过程中有很多施工方案内容需要现场决定，如施工流程、施工内容和工艺要求。

1. 施工流程

水平布线施工一般以楼层为单位，其施工过程如下：

(1) 施工前准备。施工前，施工人员应按分工领取设计材料(如施工图纸、材料表等)，并按要求做好现场准备和领取材料工具。

(2) 制订布线计划。根据线缆类型设计布线参数，根据通道结构设计牵引点及一次布线的规模。

(3) 敷设线缆。敷设线缆按照布线计划进行，不同类型的线缆，可用拉力、通道可能都不相同。

(4) 端接线缆。使用端接工具把线缆端头和对应连接器进行端接。该步骤内容将在本书项目 7 中详述。

(5) 测试链路。使用测试设备给布设好的链路进行测试，必要时可进行性能测试。该步骤内容将在本书项目 8 中详述。

2. 施工内容

按照施工流程，施工人员应按设计要求完成以下工作：

(1) 现场对照施工图及布线施工计划，充分了解线缆类型、布线结构、布线路由、施工计划和工艺要求，若有疑问应及时提出。

(2) 按材料表领取线缆材料，分类整理。准确核算线缆用量，充分利用线缆，可制作一个用线计划表，如表 5-1 所示，按计划使用线缆。施工完后箱中有剩余线缆应及时报备上交，并在包装显眼位置写上剩余长度，方便其他链路布线使用。

表 5-1　线缆使用计划表

线箱号码		起始长度		线缆总长度	
序号	信息点名称	起始长度	结束长度	使用长度	线箱剩余长度

(3) 根据布线方向的设计，将线缆放置在起始地点的放线装置上，并架设好放线器。若使用线箱，则需将线箱放置在合适的位置上，如图 5-6 所示。

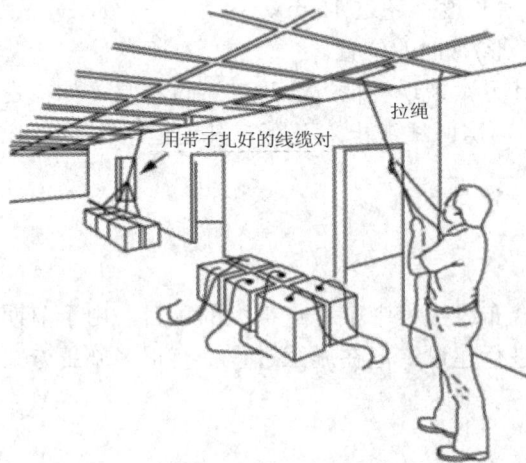

图 5-6　室内布线

(4) 将管道穿线器、牵引机等工具放置在布线牵引点处，穿线器的引线应按设计方案穿放正确通道路由到达布线起点，并与线缆端头做好可靠连接，牵引机可设置好拉力参数，如图 5-7 所示。

管道穿线器　　　　　　　　　施工现场

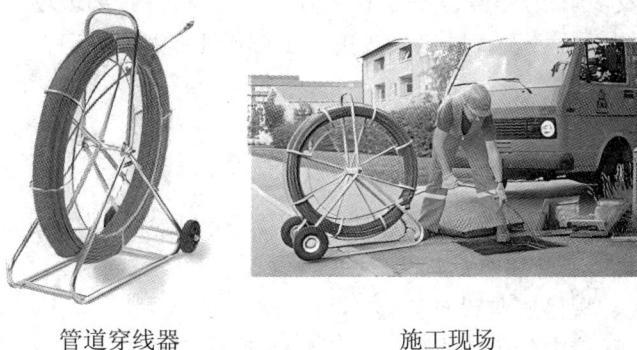

图 5-7　室外布线

(5) 统一对现场的线缆做好标记处理，确保标记清楚，固定方式合理，不会在布线时脱落或损伤线缆。常见的线缆标签有以下几种：

① 普通不干胶标签：成本低，安装简便，但不易长久保留。

② 线缆标签：内容清晰，标签完全缠绕在线缆上并有一层透明的薄膜缠绕在打印内容上，可以有效地保护打印内容，防止刮伤或腐蚀。线缆标签具有良好的防水、防油性能。

③ 套管标签：分为普通套管和热缩套管。热缩套管在热缩之前可以随便更换标识，具有灵活性；经过热缩后，套管就成为能耐恶劣环境的永久标识。

(6) 布放穿线器引线时应注意在通道出入口或交接处有无毛刺或高度差，若有应及时清理或设置滑轮，防止牵引线缆时造成线缆划伤。布线完成后应加装保护装置。

(7) 桥架或线槽通道内布线时，槽内线缆布放应平齐顺直、排列有序，尽量不交叉，在线缆进出线槽部位、转弯处应绑扎固定。线缆要分类绑扎固定，特别是光缆与电缆、数字通信链路与语言通信链路同槽铺设时，应注意留出合理距离，如图 5-8 所示。

(8) 机柜内布线应将线缆按设计方案进入机柜时分束绑扎在机柜布线通道位置，并按配线设备位置留出分支线缆，走线整齐美观，如图 5-9 所示。转弯处应注意曲率半径，特别是光缆。

图 5-8　桥架或线槽通道内布线

图 5-9　机柜内布线

(9) 线缆端接处要留有端接裕量，并合理固定，防止因意外导致线端移动。

(10) 清除垃圾及多余设施，整理剩余材料和施工工具，并带离现场移交给相关负责人员。

(11) 填好对应的工程量表、材料交接单、工程施工说明等施工记录文档，必要时拍照留存记录。

5.2.3 水平布线施工要求

根据 GB 50312—2016《综合布线工程验收规范》的国家标准规定，配线子系统线缆布放施工应符合以下安装工艺要求：

(1) 线缆的型式、规格应与设计规定相符。

(2) 线缆在各种环境中的敷设方式、布放间距均应符合设计要求。

(3) 线缆的布放应自然平直，不得产生扭绞、打圈等现象，不应受外力的挤压和损伤。

(4) 线缆的布放路由中不得出现线缆接头。

(5) 线缆两端应贴有标签，标明编号；标签书写应清晰、端正和正确；标签应选用不易损坏的材料。

(6) 线缆应有裕量以适应端接、检测和变更。有特殊要求的应按设计要求预留长度，并应符合下列规定：

① 对绞电缆在端接处，预留长度在工作区信息插座底盒内宜为 30～60 mm，电信间宜为 0.5～2.0 m，设备间宜为 3～5 m。

② 光缆布放路由宜盘留，预留长度宜为 3～5 m；光缆在配线柜处预留长度应为 3～5 m；楼层配线箱处光纤预留长度应为 1.0～1.5 m，配线箱端接时预留长度不应小于 0.5 m；光缆纤芯在配线模块处不做端接时，应保留光缆施工预留长度。

(7) 线缆的弯曲半径应符合下列规定：

① 非屏蔽和屏蔽 4 对对绞电缆的弯曲半径不应小于电缆外径的 4 倍。

② 主干对绞电缆的弯曲半径不应小于电缆外径的 10 倍。

③ 2 芯或 4 芯水平光缆的弯曲半径应大于 25 mm；其他芯数的水平光缆、主干光缆和室外光缆的弯曲半径不应小于光缆外径的 10 倍。

④ 用户光缆弯曲半径应符合表 5-2 的规定。

表 5-2 光缆敷设安装的最小曲率半径

光缆类型		静态弯曲
室内外光缆		$15D/15H$
微型自承式通信用室外光缆		$10D/10H$ 且不小于 30 mm
管道入户光缆 蝶形引入光缆 室内布线光缆	G.652D 光纤	$10D/10H$ 且不小于 30 mm
	G.657A 光纤	$5D/5H$ 且不小于 15 mm
	G.657B 光纤	$5D/5H$ 且不小于 10 mm

注：D 为缆芯处圆形护套外径；H 为缆芯处扁形护套短轴的高度。

(8) 综合布线系统线缆与其他管线的间距应符合设计文件要求，并符合下列规定：

① 电力电缆与综合布线系统线缆应分隔布放，并符合表 5-3 的规定。

表 5-3　对绞电缆与电力电缆最小净距

条　件	最小净距/mm		
	380 V <2 kV·A	380 V ～5 kV·A	380 V >5 kV·A
对绞电缆与电力电缆平行敷设	130	300	600
有一方在接地的金属槽盒或金属导管中	70	150	300
双方均在接地的金属槽盒或金属导管中	10	80	150

注：双方都在接地的槽盒中，系指两个不同的槽盒；也可在同一槽盒中用金属板隔开，且平行长度小于等于 10mm。

②　综合布线线缆宜单独敷设，与其他弱电系统各子系统线缆间距应符合设计文件要求。

③　对于有安全保密要求的工程，综合布线线缆与信号线、电力线、接地线的间距应符合相应的保密规定和设计要求。综合布线线缆应采用独立的金属导管或金属槽盒敷设。

(9) 屏蔽电缆的屏蔽层端到端应保持完好的导通性，屏蔽层不应承载拉力。

任务 5.3　干线子系统施工

5.3.1　垂直通道的施工

1. 垂直通道类型

建筑物垂直干线布线通道的施工流程与水平通道施工大致一样，且垂直通道一般是在土建阶段即已完成，这里不再赘述。垂直通道可采用电缆孔、电缆井和竖井三种方式，如图 5-10 所示。本节以这三种方式详细介绍垂直通道的施工过程中的注意事项。

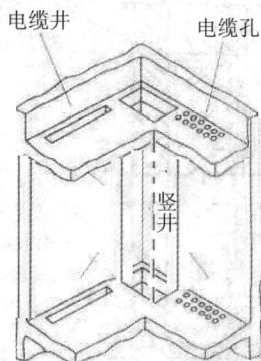

图 5-10　垂直通道采用的方式

干线子系统施工

(1) 电缆孔通道。干线通道中所用的电缆孔是很短的管道，通常用一根或数根直径为 10 cm 的钢管制成。钢管在浇注混凝土地板时嵌入，其高度应比地板表面高出 2.5～10 cm，有时也可直接在地板中预留一个大小适当的孔洞，如图 5-11 所示。电缆往往固定在钢丝绳或梯级式桥架上，而钢丝绳可固定到墙上已钉好的金属条上，梯级式桥架可直接固定在墙上。楼层配线间上下都对齐时，一般采用电缆孔方法。

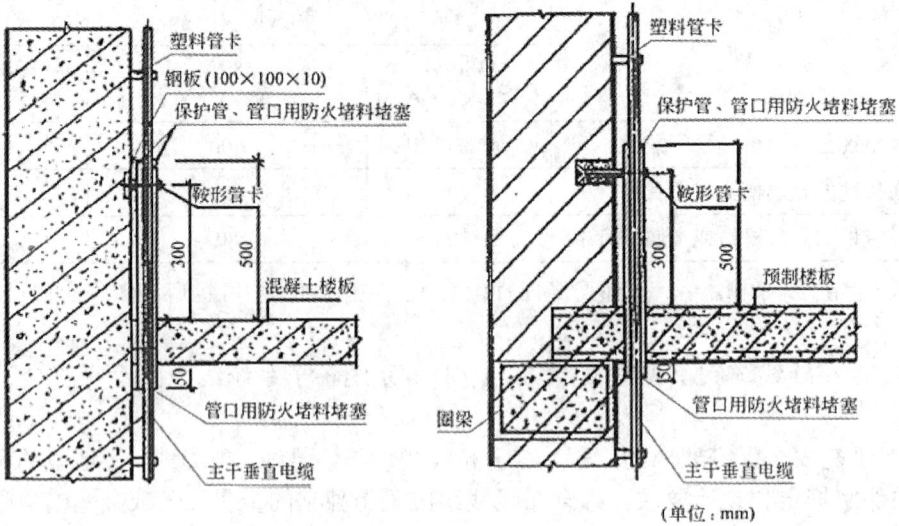

图 5-11　电缆孔通道

(2) 电缆井通道。

电缆井通道常用于干线通道。电缆井是指在每层楼板上开一些方孔，使电缆可以穿过这些电缆井从这层楼伸到相邻的楼层，上下应对齐，如图 5-12 所示。与电缆孔通道不同的是，电缆井通道中的电缆除可固定在支撑用的钢丝绳上的梯级式桥架之外，还可以使用槽式桥架或线槽，从而提高干线通道的封闭性。电缆井的大小依所用电缆的数量而定。电缆井还可以让粗细不同的各种电缆以任何组合方式通过。电缆井虽然比电缆孔灵活，但在原有建筑物中采用电缆井安装电缆造价较高；它的另一个缺点是不使用的电缆井很难防火。此外，在安装过程中应采取措施去防止损坏楼板的支撑件，否则楼板的结构完整性将受到破坏。

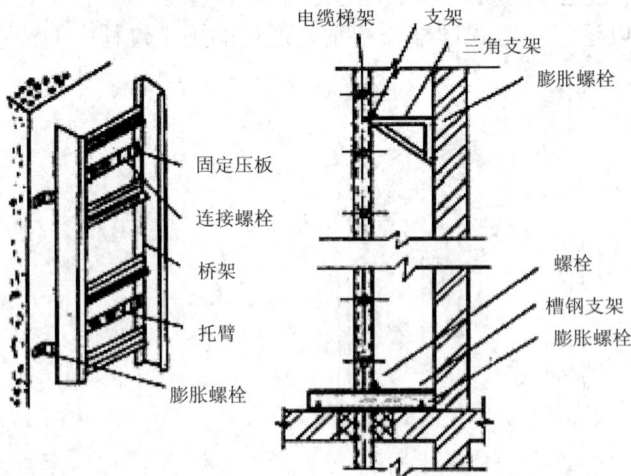

图 5-12　电缆井

(3) 竖井通道。

竖井通道是专用的全封闭垂直通道，一般必须在土建阶段设计规划并建设。通常，建筑物会建设多条竖井用于不同管线，如水暖竖井、强电井等。综合布线系统一般与其他弱电线路共用弱电井。竖井一般与横向通道相连，使用横向通道，干线电缆才能从设备间连接到干线通道或在各个楼层上从电信间连接到其他电信间。

2. 安装方法

综合布线系统的主干线缆应选用带门的封闭型的专用通道敷设，以保证通信线路安全运行和有利于维护管理。在大型建筑中都采用专用竖井等作为主干线缆敷设通道。

在智能化建筑中，一般均有设备安装和公共活动的核心区域，在核心区域中常设有各种竖井，它们是从地下底层到建筑顶部楼层，形成一个自上而下的深井。在竖井中铺设垂直通道一般有以下几种安装方式：

(1) 将干线电缆或光缆直接固定在竖井的墙上，适用于电缆或光缆条数很少的综合布线系统。

(2) 在竖井墙上装设走线架，电缆或光缆在走线架上绑扎固定，适用于较大的综合布线系统。在有些要求较高的智能化建筑的竖井中需安装槽式桥架，以保证线缆安全，如图5-13 所示。

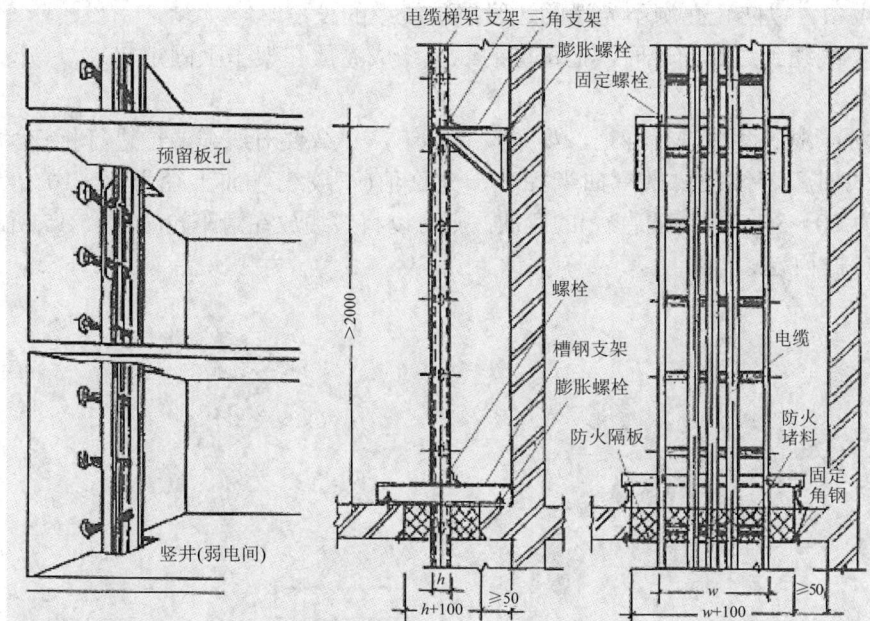

图 5-13　竖井内安装槽式桥架

5.3.2　垂直布线施工

建筑物垂直主干管道主要敷设光缆和大对数电缆，它的布线路由在建筑物设备间到楼层电信间之间。在垂直通道中敷设干线电缆一般有两种方法：向下垂放线缆和向上牵引线缆。相比较而言，向下垂放布线比向上牵引布线容易。当线缆比较容易搬运上楼时，可选择向下垂放线缆的布线方式；当电缆盘过大、电梯装不进去或大楼走廊过窄等情况导致电缆不可能搬运至较高楼层时，只能选择向上牵引电缆的布线方式。

1. 向下垂放线缆

向下垂放线缆的一般步骤如下：

(1) 对垂直干线电缆路由进行检查，确定至管理间的每个位置都有足够的空间敷设和支持干线电缆。

(2) 把线缆卷轴放到顶层。

(3) 在离竖井的开口(孔洞处)3～4 m 处安装线缆卷轴，并从卷轴顶部抽线。

(4) 在线缆卷轴处安排所需的布线施工人员(人员数量视卷轴尺寸及线缆重量而定)，每层要有一个施工人员以便引导下垂的线缆，在施工过程中每层施工人员之间必须能通过对讲机等通信工具保持联系。

(5) 开始旋转卷轴，将线缆从卷轴上拉出。

(6) 将拉绳固定在拉出的线缆上，引导进入竖井中的孔洞。在此之前先在孔洞中安放保护设施，如套筒或滑轮，以防止孔洞不光滑的边缘擦破线缆的外皮，如图 5-14 所示。

(7) 慢慢地从卷轴上放缆并进入孔洞向下垂放，不要快速地放缆。

(8) 继续放缆，直到下层布线工人员能将线缆引到下一个孔洞。

(9) 按前面的步骤，继续慢慢地放缆，并将线缆引入各层的通道，各层的通道口也应安放保护设备，以防止孔洞不光滑的边缘擦破线缆的外皮。

(10) 当线缆到达目的地时，把每层的线缆绕成卷放在架子上固定起来，等待以后机柜布线或端接。

(11) 对电缆的两端进行标记，如果没有标记，那么要对线缆通道进行标记。

在布线时，若线缆要做弯曲半径小于允许值(双绞线弯曲半径为 8～10 倍线缆的直径，光缆为 20～30 倍线缆的直径)的弯曲，则可以将线缆放在滑车轮(如图 5-15 所示)上，解决线缆的弯曲问题。

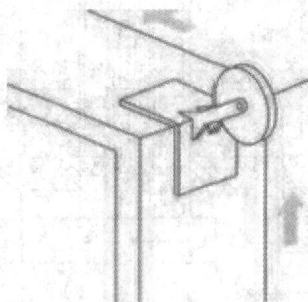

图 5-14　通道口保护设备

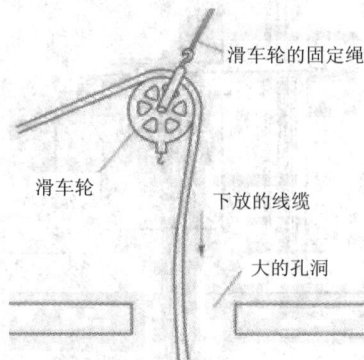

图 5-15　滑车轮

2. 向上牵引线缆

向上牵引线缆需要使用电动牵引绞车，其主要步骤如下：

(1) 按照线缆的类型选定绞车型号，并按说明书进行操作。在绞车中穿入合格的牵引绳，如图 5-16 所示。

(2) 启动绞车，并往下垂放牵引绳，直到安放线缆的底层。

(3) 将线缆中的承拉伸结构部件，如双绞线中的撕拉线、光缆中的钢丝，固定在牵引绳的牵引绑节点上。

(4) 启动绞车，慢慢地将线缆向上牵引。

(5) 线缆的末端到达顶层时，停止绞车，并在地板边沿上用夹具将线缆固定。

(6) 当所有楼层固定点制作好之后，从绞车上释放线缆的末端。

(7) 同样方法完成其他楼层的布线。

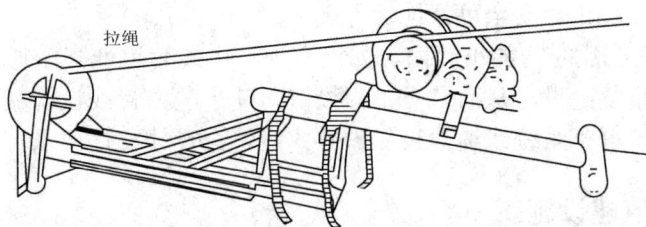

图 5-16　向上牵引布线

5.3.3　垂直布线施工要求

垂直布线施工要求如下：

(1) 在垂直通道中敷设线缆时，应对线缆进行绑扎。一般线缆的上端和每间隔 1.5 m 处应绑扎固定在梯架或固定点的支架上，室内光缆在绑扎固定处加装垫套。

(2) 垂直敷设时，桥架或固定点应固定在建筑物构体上，固定点间距宜小于 2 m，距地 1.8 m 以下部分应加金属盖板保护或采用金属线槽包封，并可以开启。

(3) 当综合布线线缆与大楼弱电系统线缆采用同一槽盒或托盘敷设时，各子系统之间应采用金属板隔开，间距应符合设计文件要求。

(4) 线缆不得布放在电梯或供水、供气、供暖管道竖井中，亦不宜布放在强电竖井中。当与强电共用竖井布放时，线缆的布放通道应有符合标准的屏蔽设施，间距应符合设计文件要求。

(5) 电信间、设备间、进线间之间的干线通道应相互沟通。

任务 5.4　建筑群子系统施工

5.4.1　建筑群子系统特点

建筑群子系统的施工特点如下：

(1) 建筑群子系统的线路设施主要在户外且工程范围大，易受外界条件的影响，较难控制施工，因此和其他子系统相比，更应注意协调各方关系，建设中更要加以重视。

建筑群子系统施工

(2) 综合布线系统较多采用有线通信方式，一般通过建筑群子系统与公用通信网连成整体。从全程全网来看，这也是公用通信网的组成部分，它们的使用性质和技术性能基本一致，其技术要求也是相同的。因此，要从保证全程全网的通信质量来考虑。

(3) 建筑群子系统的线缆是室外通信线路，通常建在道路两侧。其建设原则、网络分布、建筑方式、工艺要求以及与其他管线之间的配合协调均和其他通信管线要求相同，必须按照本地区通信线路的有关规定办理。

(4) 当建筑群子系统的线缆在校园式小区或智能小区内敷设成为公用管线设施时，其建设计划应纳入该小区的规划，具体分布应符合智能小区的远期发展规划要求(包括总平面布置)，且与近期需要和现状相结合，尽量不与城市建设和有关部门的规定发生矛盾，使传输线路建设后能长期稳定、安全可靠地运行。

(5) 在已建或正在建的智能小区内，如已有地下电缆管道或架空通信线路时，应尽量设法利用，以避免重复建设，从而节省工程投资，使小区内管线设施减少，有利于环境美观和小区布置。建筑群子系统线缆敷设保护方式应符合设计文件要求。

5.4.2　建筑群通道建设施工

建筑群之间的敷设线缆与综合布线系统设计中一样，主要有管道敷设、隧道敷设、直埋敷设和架空敷设四种，其中地下管道敷设是最好的一种方法，也是采用最多的一种方法。

地下管道工程是一项永久性的隐蔽施工项目，整个施工过程必须保证工程质量，尤其是施工前的准备工作，它关系到整个管道工程的施工进度和工程质量。管道施工前的准备工作主要有材料检验、工程测量及复测定线等项目。

1. 材料检验

(1) 各种强度等级的水泥应符合国家规定的产品质量标准。施工中不应使用过期失效的水泥，严禁使用受潮变质的水泥，以免造成工程后患。

(2) 人孔、手孔铁盖应符合设计要求。

(3) 人孔、手孔内装设的铁支架和电缆托板应用铸钢或型钢制成，不能是铸铁。

(4) 人孔、手孔内设置的拉力环应全部做好镀锌防锈处理，表面不应有裂纹、节瘤和锻接等缺陷，以免降低其机械强度。

(5) 用于砌筑的普通稀土砖或混凝土砌块等材料的强度等级应符合设计规定。

(6) 应采用天然砾石或人工碎石，不得使用风化石等不符合规定要求的石料。石料中不得含有树叶、草根和泥土等杂物。

(7) 应采用天然砂，平均粒径应符合标准，砂中不得含树叶、草根等杂物。

(8) 应使用可饮用的水，不得采用工业废水或生活污水以及含有硫化物的泉水，如发现水质可疑，应送有关部门化验，经检测鉴定后再确定可否使用。

2. 工程测量

工程测量包括直线测量、平面测量和高程测量。

(1) 直线测量：对已确定的管道路由附近的地形、地貌、房屋建筑物和其他地下管线设备的位置进行测量、调查，并校核设计施工图纸是否正确。

(2) 平面测量：应将管道段长和位置、人孔或手孔位置、引上或引入建筑物的管道以及弯曲管道的具体路由和位置等内容，测量和绘制成可供管道施工的平面图，还应标明园区内的道路界线、房屋建筑红线和各种地下管线等的位置。

(3) 高程测量：对管道路由上地形的高低进行测量。高程的测点主要选择在人孔或手孔的设置处、与其他地下管线的交叉点、地面有显著高差的地方以及对其他管道施工有关的测点。通过高程测量和计算，绘制出管道纵断面施工图，并在图中注明管道沟底高程、复土厚度、人孔坑底高程、人孔间的距离等内容。

3. 复测定线

复测定线包含定位的内容。通过复测，按工程测量的结果并结合设计施工图纸，对管道进行定线和定位。

4. 建管基础

(1) 挖掘管道沟槽和人孔坑。在铺设管道和建筑人孔之前，挖掘管道沟槽和人孔坑是一项劳动强度很大的施工项目，在设计和施工中都必须充分注意土方工程量的多少。此外，在施工过程中还应注意土质、地下水位和附近其他地下管线状况，以便确定挖掘施工方法和采取相应的保护措施。

(2) 处理沟底地基。沟底的地基是承受其上全部荷重(包括路面车辆、行人、堆积物、管顶到路面的覆土、电缆管道、电缆等所有重量)的地层，因此地基的结构必须坚实、稳定，否则会影响电缆管道的施工质量。

地基分为天然地基和人工地基两种。只有岩石类或坚硬的老土层可作为天然地基。一般的地层都需进行人工加固才能符合建筑管道的要求。经过人工加固的地基称为人工地基。目前，地基人工加固的方法很多，经济实用的方法有铺垫碎石加固和铺垫砂石加固两种。

5. 建设人孔

智能小区内的道路一般不会有极重的重载车辆通行，所以地下通信电缆管道上所用人孔以混合结构的建筑方式为主。人孔基础为素混凝土，人孔四壁为水泥砂浆砌砖形成墙体。

(1) 浇灌人孔基础。

现场浇灌人孔基础之前，必须对人孔坑底进行平整，切实对天然地基夯实压平，并采取碎石加固措施。碎石铺垫厚度为 20 cm，夯实到设计规定的高程。人工加固的地基面积应比浇灌的素混凝土基础四周各宽出 30~40 cm。

认真校核人孔基础的形状尺寸、方向和地基高度等项目，确认完全正确无误后，设置人孔基础模板(混凝土模型)。人孔基础一般采用 C10 或 C15 素混凝土，其配比应符合设计规定。浇灌时要不断捣固，使混凝土密实，不得出现跑模、漏浆等现象。

(2) 砌筑人孔四壁墙体。

人孔四壁必须与人孔基础保持垂直，允许偏差不应大于 ±1 cm。砌体顶部四角应水平一致，墙体顶部的高程允许偏差不应大于 ±2 cm。四壁与基础部分应结合严密，做到不漏水、不渗水，即结合部的内、外侧应用 1∶2.5 的水泥砂浆抹八字角，要严密贴实，表面光滑。

应使用不低于 M7.5 或 M10 的水泥砂浆，不得使用掺有白灰的混合砂浆或水泥失效的砂浆，确保墙体砌筑质量。砌筑的墙体表面应平整、美观，不得出现竖向通缝。砂浆缝宽度要求尽量均匀一致，一般为 1~1.5 cm。砖缝砂浆必须饱满严实，不得出现跑漏和空洞现象。管道进入人孔四壁的窗门位置应符合设计规定。管道四周与墙体应抹筑成圆弧形的喇叭口，不得松动或留有空隙。人孔内喇叭口的外表应整齐光滑、匀称，其抹面层应与人孔四壁墙体抹面层结合成整体。

(3) 人孔上覆。

为加快施工进度，人孔上覆一般采取预制件在现场组装拼成，并要求预制件的形状、尺寸以及组成件的数量等必须符合设计规定。人孔上覆定位组装后，其拼缝必须用 1∶2.5 的水泥砂浆涂抹，主要涂抹的部位有上覆预制件之间搭接缝的内、外侧和上覆预制件与四壁墙体间的内、外侧。

(4) 人孔口圈安装和管道及人孔回填土。

人孔口圈安装必须注意其与人孔上覆配套,其承载能力必须等于或大于人孔上覆的承载能力。管道和人孔回填土应在管道工程施工基本完成后进行,一般宜再养护 24 小时以上,并经隐蔽工程检验合格。人孔结构图如图 5-17 所示。

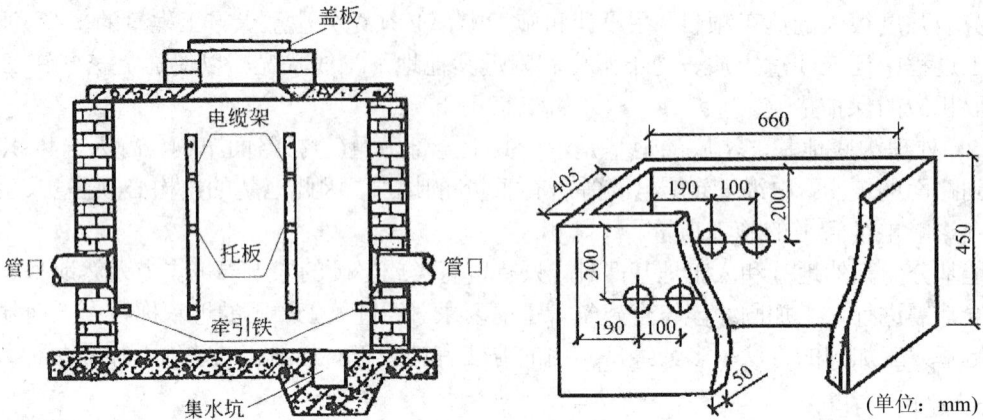

图 5-17　人孔结构图

6. 建设手孔

手孔内部规格尺寸较小,且是浅埋(最深仅 1.1 m),施工和维护人员难以在其内部操作主要工艺,一般是在地面将线缆接封完工后,再放入其中。

手孔结构基本是砖砌结构,通常为 240 mm 厚的四壁砖墙,如因现场断面的限制,也可改为 180 mm 或 115 mm 砖墙,其结构更为单薄。进入手孔的管道,其最底层的管孔与手孔的基础之间的最小距离不应小于 180 mm。手孔按大小规格分为五种,如表 5-4 所示。

表 5-4　手孔尺寸要求

手孔简称	手孔名称	规格尺寸/ mm			墙壁	手孔盖	适用场合	备注
		长	宽	深				
SSK	小手孔	500	400	400~700	墙壁厚度有 115 mm、180 mm 和 240 mm	1 块小手孔外盖	架空线缆或墙壁线缆引上用	手孔盖配以相应的外盖底座
SK1	一号手孔	840	450	500~1000	同上	1 块手孔外盖	可供几条线缆使用	手孔盖配以相应的外盖底座
SK2	二号手孔	950	840	800~1000	同上	2 块手孔外盖	可供 5~10 条线缆使用,可作为拐弯手孔或交接箱手孔	手孔盖配以相应的外盖底座
SK3	三号手孔	1450	840	500~1100	同上	3 块手孔外盖	可容纳 12 孔的配线管道	手孔盖配以相应的外盖底座
SK4	四号手孔	1900	450	500~1100	同上	4 块手孔外盖	最多容纳 24 孔的配线管道	手孔盖配以相应的外盖底座

7. 铺设地下管道

建筑群地下线缆管道铺设结构如图 5-18 所示。这种结构适合以下两种管道。

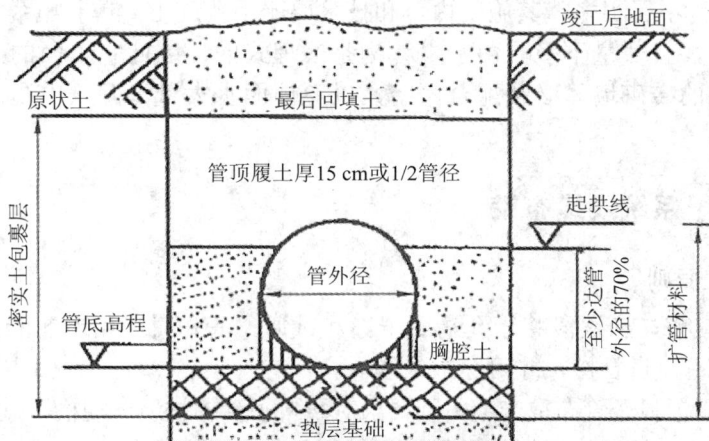

图 5-18　地下线缆管道铺设结构

(1) 铺设钢管。钢管一般采用对缝焊接钢管，严禁不同管径的钢管连接使用；接续方法一般采取管箍套接法；不需对地基加工，可直接铺设；管材间回填细土夯实。

钢管接续的具体质量要求有以下几点：

① 钢管套接前，管口应套丝，加工成圆锥形的外螺纹。螺纹必须清楚、完整、光滑，不应有毛刺和乱丝现象。

② 钢管接续前，应将钢管管口内侧锉平成坡边或磨圆，保证光滑、无刺。在管材的外螺纹上缠绕麻丝或石棉线，并涂抹白铅油。

③ 两根钢管分别旋入管箍的长度应大于管箍长度的 1/3。管箍拧紧后，不要把管口螺纹全部旋入，应露出 1、2 扣。钢管的对接缝一律置于管身上方。

(2) 铺设单孔双壁波纹塑料管(HDPE)。

① 沟槽的地基土壤结构必须坚实、稳定。当地基土壤松软且不稳定时，必须将沟槽底部平整夯实，并在上面进行人工加固。在有行人或车辆通过处，应浇筑混凝土加固。

② 当由多根单孔双壁波纹塑料管组成管群时，其断面组合排列应遵照设计规定。在铺设管道前，应先将所需的多根单孔双壁波纹塑料管捆扎成设计要求的管群断面，捆扎带用4 mm 直径的钢筋预先制成，一般以 1~2 m 为捆扎间距，同时将多根单孔双壁波纹塑料管采用专制的短塑料套管和配套的弹性密封胶圈连接。

③ 弹性密封胶圈的规格尺寸及物理机械性能应符合标准。各根管子的接续处都应互相错开。管群应按设计要求的位置放平、放稳。管群管孔端在人孔或手孔墙壁上的引出处放妥，并用水泥砂浆抹成喇叭口，以利于牵引线缆。

④ 将管群放在沟槽中，并在其周围填灌水泥砂浆，尤其应在捆扎带处形成钢筋混凝土的整体，增加管群的牢固程度。电缆沟按其建筑结构分为简易式、混合式、整浇式和预制式四种，各有特点，适用于不同场合。在智能小区主要采用混合式电缆沟。

8. 铺设混合式电缆沟

混合式电缆沟基本属于浅埋式的主体结构，底板为素混凝土，在现场浇灌筑成，其配比应根据料源和温度等条件确定；两侧壁是用水泥砂浆砌砖形成的砌体结构；外盖板为钢筋混凝土预制件，在现场按要求组装成整体，其结构与砖砌手孔的外盖板基本相同，只是规格尺寸不同，小了很多，其施工内容和技术要比手孔施工简单。电缆沟内预埋在侧壁的电缆铁件较小，且数量不多。由于电缆沟是浅埋式的，因此它上面的外盖板和相应的外盖底座或两侧的砖砌墙体必须配合严密，以免地面水大量渗漏入电缆沟中影响线缆的安全运行。

5.4.3　建筑群子系统线缆布设

1. 布线施工原则

(1) 敷设线缆前，应逐段将管孔清刷干净和试通。清扫时应用专制的清刷工具，清扫后应用试通棒试通检查合格，才可穿放线缆。

(2) 如果采用塑料子管布放光缆，则要求对塑料子管的材质、规格、盘长进行检查，均应符合设计规定。一般塑料子管的内径为光缆外径的 1.5 倍以上，一个 90 mm 管孔中布放两根以上的子管时，其子管等效总外径不宜大于管孔内径的 85%。

(3) 在建筑物之间敷设线缆，一般有管道、架空、直埋、墙挂和电缆沟几种方式。针对不同的通道模式，布线方式也不相同。

(4) 光缆一次牵引长度一般不应大于 1 km。超长距离时，应将光缆盘成倒 8 字形分段牵引或在中间适当地点增加辅助牵引，以减少光缆张力和提高施工效率。

(5) 为了在牵引过程中保护线缆外护套等不受损伤，在线缆穿入管孔或管道拐弯处与其他障碍物有交叉时，应采用导引装置或喇叭口保护管等保护。此外，根据需要可在光缆四周加涂中性润滑剂等材料，以减少牵引光缆时的摩擦阻力。

(6) 敷设线缆后，应依次在人孔或手孔中将线缆放置在规定的托板上，并应留有适当裕量，避免线缆过于绷紧。

2. 布线方法

(1) 小孔到小孔牵引布线，指线缆通过小孔从一处进入地下管道，经由小孔在另一处出来，如图 5-19 所示。

① 在牵引的出口点和入口点揭开管道堵头。

② 利用管道穿线器布放一条牵引绳。

③ 将线缆轴放在线轴支架上并使其与管道尽量成一直线。在管道口放置一个靴形的保护物，以防止牵引线缆时划破线缆的外护套。

④ 将牵引绳和线缆(通过合适的牵引头)连接起来，并确保连接点的牢固和平滑。

⑤ 一个人在管道的入口处将线缆放入管道，另一个人在管道的另一端平稳地牵引绳。

⑥ 继续牵引，直到线缆在管道的另一端露出为止。

(2) 手孔到手孔牵引布线。

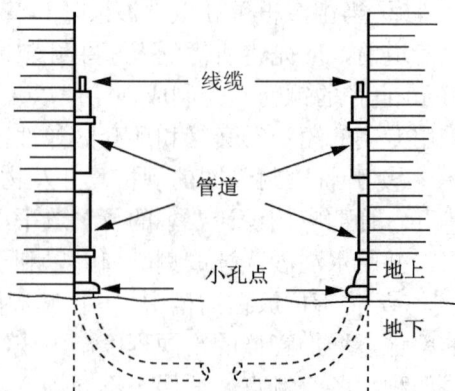

图 5-19　小孔到小孔牵引布线

① 先利用管道穿线器布放一条牵引绳。

② 将线缆轴安放到线缆支架上，要从卷轴的顶部馈送线缆。

③ 在两个手孔中使用绞车或其他硬件，如图 5-20 所示。

④ 将牵引绳通过一个芯钩或牵引孔眼固定在线缆上。

⑤ 为了保证管道边缘是平滑的，要安装一个引导装置(软塑料块)，以防止牵引线缆时管道孔边缘划破线缆保护层。

⑥ 一个人在线缆手孔处放线缆，另一个人或多个人在另一端的手孔处拉牵引绳，以便线缆被牵引到管道中去，如图 5-21 所示。

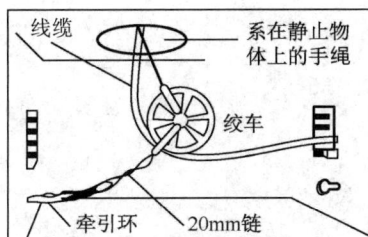

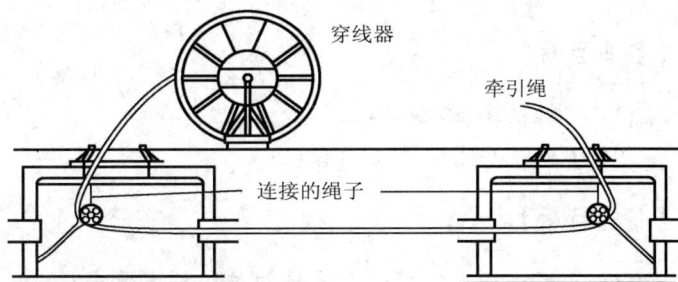

图 5-20　手孔到手孔牵引布线　　　　　　　图 5-21　管道布线牵引

(3) 机器辅助牵引布线。在长距离布线时，人工牵引线缆会非常困难，要用机器来辅助牵引线缆，步骤如下：

① 将装有绞绳的卡车停放在预作为线缆出口的手孔旁边。

② 将装有线缆轴的拖车停放在另一手孔旁边。卡车、拖车与管道都要对齐。

③ 将一条牵引绳从线缆轴手孔布放到绞车手孔。

④ 装配用于牵引的索具，在牵引非常重的线缆时，要不断地在索具上添加润滑剂。

⑤ 将牵引绳连接到绞车，启动绞车，保持平稳的速度进行牵引，直到线缆从手孔中露出来。注意，绞车的拉力不能超过规定值，以免拉断线缆。

实践与思考

项目6　综合布线机房工程的施工

【知识目标】

(1) 了解机房工程的施工特点；
(2) 了解机房内的施工内容。

【能力目标】

(1) 掌握机房内线缆通道系统的施工技术要求；
(2) 掌握机房内设备产品施工技术要求。

【项目背景】

机房是信息系统的重要组成部分，同时也是综合布线工程中重点建设的网络节点部分。机房内的布线系统及设备安装特点十分鲜明。特别是近些年，大型数据中心的发展越来越快，数据中心与综合布线的结合也越来越普及，因此综合布线工程对机房系统的施工要求也随之严格，各国相继出台了数据中心或中心机房布线系统的国家标准，如我国的 GB 50174—2017、国际标准 ISO/IEC 24764—2010、欧洲标准 EN 50173.5/1—2007 和北美标准 TIA 942—2005等。上述标准都对数据中心综合布线系统作了要求，中心机房系统作为独立的建设工程也逐渐被业界接受。

本章内容从综合布线系统中节点系统(电信间、设备间和进线间)的建设出发，结合数据中心布线系统的建设要求和内容，介绍机房工程施工的相关内容。

任务6.1　施工前准备

机房施工是布线工程的重要组成部分，有时也会作为独立工程进行，所以它有一套特有的施工流程和施工标准。

6.1.1　环境检查

机房一般都是一个较大的建筑空间，施工前应当对空间的环境进行全面的检查，以确定其与设计方案中的建筑环境是一致的，且已具备施工的基础条件。着重确认电信间、设备间和进线间的数量、位置、土建环境，以及设

机房施工

计方案中的网络结构和布线路由、防火消防、电力供应等相关问题,并进一步对设计方案进行现场核实。对于与设计方案不符的情况,需要与设计方及建设方进行沟通确认变更问题。此外,施工前需要在实施项目的原始现场留下照片作为证据。

电信间、设备间、进线间在布线施工前,环境应满足以下要求:

(1) 土建工程应已全部竣工,房屋地面应平整、光洁,门的高度和宽度应符合设计文件要求。

(2) 房屋预埋槽盒、暗管、孔洞和竖井的位置、数量、尺寸均应符合设计要求。

(3) 电信间、设备间、进线间应设置不少于两个单相交流 220 V/10 A 电源插座盒,每个电源插座的配电线路均装设保护器。设备供电电源应另行配置。电源插座宜嵌墙暗装,底部距地高度宜为 300 mm。

(4) 电信间、设备间、进线间、弱电竖井应提供可靠的接地等电位联结端子板,接地电阻值及接地导线规格应符合设计要求。

(5) 电信间、设备间、进线间的位置、面积、高度、通风、防火及环境温、湿度等因素及相应设备的安装应符合设计要求。

(6) 进线间引入管道的数量、组合排列以及与其他设施(如电气、水、燃气、下水道等)的位置及间距应符合设计要求。

(7) 进线间管线入口部位的处理应符合设计要求,并应采取排水及防止有害气体、水、虫等进入的措施。

6.1.2　材料准备

机房布线的产品与其所属综合布线系统的产品在设计标准、电气性能、机械规格上应保持一致。客观情况下,当中心机房按照数据中心标准独立建设时,因其对综合布线系统性能的要求更高,构造和用途也较为特别,所以具有区别于普通综合布线的三大不同点:第一,数据中心布线系统在设计时考虑的性能等级普遍高于普通综合布线工程设计;第二,数据中心产品在结构上作了针对性设计,与普通的综合布线工程产品外观和装配上有一定区别;第三,更加注重布线系统的管理。本节将结合数据中心的布线工程特点,着重阐述机房内综合布线的技术应用。

1. 线缆材料

综合布线认可的线缆标准理论上都可以应用于机房布线,但考虑到信息系统寿命周期的问题,建议新设计的机房布线采用传输带宽更高、可扩展性更强的产品。应根据链路类型、传输速率、传输距离、布线密度、场地与线缆敷设方式、防火要求等因素选择相应的线缆,如表 6-1 所示。

表 6-1　机房线缆选择用表

线缆级别	用　　途	传输速率	传输距离
Cat3/5$_E$/6/6$_A$/7 类双绞线	适合办公室/机房电话、传真、ADSL、VDSL 等低带宽应用	10 Mb/s	大于 1500 m
Cat5$_E$/6 类双绞线	应用于机房环境监控、设备连网、安防门禁等	100 Mb/s	100 m
Cat5$_E$/6/6$_A$/7 类双绞线	适用于机房水平铜缆传输链路,成本低,安装要求低;可用于普通服务器接入,也可以涵盖百兆的所有应用	1 Gb/s	100 m

线缆级别	用　途	传输速率	传输距离
Cat6$_A$/7/7$_A$/8 类双绞线	主要应用于高端数据中心水平布线,也可用于干线路由备份兼容性好,可扩展性强	10 Gb/s	100 m
OM1/OM2/OM3 多模光缆 (波长 850 nm)	主要应用于传统光纤布线链路,采用多模光缆,兼容性好,成本低,缺点是带宽偏低	1 Gb/s	275 m/550 m/800 m
多模/单模光缆 (波长 1300 nm)	主要应用于传统光纤布线,传输距离长,成本低,缺点是带宽偏低	10 Gb/s	550 m/3000 m 以上
OM1/OM2/OM3/OM4 光缆 (波长 850 nm)	主流 10 Gb/s 多模光纤布线应用,具有成本低、功耗低、光模块小等优点。在机房布线中主要用于主干线路连接。现今数据中心布线主要采用 OM3 以上等级多模光缆设计,300 m 以上的最长距离基本满足大多数数据中心布线的要求	10 Gb/s	33 m/82 m/300 m/550 m
OM1/OM2/OM3/OM4 光缆 (波长 1300 nm)	应用于优化的低成本多模 10 Gb/s 级传输方案中,对光纤线缆的要求低,成本低,功耗相对低;对旧数据中心光纤链路进行升级时,只更换设备或接口模块,即可完成 10 Gb/s 以太网升级	10 Gb/s	220 m
单模光缆 (波长 1310nm)	主流 10 Gb/s 单模光纤传输应用,具有成本低、功耗低等优点。在数据中心布线中主要用于主干连接,以及连接至进线间的布线通道	10 Gb/s	10 000 m
OM2 以上多模或单模光缆 (波长 850 nm)	主要用于大容量的存储设备、大型计算机等专用数据流传输接口,也可用于构建 Fiber Channel(光纤通道)	1 Gb/s 以上	500 m/1000 m

2. 通道材料

机房内包含了高度集中的网络和计算机设备,布线配线设备和设备之间需要敷设大量的通信线缆,因此合理地选用通道材料显得尤为重要。常见的布线通道产品主要分为开放式和封闭式两种。在早期的布线设计中,多采用封闭式的走线通道方式,如暗埋管道。随着机房布线对方便、快捷、升级、易于维护以及能耗等多方面要求的提高,工程中采用开放式布线通道产品已经越来越普遍。常见的机房内通道材料如下:

(1) 开放式桥架。开放式桥架分为网格式桥架、梯级式桥架和穿孔式桥架等几大类,GB 50174《电子信息系统机房设计规范》推荐在数据中心使用网格式桥架。金属网格式桥架采用金属钢条按不同的宽度规格进行焊接,形成 U 形的网格槽道,而后采用电镀工艺进行处理,防止其生锈和腐蚀。网格式桥架结构合理,镂空面积很大,具有轻便灵活、牢固、散热好、利于节能、安装快捷等特点。网格式桥架结构如图 6-1 所示。

梯级式桥架和穿孔式桥架都与网格式桥架有类似的功能和特点,但梯级式桥架用于垂直方向上的布线通道,穿孔式桥架承重优于网格式桥架,常用于布线密度较大的通道上。

图 6-1　网格式桥架结构

(2) 防静电地板。防静电地板是机房常用的通道设施和安全设施。GB 50174—2008《电子信息系统机房设计规范》对防静电地板在机房中的使用作了详细规定。它多用于计算机房、通信机房、数据处理中心、信息产业、实验室等，主要是作为机房线缆通道和接地功能存在的。防静电地板(如图 6-2 所示)构成的通道空间大、普及面广、外表美观，且可灵活拆卸，方便日后的布线施工及布线系统的维修维护。

图 6-2 防静电地板

(3) 封闭式桥架。封闭式桥架主要有槽式电缆桥架、托盘式电缆桥架、阻燃玻璃钢电缆桥架、抗腐蚀铝合金桥架等。选用封闭式桥架能提高项目的防护性能，延长使用寿命。封闭式桥架可以铺设在机房天花板内及防静电地板下，提高通道对线缆的保护性。

3. 机柜/机架

一般机房内的机柜既是布线机柜又是设备机柜，通常都采用标准的 19 英寸机柜，其宽度一般是 600 mm 或 800 mm，高度一般选择 2000 mm，进深为 600～1200 mm 不等。根据所安装设备类型的不同，机柜可分为网络机柜、服务器机柜和存储器机柜。

网络机柜内一般安装路由器、交换机等网络中间设备及其配线设备，这类设备一般体积较小，使用多为进深为 600 mm 的网络机柜；由于信息系统一般要求服务器的计算性能尽可能高，服务器设备内需要更多的部件，因此安装服务器的机柜进深会更深，一般选用进深为 960 mm 以上的服务器机柜；机房内的存储设备一般为大型磁盘阵列设备，这类设备体积更大，而且对环境有特殊要求，因此有时需要专用的机柜。由于机房建设需要顾及冷热通道的建设及外部美观，因此一般同一机房或区域内的机柜规格应保持一致。

对于数据中心，机柜的选型一般选择 960 mm 深度以上。考虑到空调及散热的问题，空调风道的输送方式和布线通道方式决定了数据中心机柜、机架的选型策略。常见的数据中心的机柜常布局成一个密封式走廊，从而形成良好的散热通道，如图 6-3 所示。

图 6-3 数据中心的集成机柜模块

4. 配线设备

项目 3 中讲到了铜缆和光缆的配线设备，如铜缆的 110 型配线架、RJ-45 模块化配线架，光缆的光纤配线架、配线箱等都是在机房系统里常用的配线设备，具体内容在此不再重复。这些配线设备在机房内一般有三个作用：第一，设备的接入。如 RJ-45 模块化配线架，通过跳线可直接将 24 口接入层交换机接入综合布线系统。第二，作为子系统的边界和接口。这种功能常用 110 型配线架和光纤配线箱，它们的作用是通过交叉连接将相邻的两个子系统分开，实现模块化设计和施工。如电信间里的 110 配线架底层可以端接配线子系统的线端，上层端接电信间内部的线缆，这样两个子系统就可以独立施工了。第三，管理功能。配线设备上都配有标记，可以对端口或线对进行相应的管理，同时也是综合布线管理子系统的重要组成部分。为了方便管理线缆和端口，还有专门的线缆管理设备实现对机房布线空间的整合，使系统中杂乱无章的设备线缆与跳线管理得到很大改善。机柜内的配线架管理标记如图 6-4 所示。

除了需要现场端接的配线架之外，为了方便机房施工，一些综合布线产品供应商还提供了预端接系统，如图 6-5 所示。预端接是一套高密度的，由工厂端接、测试并符合标准的模块式连接解决方案。预端接系统包括配线架、模块插盒、经过预端接的铜缆和光缆组件。预端接线缆两端可以是插座连接，也可以是插头连接，两端允许采用不同的接口。预端接系统的特点使得铜缆和光缆组成的链路或信道可以具备良好的传输性能；基于模块化设计的系统安装时可以快捷地连接系统部件，实现铜缆和光缆的即插即用，从而降低系统安装的成本，减少项目的周期。

图 6-4　机柜内的配线架管理标记

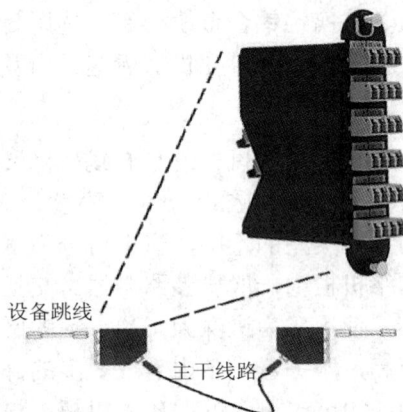

图 6-5　预端接系统

6.1.3　工具准备

机房内的建设任务主要包括通道建设、布线(机房通道布线、机柜内布线)、设备(机柜、配线设备、电子设备等)安装、端接工程、管理工程等。因此，在施工开始前应准备这些工程所需的施工工具。其中，端接工程将在项目 7 中详细讨论。

1．通道施工工具

同其他子系统的通道施工相比，项目 5 中对通道施工有详细讲述，机房内的通道施工基本原则和方法是一致的，在此不再详述。但其有自身特点，机房施工更注重灵活性和扩展性。其布线通道多以开放式桥架为主，并且在天花板或防静电地板下布线，这都属于灵活的室内布线。因此，此类工具一般包括手钻、打孔机、人字梯、桥架组装工具等。

2．布线工具

布线工具在机房使用有两种情况：一种如电信间、进线间这类简单的机房环境，可直接由配线子系统线缆直接引入机柜或机架，然后进行机柜内的布线；另一种像设备间这类比较复杂的中心机房，除了机柜内布线还有机房通道布线。由于机房内通道多为开放式通道，因此机房内布线往往比配线子系统或干线子系统布线简单。工具一般需要穿线器、滑轮、牵引机等。

3. 设备安装工具

设备安装主要包括机柜的组装、配线设备的安装、电子设备的安装等。其中，电子设备包括网络设备、服务器、存储器等信息系统中的设备，有时还包括机房环境设备如电池组、空调、空气净化器、换气扇、照明等，施工范围一般要根据工程承包模式来确定。本节仅按布线工程的施工范围考虑，所以施工内容仅包括机柜组装、安放和配线设备的安装，所需工具包括手钻、旋具、测电笔、美工刀、剪刀、活动扳手、卷尺、手电筒等通用工具。

4. 管理工具

对布线系统实现系统化的管理，是实施、验收、管理方面的重要工作，布线系统的管理工作包括标识管理和文档管理。定位和标识是布线系统标识管理的基础，这一工作主要是在机房系统建设中实施的，必须在机房系统设计阶段就进行统筹考虑，并在接下去的施工、测试和完成管理文档环节按规划统一实施，精确记录和标注每段线缆、每个设备和机柜/机架，让标识信息有效地向下一个环节传递。

传统的管理工具包括我们的标签和图表，这部分内容在项目 4 中有详细的介绍，但若是复杂的数据中心项目，使用传统的标签和图表可能会造成后期维护的困难，因此，越来越多的综合布线项目采用了布线系统管理软件或软硬结合的布线管理系统对布线系统进行管理。布线管理软件中最出名的是 VisualNet，如图 6-6 所示。它提供了一个图形化的设计管理框架，即通过易于理解的图形方式创建一个"虚拟现实"的布线工程环境，便于管理各种对象、数据以及相互之间复杂的连接关系。

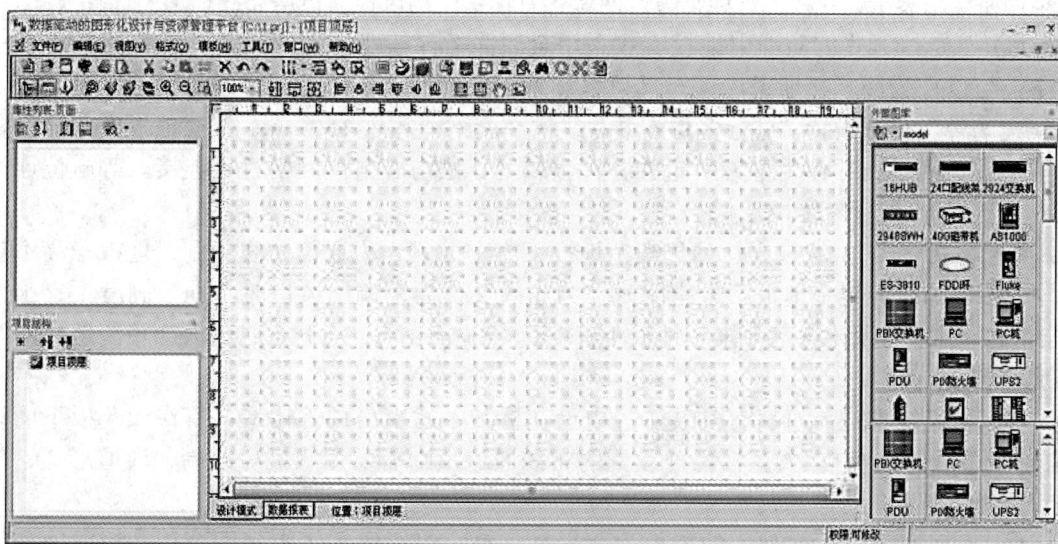

图 6-6　VisualNet 操作界面

任务6.2　完成电信间的施工

本节任务是结合电信间施工流程和特点，介绍机房施工中常用的施工工艺和注意事项。电信间一般规模较小，除按照设计方案进行数量、位置和环境的建设外，施工内容主要是线缆的施工、机柜的组装和配线设备的安装。

电信间施工

6.2.1　机房内通道的施工

1. 出入口配置

电信间是综合布线系统中接入层的网络节点，负责配线子系统线缆的引入与干线子系统线缆的引出，二者都是综合布线系统中主要的室内布线系统。因此，电信间内的室内线缆出入口工程在机房类施工中十分典型。

机房内的线缆引入、引出都需要有出入口。出入口的建设应遵守以下原则：

(1) 不同子系统的线缆不应在同一出入口进出，应分区设置，一般要设置场地标(色标)标记。

(2) 出入口孔径大小应根据进出线缆的数量和横截面积确定，且应留有余量，方便以后扩展。单孔直径一般不大于 100mm，若不够可增开并列出入孔，为了美观，并列开孔直径应一致。若线缆数量较多且开孔墙非承重墙，可开矩形出入口，但需设置支撑部件。

(3) 出入口应设置保护、密封装置，保护装置是为了防止布线时划伤线体，密封装置是为了阻燃和防止鼠患。

2. 走线通道

机房内的走线通道分为上走线和下走线两种方式，下走线一般是在防静电地板下方，上走线采用桥架吊装于天花板上方或下方。两者各有优劣，均可作为机房布线通道的选择方案。

(1) 下走线方式。防静电地板一般采用金属面板内铸水泥方式制作，在架空的底部空间中，可以作为冷、热通道，同时又可以设置线缆的通道。作为下走线的设计，通道可以按线缆的种类分开设置，进行多层安装，线槽高度不能超过 150mm。架空地板下应该设置等电位连接网格，并使用下方所走的各种金属管、槽与等电位网格进行连接。等电位连接网格的接地电阻应该为 1Ω。

根据 GB 50173 的规定，如果架空地板下方空间只作为通信布线使用，地板净高不宜小于 250mm；若架空地板下方空间既作为布线又作为空调出风口时，地板高度不宜小于400mm。国外的设计规范中推荐地板下净高为 900mm，并且下方通道顶部距离地板的距离应为 50mm 以上。

(2) 上走线方式。机房有安装防静电天花板和不适用吊顶等构造，有在天花板下面设计的走线通道，也有在天花板内部设置的布线通道，则需要注意机房净高、通道形式、位置、尺寸等问题。

① 机房净高：一般使用的机柜为两米高，气流组织所需机柜顶面至天花板的距离为500～700mm，尽量与架空地板下净高相近，故机房的净高不小于 2.6 m。

② 通道形式：天花板走线通道由开放式桥架(网格式桥架、梯形桥架)、封闭式桥架(线槽)和其安装附件组成。开放式桥架因具有方便线缆维护的特点，在新建的数据中心应用较广。

③ 位置：通道顶部距离楼板或其他障碍物应不小于 300mm，通道宽度不宜小于 100mm，高度不宜超过 150mm。

④ 尺寸：通道内横断面的线缆填充率不超过 50%。

⑤ 如存在多层的走线通道时，可以分层安装，光缆最好设在铜缆的上方。为了施工和检修方便，光缆和铜缆宜分开通道敷设。

⑥ 照明装置和消防装置的喷头应当设置于走线通道之间，不能直接放在通道的上面。机房采用气体灭火装置时，桥架应在消防气体管道的上方，不遮挡喷头、不阻碍气体。

⑦ 如果所有的机柜或机架的高度一致，天花板走线通道一般为悬挂安装。

(3) 走线通道敷设要求如下：

① 走线通道安装成牢固、横平竖直，沿走线通道水平向吊架左右偏差不应大于 10mm，高低偏差不大于 5mm。

② 走线通道与其他管道共架安装时，走线通道应布置在管架的一侧。

③ 走线通道内线缆垂直敷设时，在线缆的上端和每间隔 1.5 m 处应固定在通道的支架上；水平敷设时，在线缆的首、尾、转弯处及每间隔 3～5 m 处进行固定。

机房内的布线通道及配置要求如图 6-7 所示。

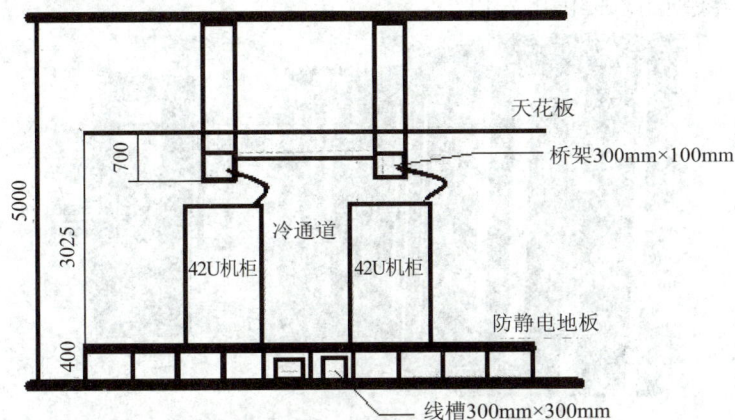

图 6-7 机房内布线通道及配置要求

3. 线缆的交叉与互连

线缆无论是引入还是引出，在机房中都要和机房内的配线设备相连。配线设备就是各段线缆之间的边界，这种边界有交叉连接和相互连接两种方式。

交叉连接是由专门的配线设备承接引入线缆，然后机房从该配线设备开始独立布线，连接机柜内的配线设备，并通过设备跳线与电子设备相连，如图 6-8 所示。同理，引出线缆也端接到专用配线设备上，然后过渡到下一个子系统。这种引入、引出方式，使得机房系统设计、施工独立，不受相邻子系统的实施情况影响，适用于大型布线系统。数据中心的总配线区就是这种结构。常用的专用配线设备为电缆的 110 型配线架或光缆的光纤配线箱。

相互连接是指引入或引出线缆，直接与机柜内配线设备相连，配线设备使用插接软线与电子设备相连，如图 6-9 所示。这种布线方式适用于布线规模较小、管理复杂度较低的机房系统，可以节约成本，减少施工难度。但一般只适合全承包的系统开发商在统一施工中使用，不适用于机房工程独立立项的工程。常用的配线设备为电缆的 RJ-45 模块化配线架或光缆的光纤配线架。

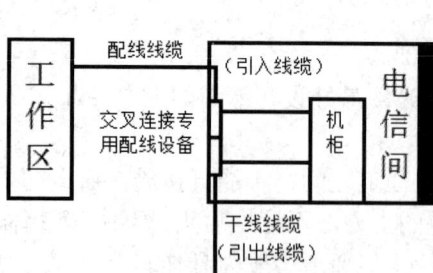

图 6-8　线缆交叉连接结构　　　　　　　　图 6-9　线缆相互连接结构

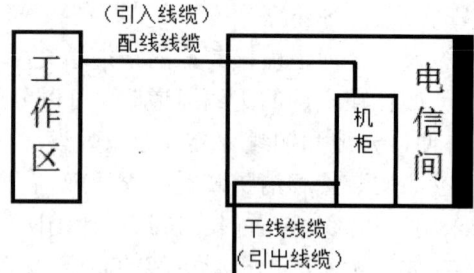

6.2.2　机柜的组装

机柜的组装在项目 3 中略有介绍，一般的标准机柜都是模块化组装，根据说明书即可完成组装工作。但在机房中，机柜的组装还需要根据布线系统的结构和机房内的布局综合考虑，如图 6-10 所示。联排的机柜需要去除侧边隔板并彼此固定，统一做好布线通道和散热通道，还要为线缆出入提供出入口。

图 6-10　机房内机柜布置施工

机柜的组装和安放工程一般根据产品说明书和设计方案来完成。若无特别说明，则在建设时注意机柜、机架或光纤配线箱的安装应符合以下要求：

(1) 垂直偏差度不应大于 3 mm。

(2) 机柜上的各种零件不得脱落或碰坏，漆面不应有脱落及划痕，各种标志应完整、清晰。

(3) 在公共场所安装配线箱时，壁嵌式箱体底边距地面不宜小于 1.5 m，墙挂式箱体底面距地面不宜小于 1.8 m。

(4) 门锁的启闭应灵活、可靠。

(5) 机柜、配线箱及桥架等设备的安装应牢固。当有抗震要求时，应按抗震设计进行加固。

此外，特别提醒的是机柜的接地系统，由于机柜的正门、侧门、后门与整体框架是分离的(接触部一般有绝缘漆)，因此二者的接地系统应通过接地线与机柜主体相连，才能起到接地效果，如图 6-11 所示。否则在开、关机柜门时还会有静电产生。

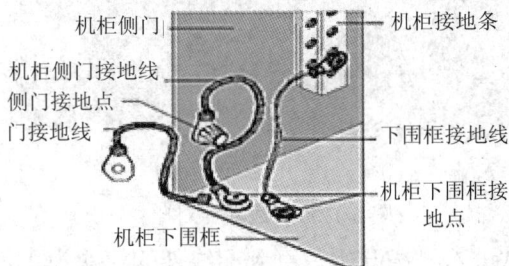

(a) 机柜门接地线安装前示意图

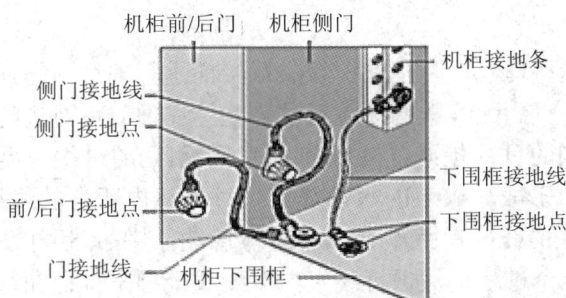

(b) 机柜门接地线安装后示意图

图 6-11　机柜内的接地系统

6.2.3　机房中的理线

在线缆进入机房后，会沿着桥架进入机柜配线架或壁挂配线架。在关注链路性能测试合格率的同时，人们也会关注美观和可维护性。这就需要对进入机房的线缆进行理线操作。理线是指在机房的进线孔至配线架的模块孔之间，将线缆理整齐。

在机柜正面，产品供应商已经制造出了各种造型的配线架、跳线管理器等部件，其正面的美观已经不成问题；而机柜后侧的美观，以及后续的链路管理都需要通过理线来完成。如图 6-12 所示，理线对机房建设的重要性是显而易见的。

(a) 理线前

(b) 理线后

图 6-12　理线前后对比

　　在机房内，每根线从进入机房开始，直到配线架的模块为止，都应做到横平竖直不交叉；并按电子设备排线的要求，做到每个弯角处都要固定，保证线缆在弯角处有一定的转弯半径，同时做到横平竖直。根据施工习惯和要求，机房内理线分为正向理线和逆向理线。

1．正向理线

　　正向理线也称前馈型理线，是指在配线架端接前进行理线。它往往从机房的进线口开始，将线缆逐段整理，直到配线架的模块后端为止。在理线后再进行端接和测试。

　　正向理线所要达到的目标是：自机房(或机房网络区)的进线口至配线机柜的水平线缆以每个配线架为单位，形成一束束的水平线束，每束线内所有的线缆全部平行(在短距离内的双绞线平行所产生的线间串扰不会影响总体性能)；在机柜内每束线顺势弯曲后敷设到各配线架的后侧，整个过程仍然保持线束内双绞线全程平行；在每个配线模块后侧从线束底部将该模块所对应的线抽出，核对无误后固定在模块后的托线架上或穿入配线架的模块孔内。

　　正向理线的优点是可以保证机房内线缆在每点都整齐，且不会出现线缆交叉；而缺点是如果线缆本身在穿线时已经损坏，则测试通不过会造成重新理线。因此，正向理线的前提是要保证线缆和穿线的质量。

　　现在，有些布线厂商已经推出了专用的理线器材来帮助理线，如图 6-13 所示。但需要占用额外的机柜/桥架空间，要求机柜/桥架具有更大的空间。这一点对于每个机柜中需要容纳数百根线而言，应该在施工前进行考虑。

图 6-13　理线器材帮助下的理线

2. 逆向理线

逆向理线也称为反向理线，是指在配线架的模块端接完毕并通过测试后，再进行理线。其方法是从模块开始向机柜外理线，同时桥架内也进行理线。这样做的优点是理线在测试后，不会因某根双绞线测试通不过而造成重新理线，不必担心机柜后侧的线缆长度。而缺点是逆向理线一般为人工理线，凭借肉眼和双手完成理线。由于机柜内有大量的电缆，在穿线时彼此交叉、缠绕，因此这一方法耗时很多，工作效率无法提高；同时两端(进线口和配线架)已经固定，在机房内的某一处必然会出现大量的余线(一般盘留在机柜的底部或顶部)。

3. 理线造型

(1) 瀑布造型理线。这是一种适合逆向理线的理线造型，常见于线缆从桥架垂放入机柜，机柜正面跳线整理以及壁挂式配线架的布线，如图 6-14 所示。这种理线方式是将线缆从配线架的模块上或桥架上直接将线缆垂直引出，即线缆不做任何绑扎，直接从上垂放至线缆出入口。在机柜后侧采用瀑布造型理线工艺时，常见于线缆从机柜底部出入，且配线设备集中在机柜底部。这种理线方式分布整齐时有一种很漂亮的层次感，同时节省人工，减少线间干扰(串扰)。

图 6-14 瀑布造型理线

瀑布造型理线也有以下缺陷：

① 每根线缆的重量将全部变成拉力，作用在模块的后侧。如果在端接点之前没有对线缆进行绑扎，那么这一拉力有可能引起断线故障。

② 因机柜内普遍没有内设光源，造成端接时不容易区分并列线缆，致使端接错误的概率上升。

③ 后期若安装新设备和线缆时会造成线缆交叉，若不及时处理就会造成理线的混乱。

(2) 分支递减造型理线。这种理线造型适合正向理线，即从机房线缆出入口开始正向理线，并将直线缆，到某机柜处将该机柜对应线缆分出，其余线缆继续前行，直到最远处机柜。机柜内部也是一样，从入口开始，主线束走机柜专用布线立柱通道，将每层配线架对应线缆分出，直至最后一个配线架端口。分支递减造型理线如图 6-15 所示。分支递减理线造型美观、管理方便，配合专用的理线器材，线路路由非常清晰，且这种布线固定稳固，使用寿命长，基本没有多余线缆，在机房布线中经常使用。

图 6-15　分支递减造型理线

6.2.4　配线设备的安装

配线设备是机房内用于端接线缆、管理链路、接入电子设备的重要连接器件。项目 3 中对电缆和光缆的配线设备有详细的介绍，本节主要讲述这些配线设备的安装工艺和注意事项。

1. 机柜内安装

机房内的大多数配线设备都可以安装在 19 英寸标准机柜里，用于接入电子设备和管理链路端口。这类配线设备有 RJ-45 模块化配线架、110A 型无腿跳线架、光纤配线架等，它们一般符合 19 英寸标准宽度，高度为 1～2U(1U=44.45 mm)。安装时利用两侧 M5 螺丝孔，用螺丝将这类配线设备与电子设备一起固定在机柜的支撑结构上，如图 6-16 所示。

图 6-16　机柜内配线设备安装实景图

机柜内安装配线设备有两种方式：一种是集中安装，即将该机柜内所有配线架集中安装在线缆多的出入口端，电子设备安装在另一端，二者通过机柜正面的设备跳线和端口相连，如图 6-17 所示。这种方式可以节省机柜内布线和理线的施工量，但增加了机柜正面跳线的长度，为了美观一般应使用理线器管理较长的设备跳线；同时因为电子设备的集中安装，增加了散热的难度，应该特别注意。另一种是分组安装，即一台或几台电子设备配备对应端口数量的配线架,并分组安装,如图 6-18 所示。这种安装方式设备与配线架距离近,跳线短,便于设备端口管理,并且机柜正面比较美观,但因为各组设备距离远,散热空间比较大,增加了机柜内的布线距离。

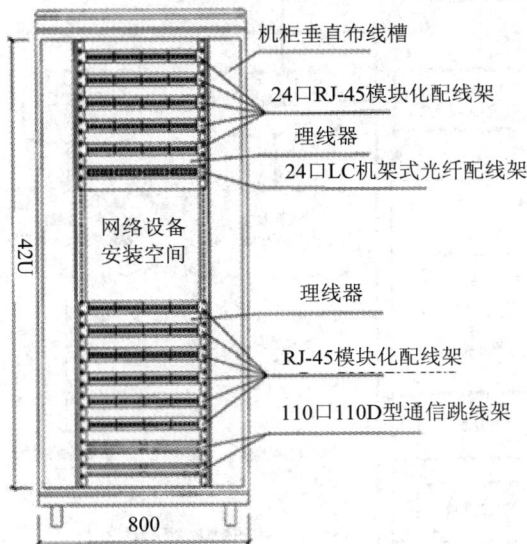

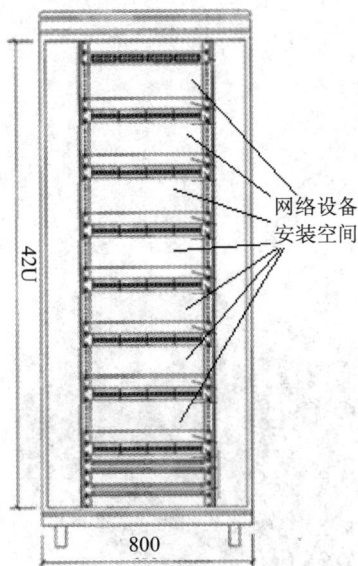

图 6-17　配线架机柜内集中安装图　　　　图 6-18　配线架机柜内分组安装

2. 机柜外安装

一些配线设备并不在机柜内安装,如 110P 型壁挂式配线架、光纤配线箱等。这类设备一般是交叉连接,是负责引入、引出线端接的,其中一些是高密度端接接口的专用配线设备,其安装方法应遵循设计方案及产品安装说明书。

任务6.3　完成设备间的施工

随着信息技术应用的升级,大型数据中心的建设越来越普及,以支持数据中心为目的的综合布线建设项目也逐渐被市场认可。设备间是综合布线系统的中心机房,在数据中心项目中更是重点建设对象,数据中心项目对设备间系统的建设提出了更高的要求。为顺应市场发展,本节任务依据国家标准 GB 50311—2016《综合布线设计规范》,并结合 GB 50174—2017《数据中心设计规范》,对设备间的施工建设进行详细说明。

设备间施工

6.3.1　数据中心的结构

根据 GB 50174—2017 中的内容,数据中心从结构上可以分成两大部分:一部分是支持空间,包括进线间、电信间、行政管理区、辅助区和支持区;另一部分是中心机房,其布线空间包含主配线区、中间配线区(可选)、水平配线区、区域配线区和设备配线区。数据中心的结构如图 6-19 所示。

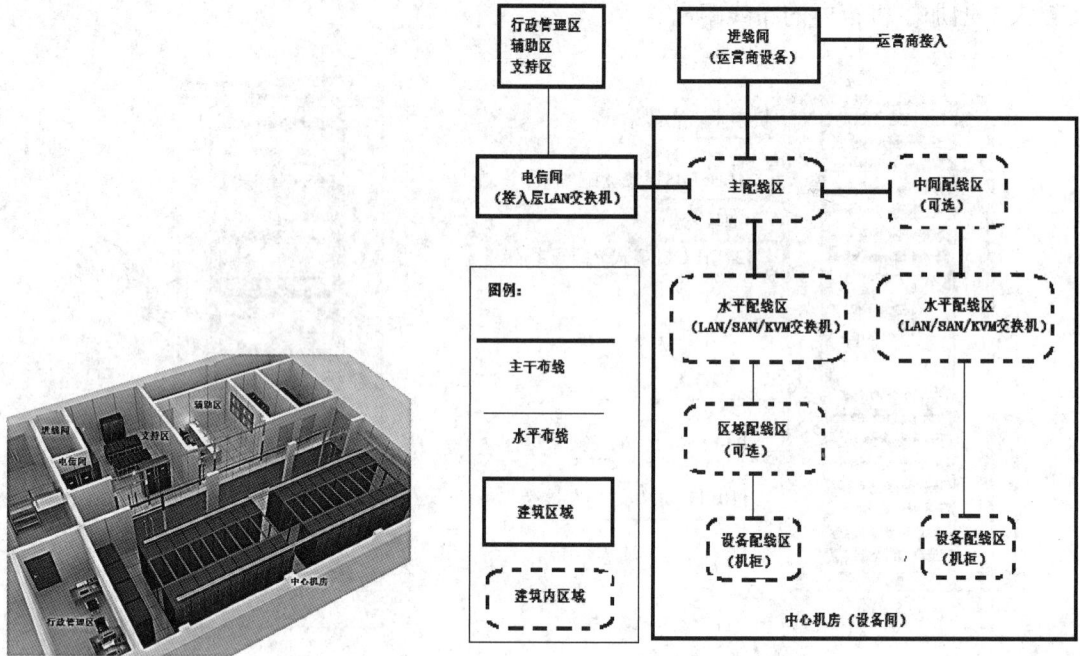

图 6-19　数据中心的结构

1. 主配线区(MDA)

主配线区包括主交叉连接(MC)配线设备,它是数据中心布线系统的中心配线点。当设备直接连接到主配线区时,主配线区可以包括水平交叉连接 (HC)的配线设备。主配线区可以在数据中心网络的核心路由器、核心交换机、核心存储区域网络交换设备和 PBX 设备的支持下,服务于一个或多个不同地点的数据中心内部的中间配线区、水平配线区或设备配线区,以及各个数据中心外部的电信间,并为办公区域、操作中心和其他一些外部支持区域提供服务和支持。运营商的设备(如 MUX 多路复用器)也被放置在该区域,以避免线缆超出额定传输距离;也可考虑数据中心布线系统及通信设备直接与进线间中的电信业务经营者的通信业务接入设施实现互通。

2. 中间配线区(IDA)

可选的中间配线区用于支持中间交叉连接(IC),常见于占据多个建筑物、多个楼层或多个房间的大型数据中心。每间房间、每个楼层甚至每个建筑物可以有一个或多个中间配线区,并服务一个或多个水平配线区和配线设备配线区,以及计算机房以外的一个或多个电信间。作为二级主干,交叉的配线设备位于主配线区和水平配线区之间。中间配线区可以包含有源设备。

3. 水平配线区(HDA)

水平配线区用来服务不直接连接到主配线区的 HC 设备。水平配线区主要包括水平配线设备、为终端设备服务的局域网交换机、存储区域网络交换机和 KVM 交换机。小型的数据中心可以不设水平配线区,由主配线区来支持。一个数据中心可以设置各个楼层的计算机机房,每一层至少含有一个水平配线区;如果设备配线区的设备水平配线距离超过水平线缆长度限制的要求,可以设置多个水平配线区。

4. 区域配线区(ZDA)

在大型计算机机房中,为了获得在水平配线区与终端设备之间更高的配置灵活性,水平布线系统中可以包含一个可选择的对接点,称为区域配线区。区域配线区位于设备经常移动或变化的区域,可以通过集合点(CP)的配线设施完成线缆的连接,也可以设置区域插座连接多个相邻区域的设备。区域配线区不能存在交叉连接,在同一个水平线缆布放路由中,不得超过一个区域配线区。区域配线区中不能使用有源设备。

5. 设备配线区(EDA)

设备配线区是分配给终端设备安装的空间,终端设备包含各类服务器、存储设备及相关外围设备等。设备配线区的水平线缆端接在固定于机柜或机架的连接硬件上。每个设备配线区的机柜或机架须设置数量充足的电源插座和连接硬件,使设备线缆和电源线的长度减少至最短距离。

6. 进线间

进线间是数据中心布线系统和外部配线及公用网络之间接口与互通交接的场地。进线间应该满足多家接入运营商的需要。基于安全的目的,进线间宜设置在机房之外。根据冗余级别或层次要求的不同,进线间可能需要多个。在数据中心面积非常大的情况下,设置多个进线间就显得非常必要,这是为了让进线间尽量与机房设备靠近,以便设备之间的连接线缆不超过线路的最大传输距离限制。小型数据中心进线间可以设置在计算机机房内,也可以与主配线区(MDA)合并。

7. 电信间

电信间是数据中心内除计算机机房以外的布线系统设备管理空间。它汇集了行政管理区、辅助区和支持区的通信线缆,并安置了为数据中心的正常办公及操作维护提供支持的通信、存储、应急电源等各种设备。电信间一般位于计算机机房外部,但是如果有需要,也可以和主配线区或水平配线区合并。

数据中心电信间与建筑物电信间属于功能相同、服务对象不同的空间。建筑物电信间主要服务于楼层的配线设施。基于数据中心运维的角度,计算机机房内部的键盘、鼠标、显示器切换器(KVM)和电源分配器(PDU)的远程控制连接可以选择通过电信间的网络接入,而独立于数据中心的网络系统。

8. 行政管理区

行政管理区是用于办公、管理等的场所,包括工作人员办公室、前台、值班室等。

9. 辅助区

辅助区是用于电子信息设备和软件的安装、调试、维护、运行监控和管理的场所,包括测试机房、监控中心、备件库、打印室、维修室、装卸室、用户工作室等区域。

10. 支持区

支持区是支持并保障完成信息处理过程和必要的技术作业的场所,包括变、配电室,柴油发电机房,不间断电源(UPS)室(可与配电室合并),电池室(可与 UPS 室合并),空调机房,消防设施用房和消防控制室等。

支持区可以以整个空间和设备安装场地为单位,设置相应的数据和语音信息点。对于先进的数据中心支持设备,如 UPS、电池组监控、精密空调、消防系统、配电监控、发电机等各系统应设置网络监控和管理接口,布线设计时须根据设备需要进行信息点设置。

6.3.2　设备间内的布局

设备间作为中心机房,其布局不仅要考虑空间问题,还有与之匹配的网络结构、环境因素、机柜设置方式等。

1. 网络结构

设备间(中心机房)根据规模的大小,可分为主配线区、水平配线区、区域配线区及设备配线区,如图 6-20 所示。其中,主干布线一般是交叉连接,而水平布线则是互相连接。在这里设备间规模的具体表现是主干布线的规模。传统建筑物设备间或小型数据中心一般为单间机房,通常结构为电信间通过干线与主配线区交叉连接,主配线区与机柜相互连接,如图 6-20 所示的链路 A;中型数据中心一般会占用多间机房,可以根据设备种类在不同房间中设置支持环境,这时需要在每个房间内设置水平配线区,如图 6-20 所示的链路 B;大型数据中心可能需要整栋建筑或若干栋建筑物作为设备间的空间支持,这就会增加中间配线区和区域配线区,如图 6-20 所示的链路 C。各区域一般按照场地标记分区管理。

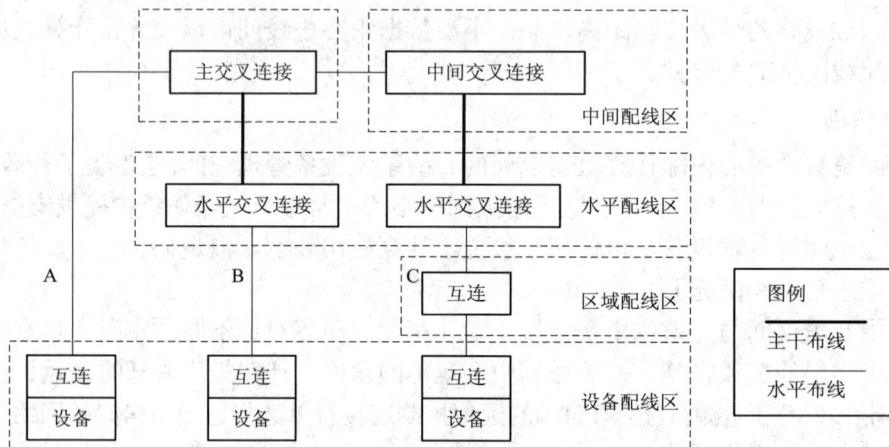

图 6-20　设备间网络结构示意图

2. 环境因素

项目 4 中强调,设备运行环境是设备间非常重要的设计内容,直接影响着设备的使用寿命和信息系统的故障率。环境要素包括温度、湿度、空气纯净度、供电、消防等。4.3.4节介绍了机房内机柜的冷热通道的设计,是设备间调节温湿度和空气纯净度的常用方法,供电、消防一般由支持区设备负责。

开放式机柜冷热通道在运行中损耗巨大,对于小型机房来说这种损耗可以接受,而大型数据中心中机房数量众多,每天的能耗巨大,这时的损耗就会相当可观。所以,大型的数据中心会使用封闭式的机柜组。图 6-21 所示的模组化机房设施将冷热通道的效果充分发挥出来，在机柜温度、湿度、空气纯净度的控制上达到精确高效。

图 6-21　设备间实景图

3. 机柜设置方式

根据网络交换机与配线设备的位置不同，中心机房可以实施列端(EoR)、列中(MoR)和顶部(ToR)三种机柜设置方式。

EoR(End-of-Row)列端设置方式是传统的数据中心布线设置方法，接入交换机集中安装在一列机柜端部的机柜内，通过水平线缆以永久链路方式连接设备柜内的主机/服务器/小型机设备。EoR 需要敷设大量的水平线缆连接到交换机，布线的成本较高，且布线通道中大量的数据线缆会降低冷通道的通风量。EoR 连接关系如图 6-22 所示。

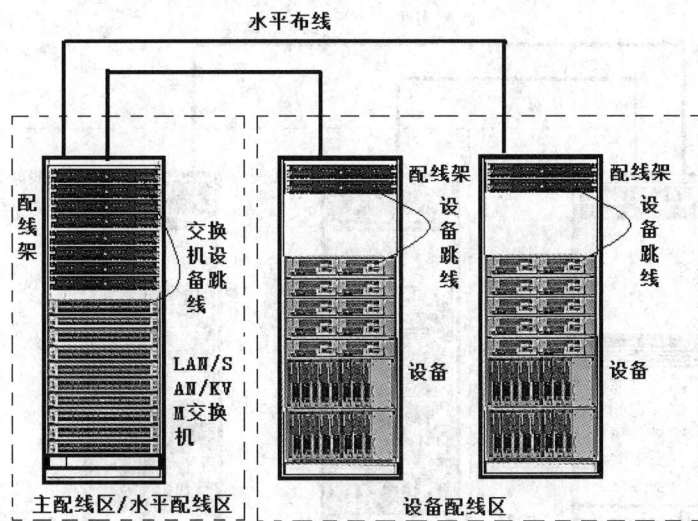

图 6-22　EoR 连接关系

MoR(Middle-of-Row)列中设置方式与 EoR 列端设置方式一样，同样是通过水平配线区机柜来汇集设备配线区的端口，将交换机设置在水平配线区进行有源连接。这种方式一般将水平配线区设置于一列机柜的中间，水平线缆从机柜出发向两边散开，可以减少线缆单向敷设时水平配线区机柜出线口外面线缆拥堵现象，并减少线缆的长度，也适合定制长度规格受限的预端接系统。MoR 连接关系如图 6-23 所示。

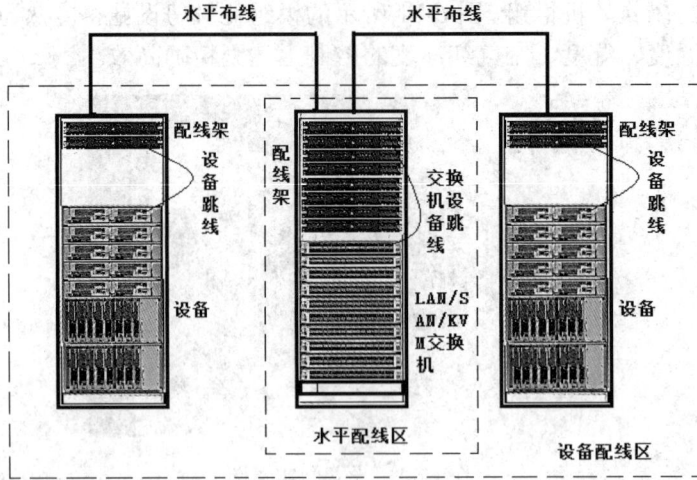

图 6-23　MoR 连接关系

ToR(Top-of-Rack)顶部设置方式是，将 1U 高度的接入层交换机放在每个设备配线区机柜顶部，通过光缆或铜缆以永久链路方式连接在水平配线区配线设备上，而机柜内的所有服务器通过设备线缆直接连接到 ToR 交换机。这样做的好处是，每一个机柜的所有设备通过跳线连接到交换机，交换机只要通过高带宽(如 10Gb/s)端口与水平配线区的交换机连接，原来每个机柜可能达到 20 根以上的线缆只通过一根即可达到同样效果，从而减少布线的难度和成本，并能节省安装的工作量。ToR 连接关系如图 6-24 所示。

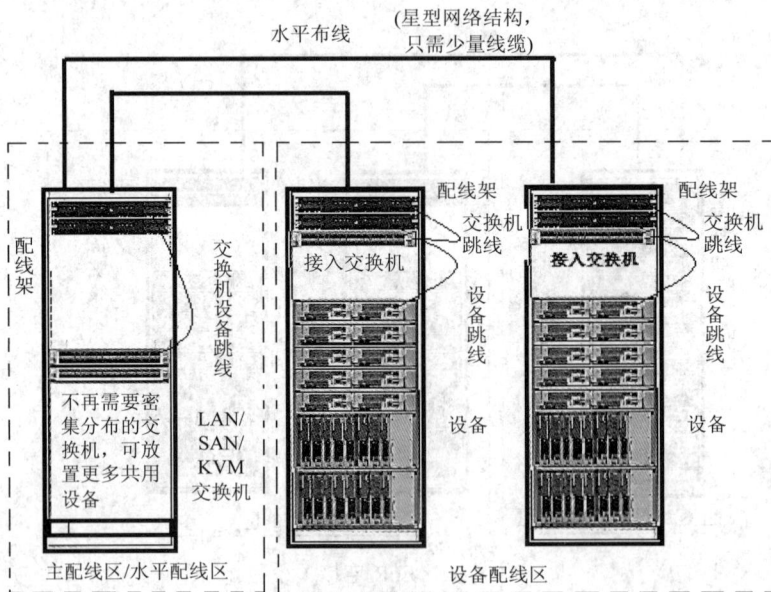

图 6-24　ToR 连接关系

6.3.3　设备间的管理工程

1. 机柜/机架标识方法

机柜/机架的标识一般采用定位的方法来编号。机柜/机架的摆放和分布可根据架空的地板块位置进行编排，即按照 ANSI/TIA/EIA—606 标准规定，在中心机房中使用两个字母或阿拉伯数字来标识每一块架空地板(600 mm × 600 mm 规格)。可先制作一个平面图或表格，平面图的水平采用英文字母标识，垂直采用数字标识。机柜/机架的位置，在设计时根据需要确定原点，再根据数量进行排列。画图时，需要注意机柜的尺寸规格，如 600 mm × 900 mm 的机柜，即需要占用 1 格半的地板分格，尺寸比例尽量做到统一，如图 6-25 所示。

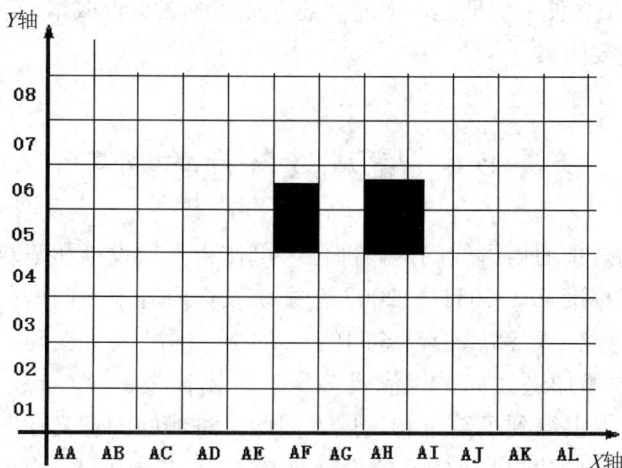

图 6-25　机柜/机架的标识

所有的机柜/机架应当在正面和背面黏贴标签，每一个机柜/机架应当有一个基于地板网格的坐标编号标识符，如果机柜的尺寸大于一个网格地板的尺寸，则应通过机柜的一个立角对应所在的网格地板坐标来确定。如图 6-25 中的 AH05，立角可以为机柜的左前角或右前角。在多层的数据中心里，楼层的标识应当作为个前缀增加到机柜或机架的编号中。如数据中心位于 2 层，则图中的 AF05 应标识为 2AF05。

2. 配线架标识方法

配线架的编号分为配线架标识和端口标识。其中，配线架的标识应由机柜/机架的编号和该配线架的位置来表示，位置的标识常采用 26 个英文字母(理线架不在编号范围中)自上而下编号，超过 26 个的配线架可用两位特别码来标识。

配线架端口的编号常采用两位或三位特别码来标识，如机柜 3AF05 中的第 2 个配线架 B 中的第 4 个端口可以被命名为 3AF05-B04，第 20 个端口则为 3AF05-B20，以此类推。因此，配线架端口标识的格式为

$$FXY-AN$$

其中：F 为楼层号；X 为地板网格行号；Y 为地板网格列号；A 为配线架位置编号；N 为配线架端口/线对/光纤芯号。

3. 线缆和跳线标识方法

连接的线缆上需要在两端都贴上标签标注其远端和近端的地址。线缆和跳线的管理标识方式为 P1/P2。其中：P1 为近端机柜/机架、配线架次序和端编号；P2 为远端的机柜/机架、配线架次序和端口编号。在布线施工和管理中，线缆编号的近、远端配线架所在的位

置是从主向次分配，即近端为主配线区，则远端为水平配线区；近端为水平配线区，则远端为设备配线区。

机房管理可采用软件和文档结合的方式。文档管理在项目4中已有介绍，它也是施工时常用的管理方式，但对于大型的数据中心工程建设和后期的维护管理，文档管理会很烦琐且易出错。而管理软件对布线系统端口和连接关系具有自动侦测、报警、建立日志等功能，给管理工作带来很多便利。但是，智能配线管理系统的造价成本一次性投入比较大，这也是阻碍其普及的重要因素。

任务 6.4　完成进线间的施工

进线间是建筑物外部通信管线的入口部位，可作为入口设施和建筑群配线设备的安装场地。进线间是国家标准 GB 50311—2007 在系统设计内容中专门增加的，在此之前其功能一直都属于设备间的一部分。标准要求在建筑物前期系统设计中增加进线间，以满足多家运营商需要。这一点在 GB 50311—2016 中也得到了继承和发展。因此，进线间的意义在于形成建筑物内外网络的边界。进线间的设计已在 4.3.5 节中讲述，本节任务主要详述在施工阶段需要注意的事项。

进线间施工

6.4.1　室外线缆的引入

根据设计原则，综合布线系统室外线缆引入建筑物内通常采用暗敷方式。引入管路从室外地下通信电缆管道的人孔或手孔接出，经过一段地下埋设后进入建筑物，这就是引入管路的一般形态，如图 6-26 所示。在这个结构中有几点需要在设计和施工过程中注意。

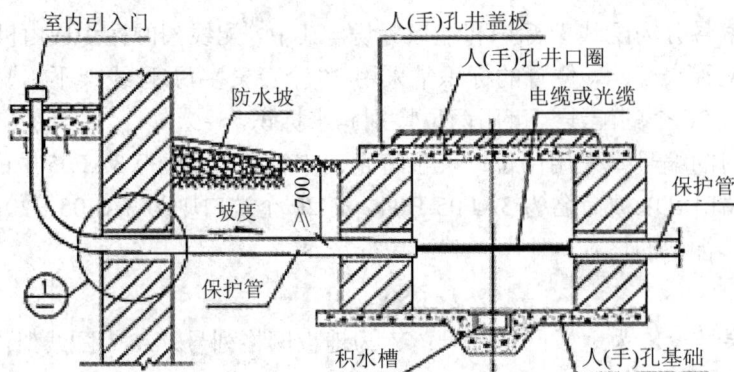

图 6-26　线缆引入结构图

1. 引入口位置

综合布线系统建筑物引入口的位置和方式的选择需要会同城建规划和电信部门确定，应留有扩展余地。引入口应靠近进线间，减少引入管道的长度和布线难度。引入口应与其他管路(供电、供水、燃气、暖气等)保持标准规定的距离,在施工过程中应处理好引入管路与其他管路的交叉、平行及引入口的位置。

2. 引入方式

由于建筑群子系统的线缆敷设方式有管道、隧道、直埋、架空等方式,因此不同的敷设方式其引入口的处理方式也不相同。不同室外布缆方式的引入如图 6-27 所示。值得注意的是,架空电(光)缆引入时一般先入地做直埋处理。引入施工时应注意线缆要留有余量,防止热胀冷缩。特别是光缆引入建筑物时,应在人(手)孔(井)内盘留 5～10 m 光缆,并将其盘成圆圈固定,半径一般为 200mm,方便日后维护使用。人孔内线缆的预留结构如图 6-28 所示。同时注意在引入管路中不得有两处以上 90° 拐弯。

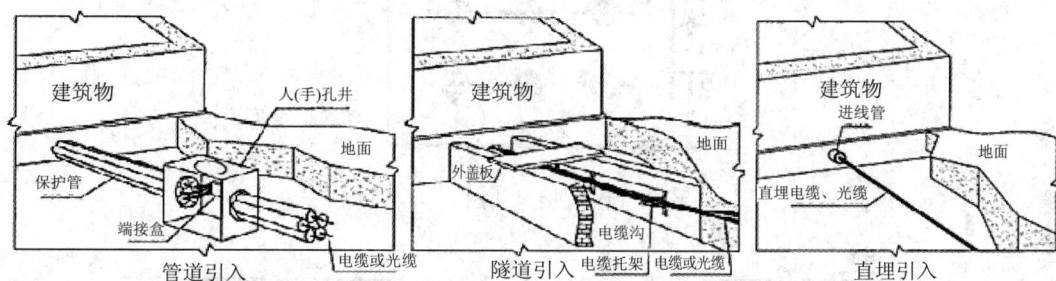

图 6-27　不同室外布缆方式的引入

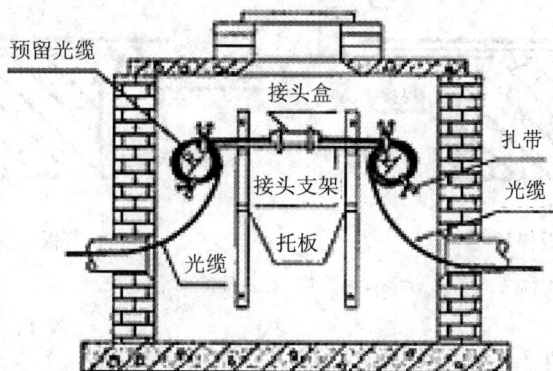

图 6-28　人孔内线缆的预留结构

3. 保护措施

(1) 防水保护。引入口外部的人孔(手孔)建设应符合设计要求,具有防水功能,井口圈应略高于地面,井下应有积水槽或排水管道;靠近外墙处应建有防水坡,防止雨水等沿建筑外墙积水倒灌入管线通道;保护管应有防水坡度,坡度不小于 4%;钢管要采取防腐防水措施;室内管道出口也应高于地面,防止室内有水意外进入通道。

(2) 防建筑应力。建筑由于受地基等自然条件影响,会发生沉降或风摆,特别是建筑外墙处会产生强大的应力,因此外部线缆引入口一般采用钢管作为保护管;此外还应用钢板焊接来加固保护管,防止应力对保护管造成挤压、拉伸,从而对线缆造成损伤。引入口处钢板焊接尺寸图如图 6-29(a)所示;焊接方式有单板和双板两种,如图 6-29(b)和(c)所示。

这个项目的施工应在建筑物土木阶段完成。对于入口钢管穿过墙基后应延伸到未扰动地段，以防出现内部应力。

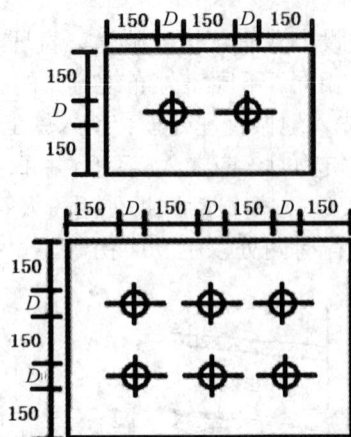

(a) 焊接尺寸图

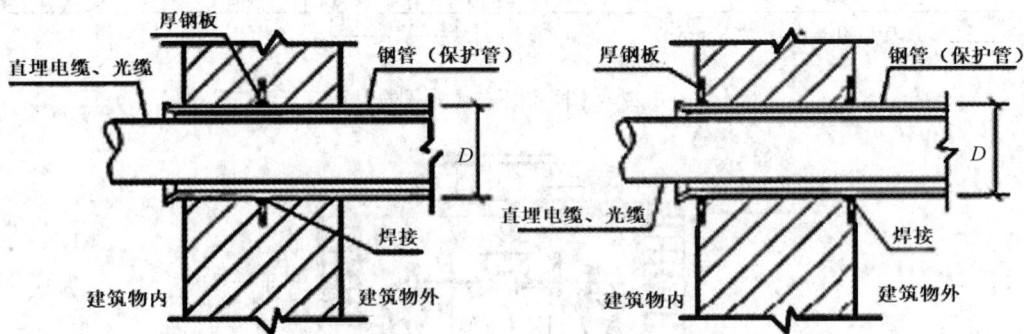

(b) 单板保护　　　　　　　　　　　　(c) 双板保护

图 6-29　引入口保护装置

6.4.2　进线间内的施工

进线间在综合布线系统中的作用就是负责引入外部线缆，是一个布线边界的存在，因此在这里的配线设备应是以交叉连接为主，但在总进线间可能存在一些通信供应商的设备互连接入综合布线系统的情况。

进线间内的线缆主要承接建筑群子系统的线缆及设备间的引出线缆，并将二者在进线间处交接。这两类线缆在当前技术下，基本上都是光缆(光链路此时比电链路的性价比高)。这里就以光缆为主介绍进线间布线施工要点。

如图 6-30(a)所示，在大多数情况下，当进线间与设备间距离较远时，可先从进线间至设备间敷设光缆，往往从地下或半地下层的进线间由竖井引至设备间所在楼层，在室外光缆引入进线间后，可引至光配线架或配线箱进行转接。光缆布放应在进线间留有冗余，一般室外光缆引入时预留长度为 5～10 m，室内光缆在设备端预留长度为 3～5 m。同理，电缆可利用交叉配线设备端接后引入。

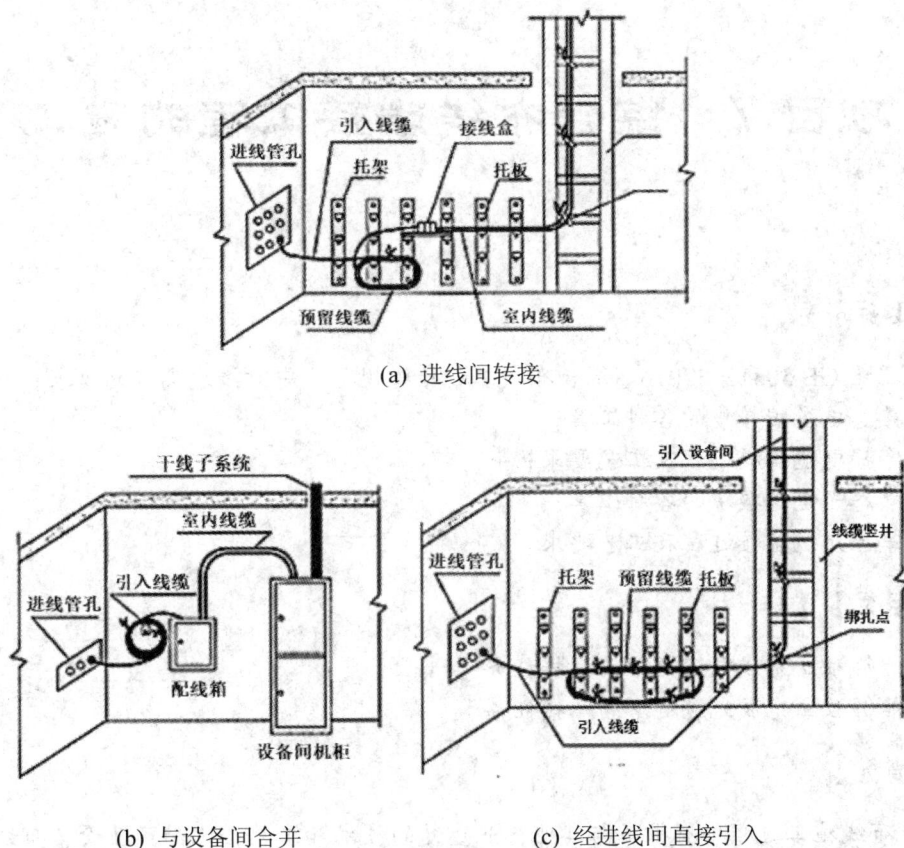

(a) 进线间转接

(b) 与设备间合并　　　　　　　　(c) 经进线间直接引入

图 6-30　进线间线缆引入

　　此外还有一些特殊情况,对于当室外线缆引入口离设备间很近时,可以不必设进线间,室外光缆可直接端接于设备间主配线区的光配线架(箱)上,转换为室内光缆后再敷设至主配线架或网络交换机,即进线间与设备间合并(如图 6-30(b)所示);当光缆数量较少且长度允许时,能够直接经进线间光纤托架进入竖井(如图 6-30(c)所示),这样可节省端接工程量和材料成本。

实践与思考

项目 7　综合布线端接工程的施工

【知识目标】

(1) 理解 GB 50312—2016《综合布线工程验收规范》中对线缆端接的要求；
(2) 熟悉电缆端接中的各种工具；
(3) 掌握电缆端接过程及工艺要求；
(4) 熟悉光缆端接中的各种工具；
(5) 掌握光缆端接过程及工艺要求。

【能力目标】

(1) 能够独立完成电缆链路的端接任务；
(2) 能够独立完成光缆链路的端接任务。

【项目背景】

综合布线施工过程中有很多与其他行业重复的技术和工艺，比如预埋管、布线、通道建设等，在建筑、水暖、供电等行业都有类似的施工工艺。但线缆的端接技术是综合布线行业特有的，其线缆、连接器结构及端接技术都与其他行业不同。

端接是综合布线系统工程中最为关键的步骤，它包括配线接续设备 (电信间、设备间、进线间)和通信引出端(工作区)处的安装施工。综合布线系统的故障绝大部分出现在链路的连接之处，会导致线路不通和衰减、串扰、回波损耗、衰减等电气指标不合格。故障不仅出现在某个连接点，也包含连接安装时不规范作业，如弯曲半径过小、开绞距离过长等引起的故障。所以，安装和维护综合布线系统的人员必须先进行严格培训，掌握线缆端接的技能。

从传输介质来看，综合布线系统包括电缆和光缆布线系统。双绞线布线系统包括 4 对双绞线系统和用于语音传输的大对数双绞线系统；光缆系统主要用于数据主干传输，少量用于水平链路。本项目从电缆和光缆的端接入手，通过理论和实践学习，全面掌握综合布线工程的线缆端接技术。

任务 7.1　端接前准备

很多工程人员会忽略施工前的环境检查，其实这是一项很重要的

端接准备

工作。环境检查可以事先排除很多外界干扰因素如交叉施工、线缆损坏等，发现问题及时整改，确保不会因外因问题造成端接工作的失败。

7.1.1   建筑环境检查

端接前应检查工作区、电信间、设备间及用户单元区域的土建工程是否已全部竣工，防止后续施工对端接效果造成影响。房屋地面应平整，没有杂物。房屋预埋槽盒的位置、数量、尺寸均应符合设计文件要求。

7.1.2   布线环境检查

端接前应检查工作区、电信间、设备间及用户单元区域的前期通道及布线工程是否已完工，机房的结构建设、环境建设及机柜内的布线是否已完成，且符合设计要求。同时，没有出现下列情况：

(1) 机柜、线缆或配线设备没有清楚的标识；

(2) 线缆有破损或连通性不合格；

(3) 预留线缆端头过短，特别是在工作区、机房里，光缆或大对数电缆的预留；

(4) 机房里机柜布局不合理，没有留下足够的端接操作空间；

(5) 没有安装防静电接地措施。

7.1.3   工具检查

因端接项目不同，施工工具也会有所不同。好的工具和安装工艺都是确保工程质量的重要因素。综合布线施工安装中，对于剪线、剥线、打线、压线等需要使用到不同的工具。市场上合格的品牌工具与杂牌工具的价格差别很大，很多小施工队为了降低成本经常使用不合格或超出使用寿命的安装工具，导致安装后的连通性和电气性能测试不合格、不稳定，这是一般小型工程最容易出现问题的原因之一。所以综合布线项目施工前，必须对工具作出严格的要求，对工具进行测试，同时禁止使用磨损很大的旧工具进行施工安装。

任务 7.2   完成电缆的端接工程

目前市场上，终端设备和一般的接入层网络设备仍以电信号通信为主，因此在布线系统的工作区、配线子系统及电信间，电缆材料还是被广泛使用。而电缆的端接在这些子系统中也是十分重要的工作。本节任务介绍各类电缆与连接器端接的工艺和要求。

电缆端接

7.2.1   双绞线跳线的端接

双绞线跳线是在工作区、电信间、设备间等电子设备较多的区域用量非常大，且大多数情况下都需要现场制作，因此作为综合布线工作者学会端接双绞线跳线是基本技能。本节以端接 RJ-45 水晶头为例，介绍双绞线跳线的端接方法。

1. 工具材料准备

如图 7-1 所示，制作双绞线跳线所需材料包括双绞线、RJ-45 水晶头、水晶头护套；工具包括压线钳、剪刀、剥线器、测线仪、卷尺。

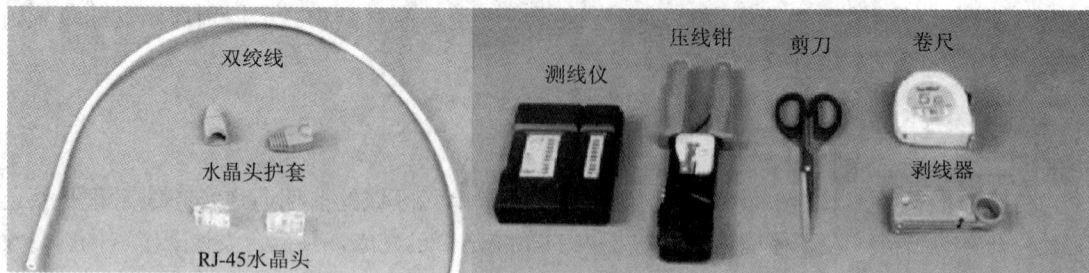

图 7-1　双绞线跳线端接所需的工具材料

2. 端接步骤

(1) 安装。水晶头护套应串入线缆上，方向不要弄反。

(2) 剥线。用双绞线剥线器将双绞线塑料外皮剥去 2～3 cm。

(3) 排线。将绿色线对与蓝色线对放在中间位置，橙色线对与棕色线对放在靠外的位置，形成左一橙、左二蓝、左三绿、左四棕的线对次序。

(4) 理线。小心地剥开每一线对(开绞)，并将线芯按 T568A/B 标准排序，将线芯拉直压平、挤紧理顺(朝一个方向紧靠)。

(5) 剪切。将裸露出的双绞线芯用压线钳、剪刀、斜口钳等工具整齐地剪切，只剩下约 13 mm 的长度。

(6) 插入。一手以拇指和中指捏住水晶头，并用食指抵住，水晶头的方向是金属引脚朝上、弹片朝下；另一只手捏住双绞线，用力缓缓将双绞线 8 条导线依序插入水晶头，并一直插到 8 个凹槽顶端。

(7) 检查。检查水晶头正面，查看线序是否正确；检查水晶头顶部，查看 8 根线芯是否都顶到顶部。

(8) 压接。确认无误后，将 RJ-45 水晶头推入压线钳夹槽，用力握紧压线钳，将突出在外面的针脚全部压入 RJ-45 水晶头内，此时 RJ-45 水晶头连接完成。

(9) 测试。使用测线仪测试双绞线跳线的连通性，若测线仪两端 1～8 信号灯依次亮起，则表明端接正确。

3. 注意事项

(1) 计算所需网线的长度，用卷尺测量，剪刀裁剪，注意应留有一定的裕量。

(2) 剥线时应调整剥线器刀片进深高度，由于剥线器可用于剥除多种直径的网线护套，每个厂家的网线护套直径也不相同，因此在每次制作前，必须调整剥线器刀片进深高度，保证在剥除网线外护套时，不划伤导线绝缘层或者铜导体。切割网线外护套时，刀片切入深度应控制在护套厚度的 60%～90%，而不是彻底切透，以免划伤线芯。剥线器刀片进深示意图如图 7-2 所示。

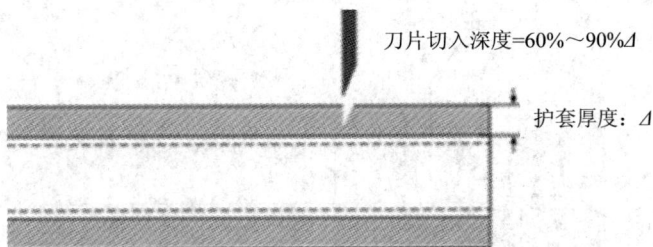

图 7-2　剥线器刀片进深示意图

(3) 8 芯导线插入的正确长度为 13 mm。为了保证电气连接可靠，要求 8 芯导线必须插到底，保证刀片的两个针刺都能扎入导线。根据水晶头机械结构，8 芯导线插入的正确长度应该为 13 mm(如图 7-3 所示)，保证两个针刺都能扎入导线。如果插入导线长度短，两个针刺都不能同时插入导线，则会造成开路，如图 7-4 所示；如果插入导线长度很长，虽然左端能够保证两个针刺都能插入导线，但是右端网线外护套不能被三角形压块压扁固定，从而导致网线容易拔出，如图 7-5 所示。

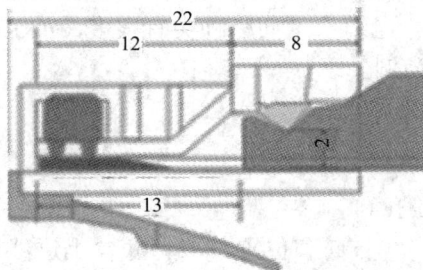

图 7-3　水晶头正确插入结构

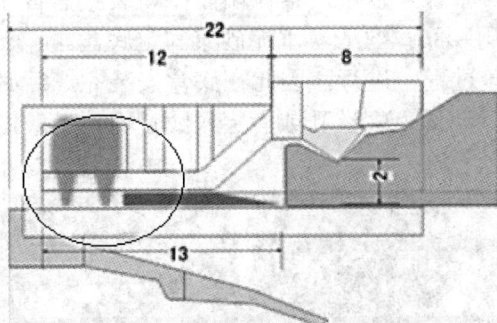

图 7-4　线芯过短导致后果示意图　　　　　图 7-5　线芯过长导致后果示意图

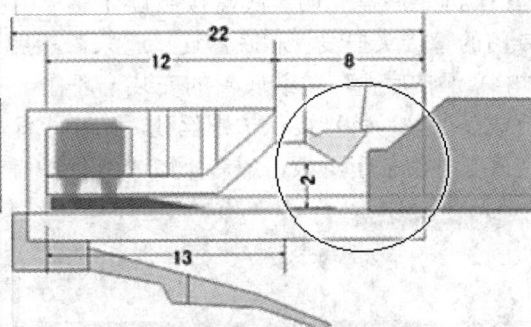

(4) 网线中一般都有一根撕拉线，在制作水晶头时，必须剪掉露出的撕拉线，因为撕拉线韧性很高，可能影响针刺插入导线。6 类跳线制作时，还应剪掉网线中间的塑料十字骨架。

(5) T568A 和 T568B 两种线序的电气属性是一致的。当跳线两端是同一线序端接的，称为连通跳线，用于终端设备与交换设备的连接；若两端线序不同，则称为交叉线，可实现两个终端设备的直接通信。此外，5$_E$ 类线缆应用于千兆网络时应采用 T568B 线序，因此现有工程为方便后期升级都采用 T568B 线序端接跳线。两种线序如图 7-6 所示。

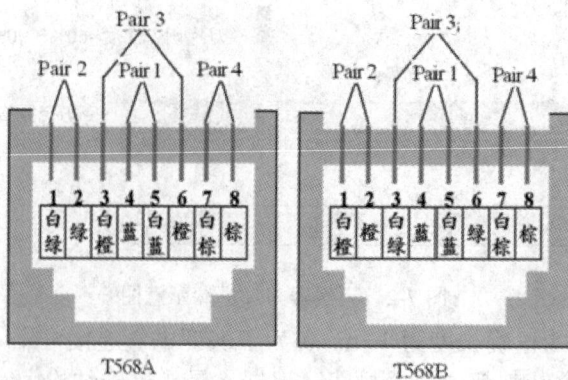

图 7-6　T568 线序示意图

7.2.2　电缆信息插座的端接

信息插座的安装是工作区最主要的建设工作，它包括底盒的安装、信息模块与水平子系统端接和信息面板的安装。电缆信息插座种类有很多，如 RJ-45、RJ-11、同轴电缆等。这里以最常见的 RJ-45 接口为例。

1. 插座底盒的安装

底盒安装如图 7-7 所示。

(1) 检查底盒质量和螺丝孔。

(2) 取掉挡板。根据进出线方向和位置，取掉底盒上进线预留孔中的挡板。注意需要保留其他方向上挡板，如果全部去掉后，在施工中水泥砂浆会灌入底盒。

(3) 固定底盒。明装底盒按照设计要求用膨胀螺丝直接固定在墙面；暗装底盒首先使用专门的管接头把线管和底盒连接起来，然后用膨胀螺丝或者水泥砂浆固定底盒。

(4) 保护底盒。暗装底盒的安装一般在土建过程中进行，因此在底盒安装完毕后必须进行成品保护，特别要保护螺丝孔，防止水泥砂浆灌入螺丝孔或者穿入线管内。一般做法是在底盒外侧盖上纸板，或者用胶带纸保护螺丝孔。

检查底盒　　　　取掉挡板　　　　固定底盒　　　　保护底盒

图 7-7　底盒安装示意图

2. 信息模块端接

信息模块端接需要的材料有 1 根双绞线、1 个信息模块、1 个防尘盖，工具包括剪刀、剥线器、打线钳、卷尺，如图 7-8 所示。

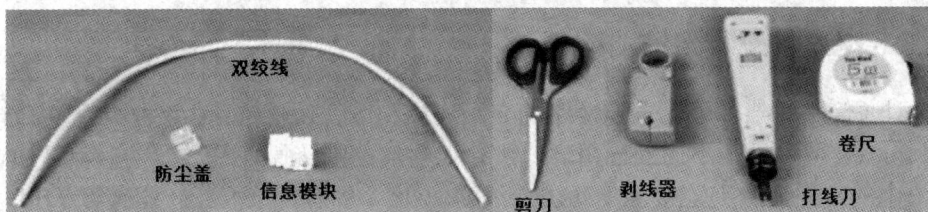

图 7-8　信息模块端接需要的材料和工具

信息模块端接的操作步骤如下：

(1) 计算所需网线的长度，并用卷尺测量，剪刀裁剪，注意应留有一定的裕量。

(2) 与水晶头端接一样，需要做好双绞线端头处理，并调整剥线器刀片进深高度，剥除网线外护套长度为 30 mm。剪掉撕拉线，6 类线还需要剪掉中间的十字骨架。

(3) 按照模块外壳侧面色标的线序，将 4 对双绞线拆开排好，如图 7-9(a)所示。

(4) 用手将 8 芯线压入信息模块对应的 8 个塑料线柱刀片中，如图 7-9(b)所示。注意检查线序是否正确。

(5) 用打线钳(即打线刀)将 8 根线芯压到塑料线柱底部，同时打断多余的线头，注意打线钳刀口的方向不可错放，如图 7-9(c)所示。

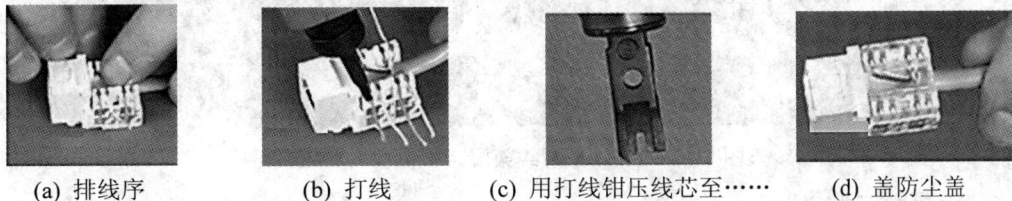

(6) 盖上防尘盖，如图 7-9(d)所示。

(a) 排线序　　　　(b) 打线　　　　(c) 用打线钳压线芯至……　　　(d) 盖防尘盖

图 7-9　网络模块端接的一些操作步骤

(7) 将模块卡装在面板上。一般先将固定卡扣卡入面板对应位置，然后将活动限位手柄卡入卡槽中，如图 7-10(a)所示。

3. 信息面板的安装

面板安装是信息插座最后一个工序，一般应该在端接模块后立即进行，以保护模块。如果双口面板上有网络和电话插口标记时，按照标记口位置安装；如果双口面板上没有标记时，宜将网络模块安装在左边，电话模块安装在右边，并且在面板表面做好标记。具体步骤如下：

(a) 模块卡装

(1) 固定面板。将卡装好模块的面板用两个螺丝固定在底盒上，要求横平竖直，用力均匀，固定牢固。特别注意墙面安装的面板为塑料制品，不能用力太大，以面板不变形为原则。

(2) 面板标记。面板安装完毕，立即做好标记，将信息点编号粘贴或者卡装在面板上。

(b) 成品保护

(3) 成品保护。在实际工程施工中，面板安装后，土建还需要修补面板周围的空洞，刷最后一次涂料，因此必须做好面板保护，防止污染。一般常用塑料薄膜保护面板，如图 7-10(b)所示。

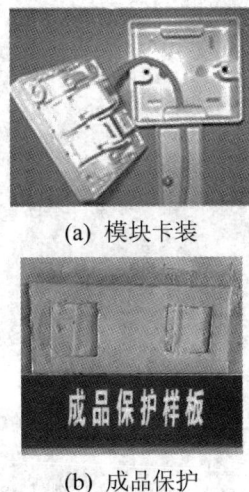

图 7-10　面板的卡装及保护

7.2.3　110 型通信跳线架的端接

110 型通信跳线架多用于电缆链路的交叉连接和语音通信链路。其种类很多，110A 型、110D 型、110P 型等用于不同的应用环境中，但它们的端接原理是一致的，都是通过 110C 型连接块中的双向刀片夹连接上下两层的线缆(项目 3 中有详细介绍)。本节以 110D 型无腿配线架的大对数电缆端接为例，讲述端接技术。

1. 材料与工具准备

110D 型配线架端接所需材料包括 110D 型无腿跳线架、跳线架配件(标签、塑料膜)、5 对连接块(110C 型)、25 对大对数电缆，所需工具包括斜口钳、横向开缆刀、绑扎带、打线刀、5 口打线刀，如图 7-11 所示。

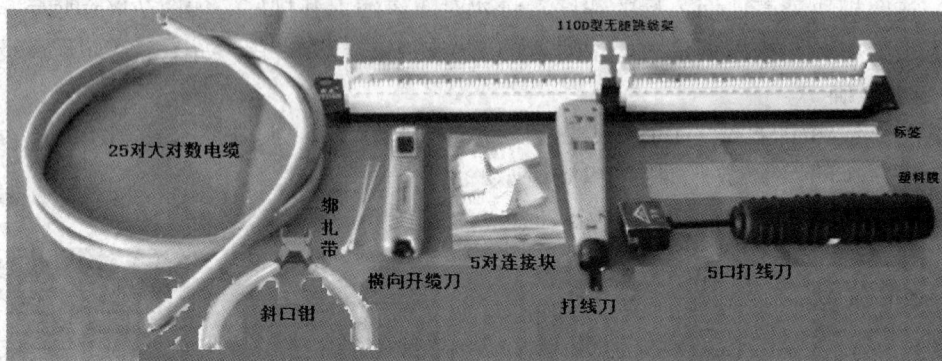

图 7-11　110D 型配线架端接所需材料和工具

2. 大对数开缆

大对数电缆内部结构如图 7-12 所示。

图 7-12　大对数电缆结构

开缆步骤如下：

(1) 调节横向开缆刀的刀片进深，使其划破电缆外护套进深约 60%～90%，以免划破线芯。

(2) 先在需开缆长度处(一般为 500 mm)用横向开缆刀环割 2、3 周，然后沿横向方向向线缆末端划割，最后用手沿划痕撕开外护套。

(3) 若开缆长度很长，可按步骤(2)开缆 200 mm 左右，露出撕拉线，利用撕拉线将外护套切割开。

(4) 剥去线对外的塑料薄膜，实现开缆。

(5) 用绑扎带将大对数电缆固定在配线架上，如图 7-13 所示。

图 7-13　大对数电缆固定在配线架

(6) 整理线对。将电缆的线对按其中主色线芯分成白、红、黑、黄、紫 5 束，每束中都有该束主色线芯与 5 种副色对绞的 5 对线对，如图 7-14 所示。

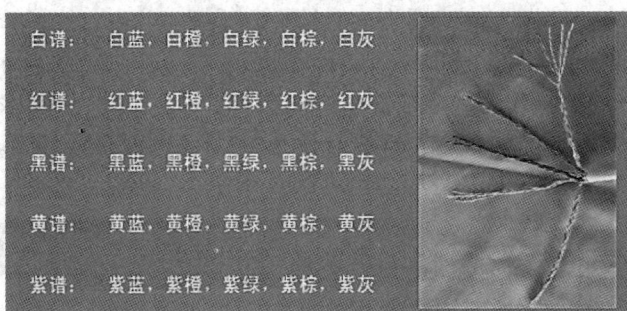

图 7-14　大对数电缆的分组理线

3. 端接过程

(1) 将线芯按配线架上的端接槽色标卡入相应线槽中，端接槽色标是按副色顺序重复 5 次排列，而这 5 次正好是 5 个主色的顺序，一侧的线槽可端接 1 根 25 对大对数电缆，如图 7-15 所示。

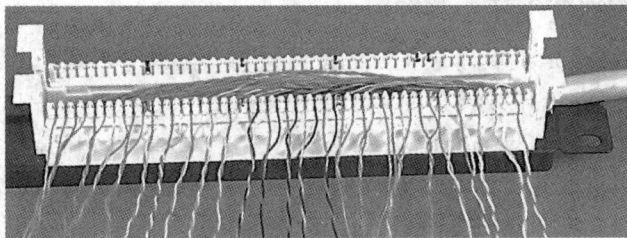

图 7-15　按色标顺序压入配线架

(2) 用打线刀将线芯打入端接槽，压接到位，并打去多余线端，如图 7-16 所示。

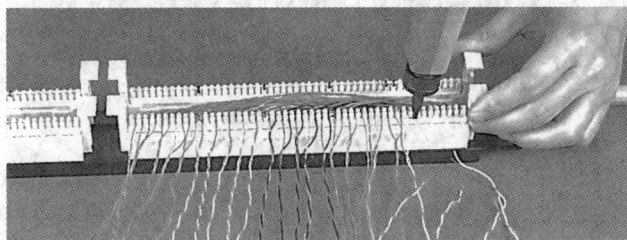

图 7-16　打线刀将线芯打入端接槽

(3) 安装 5 对连接块(110C 型)。用 5 口打线刀将 5 对连接块压接到已端接好线对的 110D 配线架上，依次完成 5 个主色区的连接块压接，如图 7-17 所示。

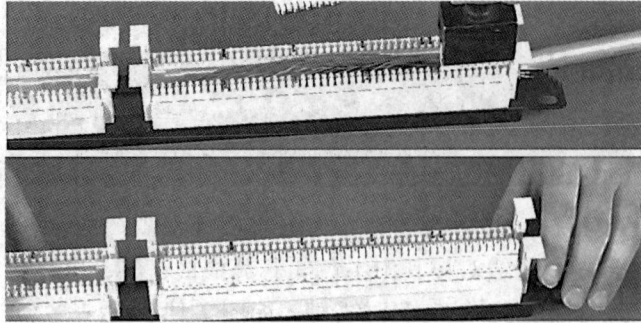

图 7-17　安装 5 对连接块

(4) 安装标签夹。按步骤(1)~(3)完成另一侧的端接工作后，将塑料膜放入两排线槽之间保护底层线对，并将标签纸放入标签夹中卡入两个线槽之间。纸质标签上的色标是上层交叉连接的线缆的端接线序，可以是 2 对(语音链路)或 4 对(网络链路)线缆，可根据需要进行设置。安装上层端接色标顺序标签夹如图 7-18 所示。

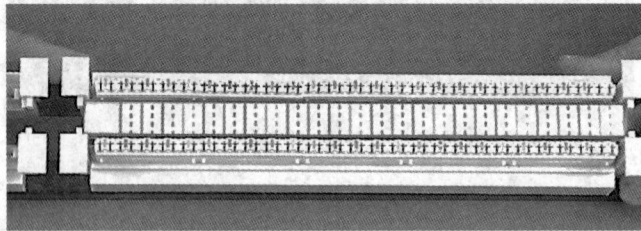

图 7-18　安装上层端接色标顺序标签夹

7.2.4　RJ-45 模块化配线架的端接

RJ-45 模块化配线架是机柜内最主要的配线设备，常见于设备配线区(机柜内)，采用互相连接模式负责各类 RJ-45 电缆接口的电子设备接入。一般每 24 个端口占用 1U 的空间，配线架每个模块和工作区的信息插座模块类似，正面是 RJ-45 接口与设备跳线相连，后端是 8 个接线槽。接线槽一般并排排列，有对应的色标卡标记接线槽应接入的水平线缆线芯颜色，如图 7-19 所示。

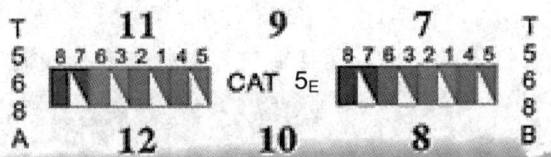

图 7-19　配线架接线槽色标卡

1. 工具材料准备

RJ-45 模块化配线架端接所需材料和工具如图 7-20 所示，主要材料包括 RJ-45 模块化配线架、8 芯双绞电缆，主要工具包括打线刀、斜口钳、剥线钳。

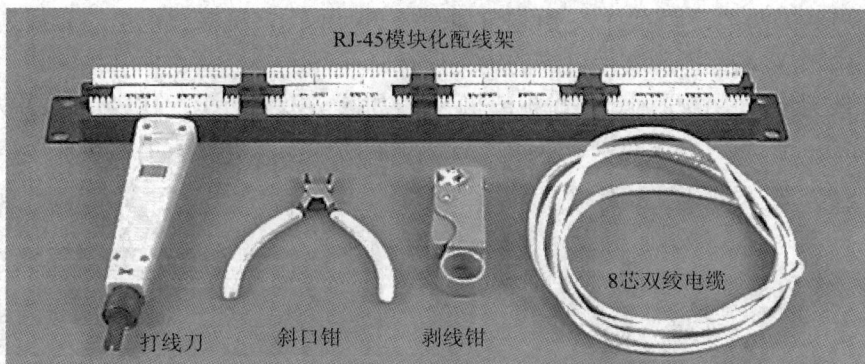

图 7-20　RJ-45 模块化配线架端接所需材料和工具

2. 端接步骤

(1) 调整剥线钳刀片进深高度，在距线缆端头 30 mm 处环切双绞电缆外护套 2、3 周，切入深度为护套 60%～90%，然后剥除外护套，剪去撕拉线或十字骨架，如图 7-21 所示。

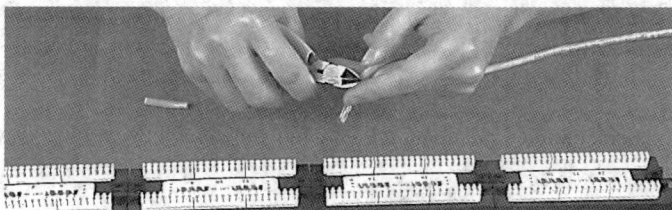

图 7-21　处理线缆端头

(2) 拆开线对，找到对应端口的接线槽，按色标卡上标记的线芯色标顺序排好线序，如图 7-22 所示。

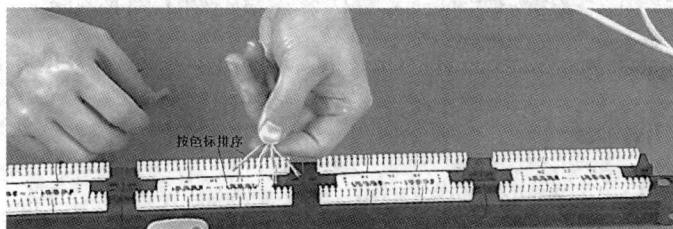

图 7-22　按色标卡标顺序排好线序

(3) 按理线要求确定线缆接入方向(如图 7-23 所示)，并将线芯按入对应线槽中，确保线序正确。

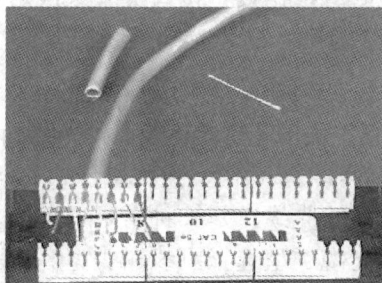

图 7-23　确定线缆接入方向

(4) 用打线刀将线芯垂直打入接线槽(如图 7-24 所示),确保线槽里的刀片划破线芯绝缘层,并将多余线端裁掉,实现可靠的电气连接。

(5) 配线架一般用螺母固定在机柜或机架上(如图 7-25 所示),一般与理线器匹配使用,理线器为连接在配线架前端的设备跳线及后端端接的线缆提供理线空间和管理。

图 7-24　线芯垂直打入接线槽

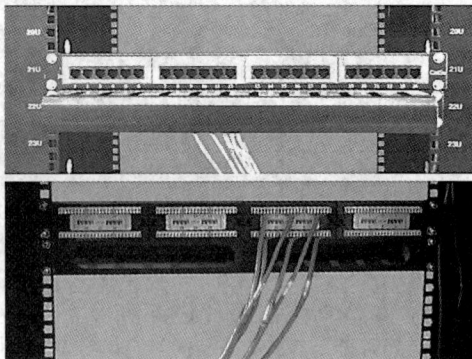

图 7-25　配线架固定在机柜上

任务7.3　完成光缆的端接工程

光缆作为新型通信介质,在通信行业的市场越来越成熟。从配套的通信设备到光纤到户、光纤到桌面的通信工程,光缆材料的应用越来越广泛,而且也是未来有线通信的发展方向。因此,光缆的端接技术需要新一代的布线工作者重点掌握。本节任务重点介绍不同光纤连接器的端接技术和要求。

光缆端接

7.3.1　光纤跳线的端接

和电缆跳线一样,光纤跳线被广泛应用于工作区信息插座、电信间、设备间等处的设备接入,由两端的快速连接器和单芯室内光缆组成。与电缆不同的是,光纤跳线的端接原理不是实现线缆与连接器的电气连接,而是实现光传播路径的通路。由前面所述可知,光纤分为单模、多模,连接器分为 SC、ST、FC 等外形和预埋型、直通型等结构,所以光纤跳线的种类非常多,实际应用时应根据设备接口类型来决定用什么样的光纤跳线。本节以多模 SC 直通型光纤连接器端接为例,详述光纤跳线的端接技术和要求。

1. 材料工具准备

光纤跳线端接所需材料包括 1 根单芯室内皮线多模光缆、两个 SC 直通型光纤连接器,工具包括光纤切割刀、定长导轨(器)、米勒钳、皮线剥线钳、酒精泵、脱脂棉等,如图 7-26 所示。本节选用的光缆是室内皮线光缆,是一种常用的室内光缆,所以剥线钳是专用的皮线剥线钳,现实操作中可根据光缆类型选择剥线钳类型。实验操作过程中应戴上护目镜及手套,防止光纤碎屑对工作者造成伤害。

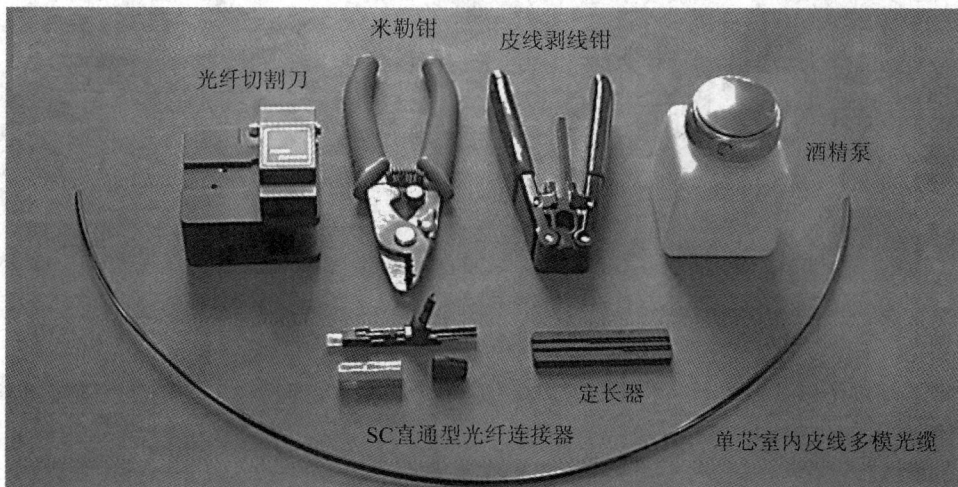

图 7-26 光纤跳线端接所需材料和工具

2. 端接步骤

(1) 检查光纤连接器端头清洁度，若不达标应进行清洁，然后打开螺帽和外壳，确保锁紧套位于连接器尾部。光纤连接器端头结构如图 7-27 所示。

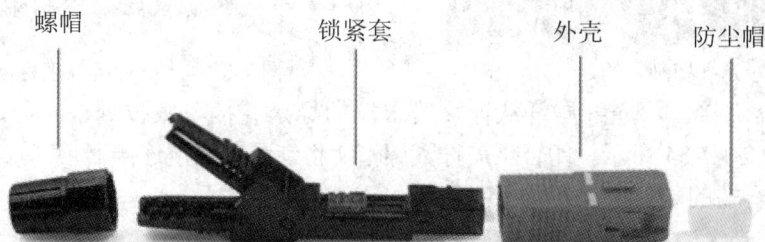

图 7-27 光纤连接器端头结构

(2) 开剥光缆。将皮线光缆插入皮线剥线钳内，在插入方向端头到达标尺 55 mm 处按下剥线钳手柄，听到响声后将光缆拔出，则可剥除 55 mm 长的光缆护套，如图 7-28 所示。

(3) 将剥除护套的光缆尾端放入定长导轨中确定尾纤长度，如图 7-29 所示。

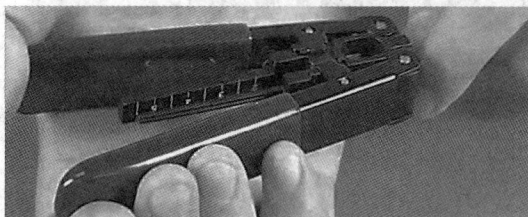

图 7-28 皮线光缆开剥

图 7-29 尾纤定长

(4) 使用米勒钳剥去定长外光纤尾纤上的涂覆层(如图 7-30 所示)，方便光纤切割刀进行光纤切割(涂覆层由柔性材料制作，如不剥去，切割刀很难将光纤切断)。

(5) 使用脱脂棉在酒精泵口上按 2、3 次，用 75%的医用酒精擦拭尾纤(酒精易挥发，不会带入连接器内)，如图 7-31 所示。

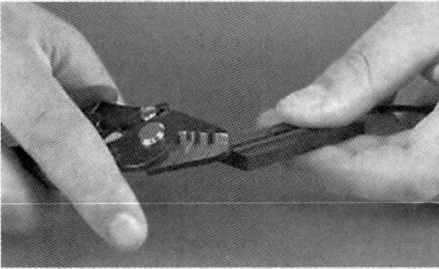

图 7-30　剥去光纤的涂覆层　　　　　　图 7-31　酒精擦拭尾纤

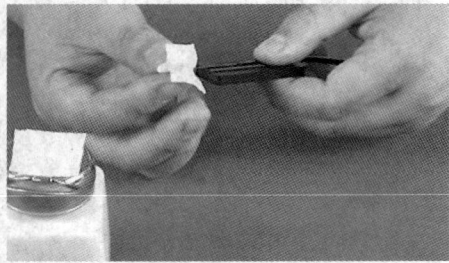

(6) 光纤切割。将光纤放入定长导轨中切割导轨内，将定长导轨放入光纤切割刀的定长导轨槽内，如图 7-32 所示。利用切割刀完成光纤切割，这时其切割出的光纤尾纤长度是符合端接要求的，如图 7-33 所示。

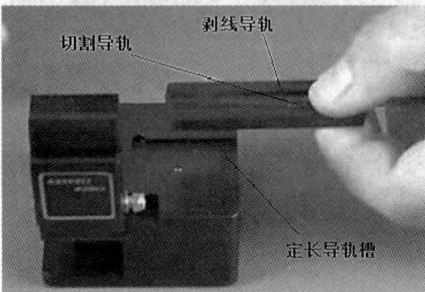

图 7-32　光纤切割刀的定长导轨槽　　　　　图 7-33　光纤尾纤长度标准

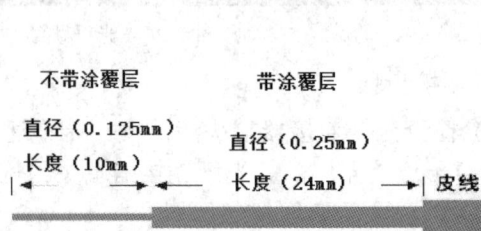

(7) 连接器端接。将光纤尾纤从连接器末端的导入孔插入限位处，光纤略有弯曲，说明接触良好，如图 7-34 所示。闭合压盖拧紧螺帽，将锁紧套推至连接器顶端，夹紧光纤，装配外壳，完成一端的端接，如图 7-35 所示。

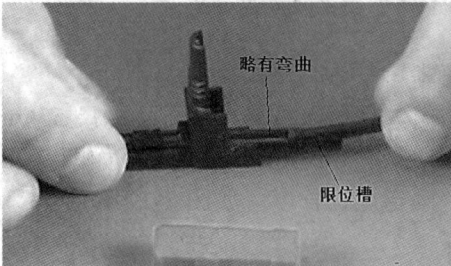

图 7-34　光纤尾纤插入连接器　　　　　图 7-35　装配光纤连接器

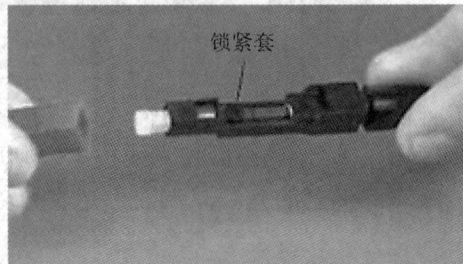

(8) 用同样的步骤完成另外一端的连接器端接，此时跳线制作完成，如图 7-36 所示。

(9) 使用红光笔或光功率计测试光纤跳线的连通性或衰减值，如图 7-37 所示。

图 7-36　跳线制作完成　　　　　图 7-37　光纤跳线测试

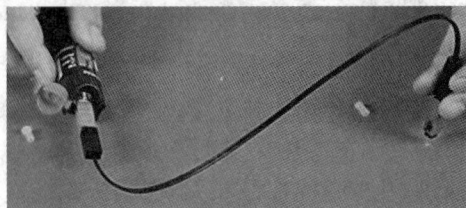

7.3.2   光纤冷接

除了利用快速连接器端接光纤用于建立光链路外，光纤的中继接续也是光通信工程中常用的端接技术，即在两个光纤尾纤间组成光通路。光纤接续的方法一般有两种：光纤冷接和光纤熔接。本节重点论述光纤冷接技术。

1. 基本原理

光纤冷接也称为机械接续，是把两根处理好端面的光纤固定在高精度 V 形槽中，人通过外径对准的方式实现光纤纤芯的对接，同时利用 V 形槽内的光纤匹配液填充光纤切割不平整所形成的端面间隙，如图 7-38 所示。这一过程完全无源，因此被称为冷接。

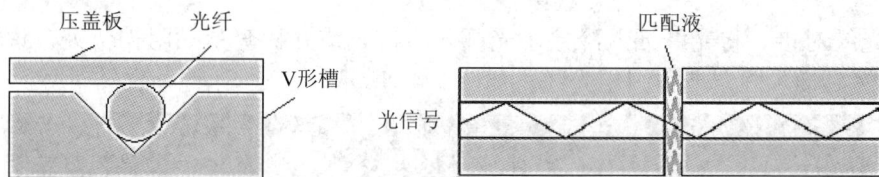

图 7-38   冷接的基本原理

现实中，这种 V 形槽和匹配液结构需要由光纤冷接产品"冷接子"来提供。在预埋型快速连接器中也存在这样的结构。

2. 工具材料准备

光纤冷接子的类型一般根据要接续的光缆类型选择，本书选用皮线光缆中的皮线冷接子作为使用对象，表述冷接子在光纤冷接中的端接工艺要求和注意事项。冷接所需的材料包括两根皮线光缆、1 套皮线冷接子，工具包括光纤切割刀、皮线剥线钳、米勒钳、酒精泵、定长导轨、脱脂棉等，如图 7-39 所示。

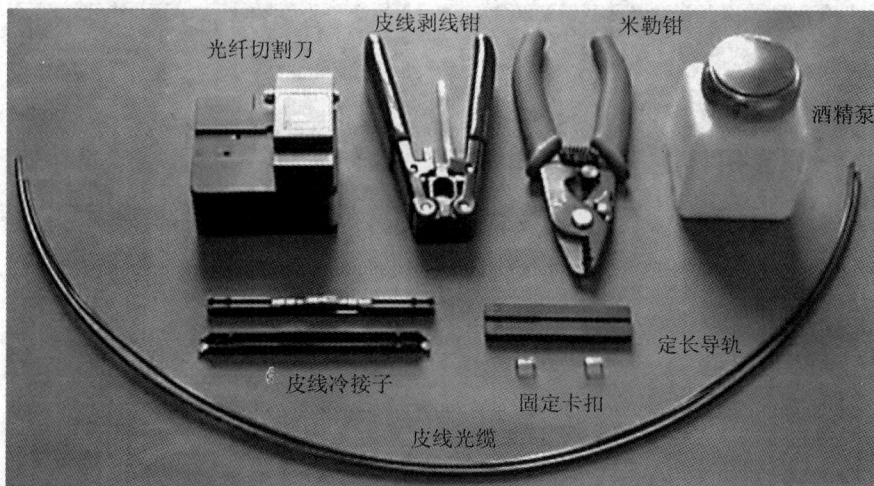

图 7-39   冷接所需的材料和工具

3. 端接步骤

(1) 光缆尾纤处理。重复 7.3.1 节的端接步骤中(2)～(6)，完成两根光纤尾纤的处理。

(2) 冷接子准备。将皮线冷接子上盖打开，取下固定卡扣，将冷接子核心两端的锁紧套推至两侧，如图 7-40 所示。

图 7-40　冷接子打开

(3) 光纤对接。将光纤插入冷接子光纤入口，光缆外护套紧贴阻挡位处，说明光纤插接到位，然后插入固定卡扣固定光缆，如图 7-41 所示。

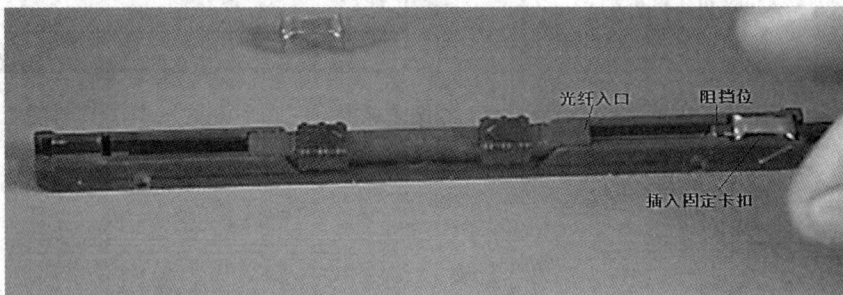

图 7-41　尾纤插入冷接子

(4) 用同样的方法插入另一端光纤，至两端光纤都略微弯曲，表明光纤对接成功，然后插入固定卡扣，将两端锁紧套推至中间位置，如图 7-42 所示。

图 7-42　光纤对接

(5) 盖上冷接子上盖，完成冷接子的接续端接，如图 7-43 所示。

图 7-43　冷接接续完成

(6) 待光缆两端快速连接器端接完成后，可利用红光笔及光功率计，测试链路的连通性及损耗。

4. 冷接优缺点

光纤冷接的优点在于：① 操作简单方便，一般光纤工具就可以实现操作，施工者不需要携带大型专用工具；② 接续成功率高，维护方便，而且冷接子便于携带，可以快速更换；③ 成本低，不需要购买昂贵的熔接设备，而且冷接子也可以重复使用。

光纤冷接的缺点在于：① 接续损耗高，不适用于信号衰减有要求的光链路；② 端接不牢靠，容易受拉扯力脱落，不适用于常移动的链路；③ 冷接子体积大，不适用于空间较小的端接空间，如插座底盒处；④ 易老化，即冷接子中的金属部件及油性匹配液会随着时间逐渐老化，从而影响链路质量(老化时长跟环境有关)。

7.3.3 光纤熔接

除了光纤冷接技术外，光纤熔接技术也是光纤接续中常用的方法。由于光纤的成分是塑料或玻璃，其熔点都比较低，因此可以直接对尾纤端头进行加热，将两根尾纤融合在一起形成光通路，这是光纤熔接的基本原理。

1. 注意事项

光纤熔接中最重要的是如何将两根光纤完美熔接在一起，不会发生错位或出现纤内气泡，造成链路故障。这就需要进行光纤对位、端面处理及合适的加热方式。光纤对位是将两根尾纤对接在同一个水平及垂直面上，且间隔距离不能太远，也不能发生对顶。端面处理是要保证熔接的两根光纤端面整齐平滑，若不规则，则极易在熔接过程中产生气泡。加热方式必须使端面光纤快速熔化，且不能熔化太长距离，否则会造成光纤结构的破坏。

由于以上要求，在熔接过程中就需要有光纤对位、端面检查及瞬间加热功能的专用工具。这种专用工具就是光纤熔接机。

2. 光纤熔接机

光纤熔接机主要用于光通信中光缆的施工和维护，一般工作原理是利用高压电弧将两光纤断面熔化的同时用高精度运动机构平缓推进，让两根光纤融合成一根，以实现光通路的接续。

普通光纤熔接机一般是指单芯光纤熔接机，除此之外，还有专门用来熔接带状光纤的带状光纤熔接机、熔接皮线光缆和跳线的皮线熔接机以及熔接保偏光纤的保偏光纤熔接机等。本书中只对普通光纤熔接机作介绍。

按照对准方式不同，光纤熔接机还可分为两大类：包层对准式和纤芯对准式，如图 7-44 所示。一般来说，包层对准式熔接机主要适用于要求不高的光纤入户等工程中的端接。这些工程所用光纤一般是室内多模光纤，纤芯直径较大，包层对准即可保证链路质量；而且因为这类熔接机没有使用精密对芯模块，所以价格相对较低，体积较小，便于携带和施工。纤芯对准式光纤熔接机配备了精密对芯机构、特殊设计的光学镜头及软件算法，能够准确识别光纤类型并自动选用与之相匹配的熔接模式来保证熔接质量，技术含量较高，因此多用于机房干线链路的接续。这类链路一般使用单模光纤，纤芯直径较小，一般的包层对准无法保证接续质量；同时，由于增加了精密部件，这类熔接机价格相对也会较高，体积较大，且施工时需要适当的工作环境。

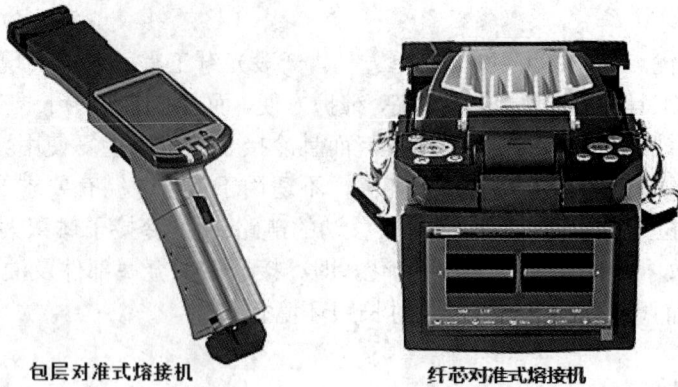

包层对准式熔接机　　　　　纤芯对准式熔接机

图 7-44　不同类型的光纤熔接机

3. 熔接操作步骤

由于熔接需要端面处理、对芯及熔接，其中对芯及熔接由熔接机负责，端面处理需要通过尾纤处理来实现，因此光纤熔接需要光纤熔接机、光纤切割刀、米勒钳、酒精泵、脱脂棉、定长导轨等工具。由于对芯光纤熔接应用范围较广，且多用于光纤配线架内的光纤熔接，本节就以此为例，介绍光纤的熔接步骤。

(1) 开剥光缆，并将光缆固定在接续盒或配线架的固定位置上。

(2) 将不同束管、不同色标的光纤分开，穿过热缩管，如图 7-45 所示。热缩管受热后会紧缩，可以用来保护光纤熔接点。

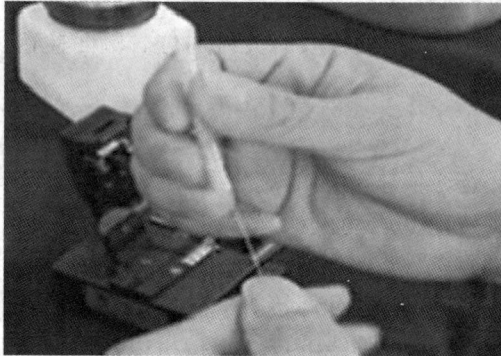

图 7-45　穿热缩管

(3) 制作对接光纤端面。该过程重复 7.3.1 节的端接步骤中(2)～(6)步骤，完成需要熔接的光纤尾纤端面处理。光纤端面制作的好坏将直接影响光纤熔接后的传输质量，所以在熔接前一定要做好熔接光纤的端面。

(4) 准备熔接机。将熔接机主机放置在离熔接点最近的固定平面上，清扫熔接机表面及熔接区的灰尘杂质，连接好电源线，打开熔接机电源，根据要熔接的光纤类型和操作类型设置好熔接程序，如图 7-46 所示。

(5) 放置光纤。将光纤放在熔接机的 V 形槽中(如图 7-47 所示)，小心压上光纤压板和光纤夹具，并根据光纤切割长度设置光纤在压板中的位置，一般将对接的光纤切割面靠近电极尖端位置，关上防风罩，按"SET"键即可自动完成熔接。需要的时间根据使用的熔接机而不同，一般需要 8～10 s。

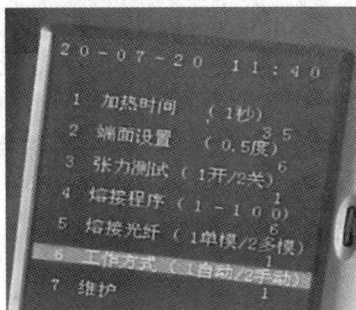

图 7-46　设置熔接程序

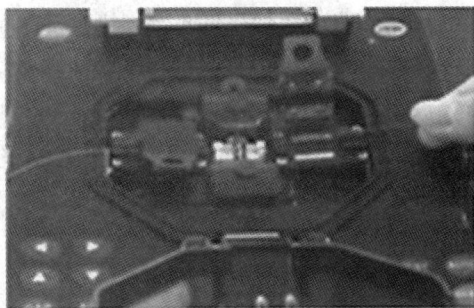

图 7-47　光纤放在熔接机的 V 形槽中

（6）用加热炉加热热缩管。打开防风罩，把光纤从熔接机上取出，再将热缩管推放在熔接点的裸纤处，热缩管要能完全覆盖裸纤，所以选择热缩管和剥除光纤时应注意长度，热缩管可选择 20 mm、40 mm 及 60 mm 的。将热缩管放到加热炉中加热，如图 7-48 所示。加热时可继续操作下一根光纤的熔接。

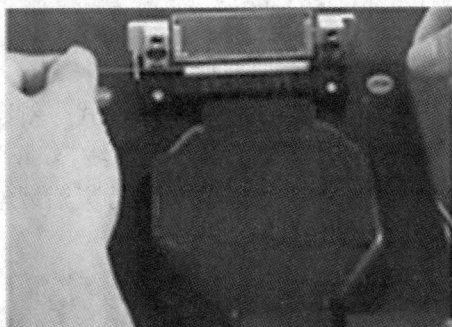

图 7-48　加热炉加热热缩管

（7）盘纤固定。将接续好的光纤盘放到光纤盘纤盒内，盘纤的曲率半径越大，整个线路的损耗越小。一般盘纤盒内还要有固定热缩管的位置，盘纤时可按管理系统要求或色标固定线序，如图 7-49 所示。

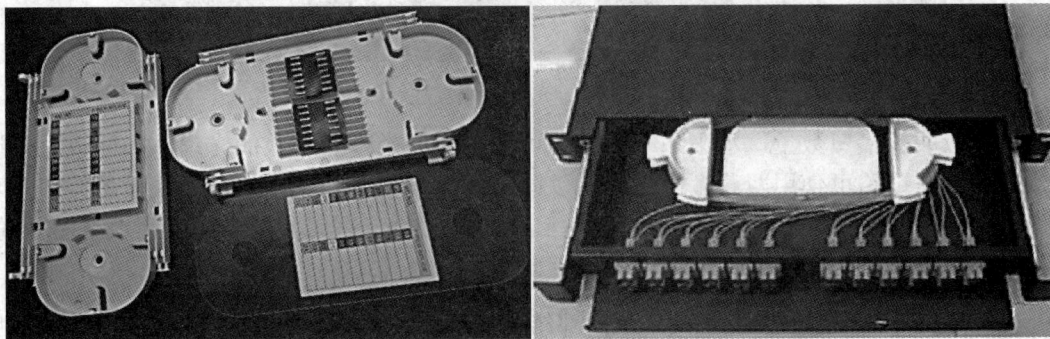

图 7-49　盘纤固定

7.3.4　光链路插座的安装

1. 光纤插座工作原理

在光纤到户或光纤到桌面的工程中，工作区内是存在光纤插座的安装施工的。光纤插座的工作原理是利用 86 型面板上的光纤耦合器将水平光纤链路与工作区的光纤跳线相连，形成光传导通路，如图 7-50 所示。因此，这条通路包括工作区中的光纤跳线、光纤信息插座，水平链路中的光缆和设备间中的光纤配线架、光设备跳线等，这些光纤器材应采用统一标准。

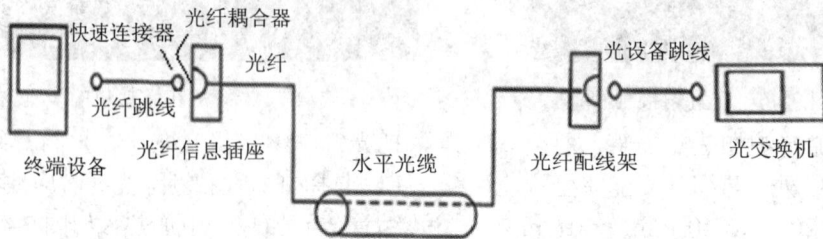

图 7-50　光纤插座工作原理

2. 插座结构类型

光纤插座底盒有明装、暗装两种，接口方向有平插式、斜插式、底插式等，如图 7-51所示。因为光纤耦合器占用面积较小，考虑到底盒内盘线容量，单个面板可设置 1～4 个光纤接口。耦合器的类型可根据实际设备的接口类型进行灵活调整，同一面板上的接口类型可以不一致，以便适应工作区设备的多样性。

图 7-51　光纤插座类型

为适应面板接口数量，水平系统的光缆可采用对应类型和芯数的光缆，如面板上有四个接口；水平链路可使用四芯室内光缆，以此节省布线空间和成本。但如果设备接口是双工通信接口，如全双工 LC 型接口，应考虑到光纤的极性，采用专用光缆或两根单芯光缆。

3. 安装步骤

光纤插座外形和接口可能不同，但内部结构均都大致相同，如图 7-52 所示。光纤插座底盒一般包括光缆进线孔、光缆卡、光纤盘纤架，耦合器卡位等。

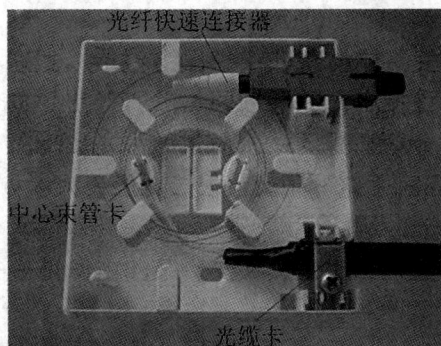

图 7-52　光纤插座底盒结构

光纤插座的安装步骤如下:

(1) 将光缆接入底盒并用光缆卡固定,留出足够的线缆,一般为 300～500 mm。

(2) 剥除预留线缆外护套,制作尾纤并端接快速连接器,操作步骤与跳线制作中相同;也可采用冷接或熔接的方式直接接续带尾纤的光纤快速连接器。

(3) 将带尾纤的光纤快速连接器插入光纤耦合器中,多余光纤应盘留在盘纤架上,冷接子或熔接的光纤热缩管可固定在中心束管卡上。

(4) 固定光纤耦合器至指定位置,固定过程中注意不要将光纤扯断;也可先将耦合器固定在面板上,再将快速连接器插入。

(5) 测试光链路通断及损耗值,若测试合格,则固定底盒或面板,完成安装。

7.3.5　光纤配线架的端接

光纤配线架是机房里光纤链路的主要端接设备,在设备存在大量光纤通信接口的系统中使用较多。同时由于主干网络光纤链路的普及,在外网接入、光纤到户工程中也会大量使用。光纤配线架的类型和结构在项目 3 中已有详细介绍,在此不再赘述。由于光纤配线架类型较多不能一一介绍,本节选用机柜内光纤配线架作为对象,来了解光纤配线架的安装和使用。

1. 端接原理

机柜内光纤配线架的宽度一般符合 19 英寸标准机柜的安装要求,高度根据配线架上接口数量在 1～2U 之间,是机柜内光通信设备的接入配线设备。其端接原理和光纤插座一样,都是通过光纤耦合器将设备跳线与引入或引出光缆里的光纤形成光通路。只是配线架内的盘纤空间更大,可安装的接口数量更多,而由于接口多,若每个接口都进行快速连接器的端接,则端接时间太长,且无法保证质量。因此,大部分光纤配线架都采用了预端接结构(如图 7-53 所示),即配线架内的接口快速连接器已完成端接,仅需将尾纤与接入光纤进行接续即可。为了节约配线架内的盘线空间,尾纤接续一般使用熔接方式。

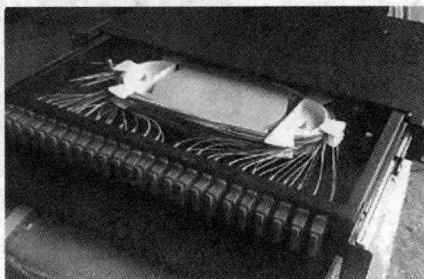

图 7-53　光纤配线架预端接结构

2. 端接流程

由 7.3.4 节内容可知，配线架安装主要包括光缆引入、尾纤接续和安装入机柜，所需工具包括横向开缆刀、斜口钳、光纤切割刀、米勒钳、酒精泵等尾纤处理工具，以及光纤熔接机、螺丝刀等。端接操作步骤如下：

(1) 将配线架安装在机柜适当位置上，留出足够的操作空间。因为要确定光缆引入机柜的长度，所以要先安装好配线架。

(2) 打开配线架上盖，并从光缆接入口处接入光缆，确定好光缆引入长度及需开缆的长度，做好标记，一般需开缆 300～500 mm，如图 7-54 所示。

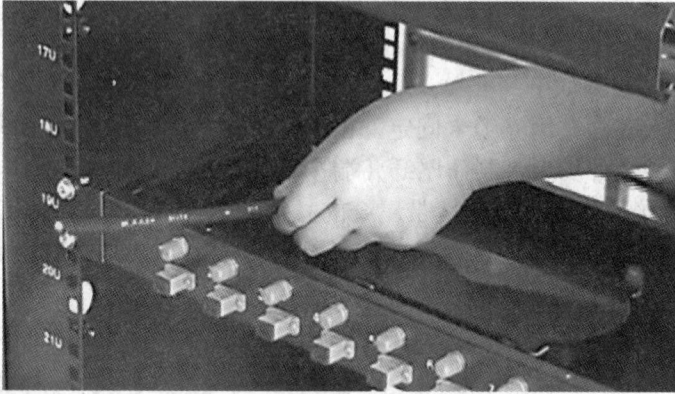

图 7-54　配线架引入光缆

(3) 按标记进行开缆，使用横向开缆刀将光缆外护套环切划破。一般室外光缆的外护套下有钢丝或铠装结构，开缆刀无法切割此类金属结构，若接触到后则应停止环切；室内光缆等无金属结构的光缆应环切外护套的 60%～90%，避免划伤内部线芯。

(4) 用斜口钳将室外光缆的保护钢丝(一般有两根)夹住，并旋转式地将钢丝卷拉出来，同时纵向划破光缆外护套，如图 7-55 所示。钢丝卷至开缆刀环切的位置，将光缆外护套剥除；用斜口钳剪断钢丝，但要保留其中一侧的钢丝 50 mm 左右用于将光缆固定到配线架上。

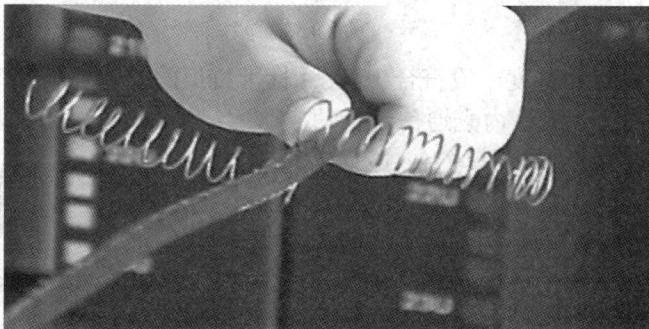

图 7-55　钢丝旋转式卷拉

(5) 光缆的铠装结构或松/紧套管应用裁管钳将金属或塑料的套管结构去除，露出内部光纤，如图 7-56 所示。一般应保留 50 mm 左右长度的套管结构。松套管的光缆内部还有油性缓冲液，可以用脱脂棉蘸酒精后将光纤束擦拭干净。

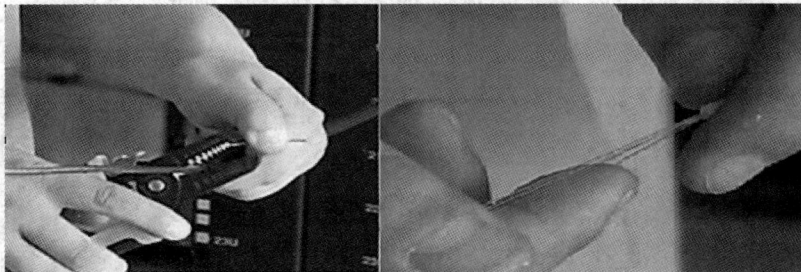

图 7-56　剥去光缆的松/紧套管

(6) 固定光缆。将开缆保留的钢丝穿入配线架固定螺栓孔中并用尖嘴钳盘绕，拧紧固定螺母和光缆入口压片的螺母，完成光缆固定，如图 7-57 所示。

图 7-57　固定光缆

(7) 光纤熔接。按 7.3.3 节中的光纤熔接步骤，完成光缆中每根光纤与配线架尾纤的熔接。注意，一般配线架内的尾纤色标是符合多芯光缆色标标准的，若引入光缆的芯数一致，则应按对应色标端接；若不一致，则应记录对应关系，便于日后的端口管理。

(8) 盘纤。打开配线架中的盘纤盒，将光缆光纤引入盘纤盒内，并将熔接时熔接处的热缩保护套管按顺序固定在固定槽中，将多余的光纤盘装在盘纤支架上，做到平顺无交缠，如图 7-58 所示。

图 7-58　光纤配线架内盘纤

(9) 安装盖板。盘纤盒内部安装完毕后，盖上盘纤盒盖板；整理配线架内部光缆或光纤，多余的应盘留绑扎好，盖上配线架盖板，并上好螺丝固定，完成配线架安装，如图 7-59 所示。

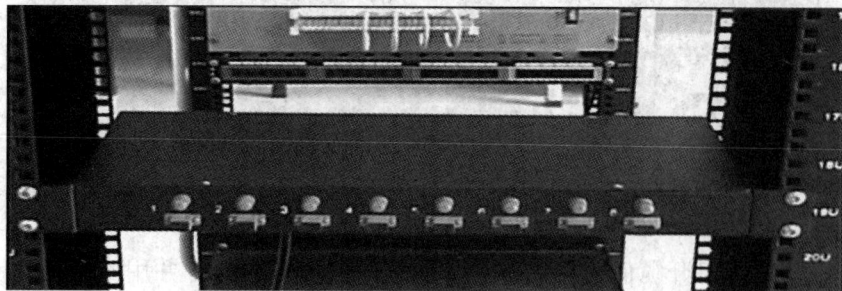

图 7-59　固定配线架盖板

(10) 整理工具、剩余材料及垃圾，并使用光纤跳线组成链路，对端接效果进行测试。

实践与思考

项目 8 综合布线工程的测试

【知识目标】

(1) 了解测试与验收的区别；

(2) 熟悉双绞线和光纤测试的方法；

(3) 熟悉综合布线验收的国家标准；

(4) 熟悉综合布线验收的过程和内容。

【能力目标】

(1) 能够熟练使用验证测试仪表和认证测试仪表测试电缆或光缆链路；

(2) 能够独立策划综合布线工程的测试工作；

(3) 能够独立策划综合布线工程的验收工作。

【项目背景】

布线工程总会遇到一些质量问题需要处理。如果只负责建设，在验收时才发现大量链路存在质量问题，此时返工已不可避免，由此造成的直接、间接的损失是巨大的。为了避免出现这种情况，项目从始至终都要关注工程质量，而保证工程质量的重要手段就是测试。本项目将介绍各种类型的测试和测试方法。

任务 8.1 测试前的准备

测试是一套非常严谨的工程效果验证程序，所以测试前应做好充分的准备工作，否则其结果不能充分证明工程施工效果。

测试准备

8.1.1 工程测试的设计

1. 选择测试类型

按照测试的有效性，布线测试一般分为验证测试、鉴定测试和认证测试三种类别；按照测试流程和测试目的，布线测试可分为选型测试、进场测试、监理测试/随工测试、验收测试/第三方测试、诊断测试、维护性测试等。以下分别简单介绍这些常用的测试项及适用场合。

(1) 验证测试。验证测试又称随工测试，是边施工边测试，主要检测线缆质量和安装工艺，及时发现并纠正所出现的问题，避免等到工程完工时才发现问题而重新返工，耗费不必要的人力、物力和财力。验证测试不需要使用复杂的测试仪，只要能测试接线图和线缆长度的测试仪就可以。因为在工程质量检查中，短路、反接、线对交叉、链路超长等问题占据整个工程质量问题的 80%，这些质量问题在施工初期通过重新端接、调换线缆、修正布线路由等措施比较容易解决，而到了工程完工验收阶段，如出现这些问题解决起来就比较困难。

(2) 鉴定测试。鉴定测试是对链路支持应用能力(带宽)的一种鉴定。如测试该线路能否支持百兆、千兆或万兆网络应用就属于鉴定测试，而测试光纤的衰减值或接收功率等标准性能也属于鉴定测试。在随工测试、监理测试、开通测试、升级前的评估测试和故障诊断测试中都可以用到鉴定测试。

(3) 认证测试。认证测试是按照某个标准中规定的参数进行的质量检测，并要求依据标准的极限值对被测对象作出"通过/失败"或"合格/不合格"的结果判定。认证测试与鉴定测试最明显的区别就是测试的参数多而全面，并且一定要在比较标准极限值后给出"通过/失败"判定结果。认证测试被用于工程验收，是对布线系统的全面检验，是评价综合布线工程质量的科学手段。认证测试是设计方和施工方对承担的工程所进行的一个总结性质量检验，从事认证测试工作的人员应经过测试仪表供应商的技术培训并获得认证资格。例如，要使用 FLUKE 公司的 DSP 和 DTX 系列测试仪，最好能获得 FLUKE 布线系统测试工程师"CCTT"资格认证。FLUKE 布线系统测试工程师"CCTT"资格认证书如图 8-1 所示。

图 8-1　FLUKE 布线系统测试工程师"CCTT"资格认证书

2. 选择测试主体

(1) 自我测试。自我测试由施工方自行组织，按照设计所要达到的标准对工程所有链路进行测试，以确保每一条链路都符合标准要求。如果发现不达标链路，应进行整改直至复测合格，同时编制成准确的测试技术档案，并写出测试报告交给业主存档。由施工方组织的认证测试可以由设计、施工、监理多方参与，建设方也应派遣专业人员参加。自我测试工作成本低，实施方便，适用于选型测试、进场测试、随工测试、验收测试、诊断测试、维护性测试等活动。

(2) 第三方认证测试。自我测试虽然方便，但由于利益问题可能存在测试报告作弊的问题。随着千兆以太网的推广应用，以及超 5 类与 6 类及光纤在综合布线系统中的大量应用，工程施工工艺要求越来越高。此时，越来越多的业主会委托第三方对系统进行验收测试，以确保布线施工的质量。这是对综合布线系统进行验收质量管理的规范化做法。

3. 选择测试方式

对综合布线工程的测试方式一般分为两种：全面测试和抽样测试。

(1) 全面测试。在验证测试或鉴定测试中，由于测试内容简单且都是随工测试，一般都选择全测，以确保所有链路的施工质量；而认证测试中，对工程要求高、使用器材类别高和投资大的工程，业主一般要求对所有链路进行全部检测，有些除要求施工方做自测自检外，还需要请第三方对工程做全面验收测试。

(2) 抽样测试。在选型测试、进场测试中，由于材料较多且都是批量生产的成品，一般采用抽样测试方式；而认证测试时，业主也可在要求施工方做自我认证测试的同时，邀请第三方对综合布线系统链路做抽样测试。抽样测试方法如下：按工程大小确定抽样样本数量，一般 1000 个信息点以上的工程抽样为 30%，1000 个信息点以下的工程抽样为 50%。在 GB 50312—2016 中，抽样测试比例可以是 10%～15%，如果总链路数不超过 100 条，则需要全部测试；如果抽测结果合格率低于 99%，则仍需要全部测试。

衡量、评价一个综合布线系统的质量优劣，唯一科学、有效的途径就是进行全面现场测试。目前，综合布线系统是工程界中少有的、已具备全套验收标准的并可以通过验收测试来确定工程质量水平的项目之一。

4. 选择测试级别

如果进行认证测试，则需按照参数的严格程度选择测试级别。认证测试级别可分为元件级测试、链路级测试和应用级测试。

(1) 元件级测试。元件级测试就是对链路中的元件(电缆、跳线、插座模块等)进行测试，其测试标准要求最严格。进场测试最好进行元件级测试。正确的现场链路元件级参数测试方法是：将 100 m 电缆两端剥去外皮直接插入 DTX-1800 电缆分析仪 LABA 适配器的 8 个插孔中，直接在仪器中选择电缆测试标准(元件级标准)而不是链路标准进行测试，测试结果"通过"则表明电缆是合格的；　如果要检测跳线(也必须使用元件级标准)，则可将被选跳线插入 DTX 电缆测试仪的跳线适配器(DTX PCU6S)中，选择 Cat6 元件级跳线测试标准进行测试；如果要检测信息模块(元件级标准)，则可以选择模块检测适配器(Salsa)和对应的元件级标准进行测试。元件级测试主要用于进场测试、选型测试和升级或开通前的跳线测试，可以非常有效地防止假冒伪劣产品。元件级测试也被用于生产线的成品检测和部分研发测试等。

(2) 链路级测试。链路级测试是指对"已安装"的链路进行认证测试，由于链路是由多个元件串接而成的，因此链路级测试对参数的要求一定比单个的元件级测试要求低。被测对象是按布线结构划分的链路，如配线子系统等。工程验收测试时一般都选择链路级的认证测试报告作为验收报告，这作为一种行业习惯被多数建设方和监理方所接受。

(3) 应用级测试。部分建设方会要求承建方或维护外包方给出链路是否能支持指定高速网络应用的证明。例如，证明链路能否支持升级运行 1000Base-T 和 10Gbase-T 等应用时，可以选择 DTX 电缆分析仪中的 1Gbase-T 和 10Gbase-T 等应用标准来进行测试，这种基于应用标准要求的测试就是应用级测试。需要特别注意的是，对于电缆链路而言，应用级测试标准一定是低于同等水平的链路级测试标准的参数规定值的，因此，链路级测试合格的电缆链路一定能支持对应水平的应用，反之则不成立。也就是说，通过了应用级测试的电缆链路不一定能通过链路级测试。工程验收一般使用链路级测试标准，且多为永久链路。

(4) 三者测试级别的区别。元件级测试、链路级测试和应用级测试对参数的要求是各不相同的。标准中对元件级测试的参数要求最严格。链路由众多的元件串接而成，链路中每增加一个元件(如模块)，参数就会下降一些，所以链路级测试的参数要求比元件级测试的参数要求低。应用是在链路的基础上开发的，所以应用级测试的参数标准一定不会超过链路级测试的参数标准，否则应用无法被支持。

8.1.2　测试工具的准备

测试工具按照其适用的测试类别，分为验证测试工具、鉴定测试工具和认证测试工具。

1. 验证测试工具

(1) 电缆通断测试仪。图 8-2 所示为最简单的电缆通断测试仪，包括主机和远端机。测试时，线缆两端分别连接到主机和远端机的 RJ-45 接口上，根据显示灯的闪烁次序就能判断双绞线 8 芯线的通断、线对交叉、错对等接线图的故障，但不能测试长度(无 TDR 功能)，所以不能确定故障点的物理位置。

(2) 电缆寻线仪。图 8-3 所示为一种小型的手持式验证测试仪(电缆寻线仪)，它可以方便地验证双绞线电缆的连通性，如检测开路、短路、跨接、反接等接线图问题。电缆寻线仪可用于测试双绞线、普通电缆、同轴线等。与音频探头(锥形)配合使用时，可追踪到穿过墙壁、地板、天花板的电缆。电缆寻线仪一般还配一个远端机，因此，一个人就可以方便地完成电缆和用户跳线的验证测试。

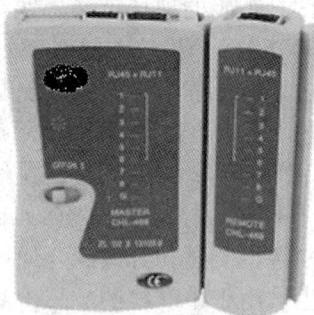

图 8-2　电缆通断测试仪　　　　　　　　　　图 8-3　电缆寻线仪

(3) 红光笔。如图 8-4 所示，红光笔又叫作通光笔、笔式红光源、可见光检测笔、光纤故障检测器、光纤故障定位仪等，多数用于检测光纤断点，目前按其最短检测距离划分为 5 km、10 km、15 km、20 km、25 km、30 km、35 km、40 km 等。一般以量子阱 LD 作光源输出人眼可见的红色激光，有 CW(常亮)和 MOD(频闪)工作模式，可供 FC、SC、ST 通用接口接入。

(4) 光功率计。如图 8-5 所示，光功率计(Optical PowerMeter)是指用于测量绝对光功率或通过一段光纤的光功率相对损耗的仪器。在光纤系统中，测量光功率是最基本的。在光纤测量中，光功率计是常用验证测试工具。通过测量发射端机或光网络的绝对功率，一台光功率计就能够评价光端设备的性能。将光功率计与稳定光源组合使用，能够测量连接损耗，检验连续性，并帮助评估光纤链路传输质量。

图 8-4　红光笔　　　　　　　　　　图 8-5　光功率计

2. 鉴定测试工具

(1) 电缆鉴定测试仪。图 8-6 所示为 CableIQ 电缆鉴定测试仪。它用于检查现有布线系统带宽是否支持语音，十兆、百兆、千兆、万兆或 VoIP 以太网(鉴定)，并显示现有布线系统不能支持网络带宽需求的原因(如 15 m 处有串扰)；检测并报告电缆另一端连接了什么设备，且显示设备配置(速度/双工模式/线对等)；识别未使用的交换机端口，以便进行再分配。

(2) 光纤衰减鉴定仪。图 8-7 所示为 SimpliFiber Pro 光纤衰减鉴定仪(SFP)。与光功率计的原理相同，光纤的传输质量较大程度上受到光纤链路的总衰减值影响。大致同样长度的光纤，衰减值越大，则表明链路质量越差。通过测试光功率的差值可以用来判定光纤的衰减值。不同于简单的光功率计，光纤衰减鉴定仪可将测试结果保存到报告中，因为是鉴定仪，故不作通过/失败判断(可人工判断)。

图 8-6　电缆鉴定测试仪　　　　　　　　图 8-7　光纤衰减鉴定仪

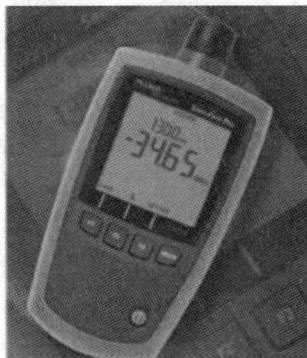

3. 认证测试工具

(1) 线缆认证分析仪。图 8-8 所示为 DTX-1800 线缆认证分析仪。这是一款认证测试仪器，因为里面内置了各种各样的国内、国际的测试标准，测试结果将严格依据所选择标准(如 ISO 11801、GB 50312—2007 等)的参数要求给出通过/失败的判定结果，并通过配套软件生产标准的工程测试报告。DTX-1800 线缆认证分析仪实际上是一个线缆认证测试的手持式平台，这个平台有非常丰富的认证测试适配器可以选择。加上相应的测试适配器后，DTX-1800 线缆认证分析仪既可以认证元件级产品(如电缆、跳线、插座等)，又可以依照链路级和应用级标准去认证相应的对象(如永久链路、信道、1000Base-T 应用等)，是目前唯一能承担这三种等级认证的手持式认证工具。DTX-1800 线缆认证分析仪认证的介质对象既可以是电缆，也可以是同轴电缆和光纤。对于光纤，它既能完成常见的一级光纤认证，也可以完成针对高速光纤的二级光纤认证(使用对应的光模块选件)。

(2) OTDR 光纤认证分析仪。图 8-9 所示为 OptiFiber 光纤认证分析仪(OF)。这是一款只对光纤进行二级测试的认证测试仪。该测试仪的主体是一个适合于园区网/局域网的高分辨能力的 OTDR(Optical Time-Domain Reflecto Meter，光时域反射计)，它测试并分析 OTDR 曲线，给出链路中各种"事件"的属性，并依据标准给出通过/失败判定。测试仪配合仪器上的长度/衰减值测试模块，可以完成完整的光纤二级认证测试。

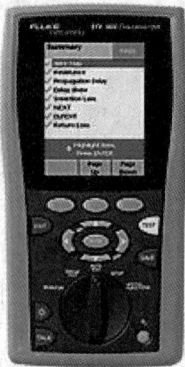

图 8-8　DTX-1800 线缆认证分析仪　　　图 8-9　OptiFiber 光纤认证分析仪

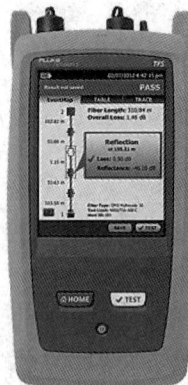

8.1.3　测试标准的选定

要进行综合布线工程的测试或验收，必须有一个公认的标准，和综合布线设计标准一样，国际上制定布线测试标准的组织主要有国际标准化委员会(ISO/IEC)、欧洲标准化委员会(CENELEC)和北美的工业技术标准化委员会(ANSI/TIA/EIA)。国际上第一部综合布线系统现场测试的技术规范是由 ANSI/T1A/EIA 委员会在 1995 年 10 月发布的《现场测试非屏蔽双绞线(UTP)电缆布线系统传输性能技术规范》(TSB-67)，它叙述和规定了电缆布线的现场测试内容、方法和对仪表精度的要求。

实际上，对于测试和验收的内容选择应遵从综合布线工程项目合同的约定，但一般来说，项目合同会约定基于某个国家标准进行验收，也就是我们所说的工程符合某某标准；同时选定的验收标准也是设计、施工阶段所遵从的参考资料。国内最新的综合布线系统验收标准是建设部颁布的《综合布线工程验收规范》(GB 50312—2016)，其中规定了国内综合布线工程测试和验收的具体项目和对应参数。

测试验收应根据选定的验收标准中的验收项目和对应参数进行。本项目以 GB 50312—

2016 为主,结合 ANSI/TIA/EIA-568.B/C 和 ISO/IEC 11801—2002 来阐述综合布线的测试内容和方法。

任务8.2 铜缆工程测试

铜缆测试是综合布线测试工程的重点工作,因为现阶段终端设备还是以电缆接口为主流,所以配线子系统大量采用 D/E 级别的双绞电缆。而配线子系统是整个综合布线的主要链路系统,因此铜缆测试工程也主要集中于此。

铜缆测试

8.2.1 认证测试模型

认证测试一般选取链路测试级别,但综合布线系统里不同结构的链路连接器数量不同,不能按同一标准判断是否合格。为解决这一问题,标准都规定了测试链路模型。根据 GB50312—2016《综合布线工程验收规范》规定,各等级的布线系统应按照永久链路和信道链路进行测试。

1. 永久链路模型

永久链路性能测试连接模型应包括水平电缆及相关连接器件,如图 8-10 所示。永久链路又称固定链路,它由最长为 90 m 的水平电缆、水平电缆两端的接插件(一端为工作区信息插座,另一端为楼层配线架)和链路可选的转接连接器组成。电缆总长度为 90 m,而基本链路包括两端的 2 m 测试电缆,因此电缆总计长度为 94 m。对绞电缆两端的连接器件也可为配线架模块。

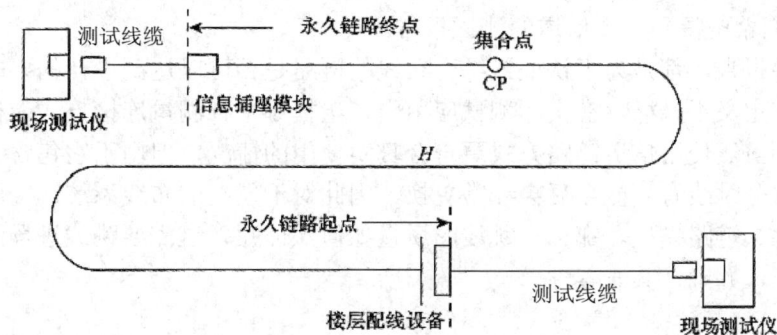

图 8-10 永久链路模型

注意:图 8-10 中的 H 为从信息插座模块至楼层配线设备(包括集合点)的水平电缆长度,$H \leqslant 90$ m。

2. 信道链路模型

信道链路性能测试连接模型应在永久链路模型的基础上,包括工作区和电信间的设备电缆和跳线,如图 8-11 所示。它包括了最长为 90 m 的建筑物中固定的水平电缆、水平电缆两端的连接器(一端为工作区信息模块,另一端为楼层配线架)、一个靠近工作区可选的附属连接器、最长为 10 m 的在楼层配线架上两处连接跳线和用于终端的连接线，信道最长为 100 m。信道测试的是网络设备到计算机间端到端的整体性能，这正是用户所关心的，故信道又称用户链路。

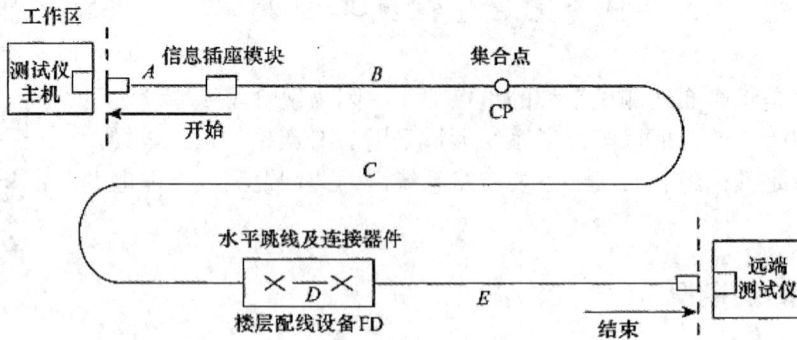

图 8-11　信道链路模型

注意：图 8-11 中，A 为工作区终端设备电缆长度；B 为 CP 线缆长度；C 为水平线缆长度；D 为配线设备连接跳线长度；E 为配线设备到设备连接电缆长度；$B+C \leqslant 90$ m；$A+D+E \leqslant 100$ m。

3. 二者的区别

使用永久链路测试好，还是使用信道链路测试更好？永久链路是综合布线施工单位必须负责完成的工程链路。通常施工单位完成综合布线工作后，所要连接的设备、器件还没有安装，而且并不是今后所有的电缆都会连接到设备或器件上，所以综合布线施工单位可能只向用户提供一个永久链路的测试报告。从用户的角度来说，用于高速网络的传输或其他通信传输时的链路不仅要包含永久链路部分，而且还要包括用于连接设备的用户电缆(跳线)，所以他们希望得到一个信道的测试报告。

无论哪种报告，都是为了认证该综合布线的链路是否可以达到设计的要求，两者只是测试的范围和定义不一样。在实际测试应用中，选择哪一种测量连接方式应根据需求和实际情况决定。虽然使用信道链路方式更符合真实使用的情况，但由于它包含了用户的设备跳线，而这部分跳线有可能今后会经常更换，因此对于现在的布线系统，一般建议工程验收测试选择永久链路模型。那么，跳线的质量如何保证呢？这需要跳线进场测试，对跳线质量进行认证，并确认其兼容性。

8.2.2　认证测试内容

电缆的测试内容一般包括线缆端接、长度、衰减、近端串音、衰减串音比等参数。针对 5_E 类、6 类、7 类布线系统，应考虑指标项目为插入损耗(IL)、近端串音、衰减串音比(ACR)、等电平远端串音(ELFEXT)、近端串音功率和(PS NEXT)、衰减串音比功率和(PS ACR)、等电平远端串音功率和(PS ELEFXT)、回波损耗(RL)、时延、时延偏差等。屏蔽的布线系统还应考虑非平衡衰减、传输阻抗、耦合衰减及屏蔽衰减。

本书采用 GB 50312—2016《综合布线工程验收规范》中规定的测试项目和参数。

1. 线缆端接

双绞线电缆端接应符合下列规定：

(1) 端接时，每对对绞线应保持扭绞状态，扭绞松开长度对于 3 类电缆不应大于 75 mm，对于 5 类电缆不应大于 13 mm，对于 6 类及以上类别的电缆不应大于 6.4 mm。

(2) 对绞线与 8 位模块式通用插座相连时，应按接线图的色标和线对顺序进行卡接，如图 8-12 所示。两种连接方式均可采用，但在同一布线工程中两种连接方式不应混合使用。

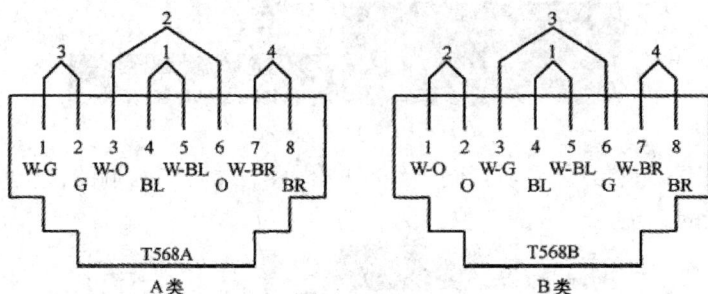

G(Green)—绿；BL(Blue)—蓝；BR(Brown)—棕；W(White)—白；O(Orange)—橙

图 8-12   T568A 与 T568B 接线图

(3) 屏蔽对绞电缆的屏蔽层与连接器件端接处屏蔽罩应通过紧固器件可靠接触，线缆屏蔽层应与连接器件屏蔽罩 360° 圆周接触，接触长度不宜小于 10 mm。

(4) 对不同的屏蔽对绞线或屏蔽电缆，屏蔽层应采用不同的端接方法。应使编织层或金属销与汇流导线进行有效的端接。

(5) 信息插座底盒不宜兼做过线盒使用。

线缆端接项目的测试一般可进行验证测试，在施工之后使用验证测试工具及时测试并记录。如需进行项目验收的认证测试，建议使用认证测试工具。接线图的故障通常有以下五种：

(1) 开路。开路是指线芯断开了，如图 8-13 所示。FLUKE DTX 测试仪测试时显示线芯 8 开路的情况。

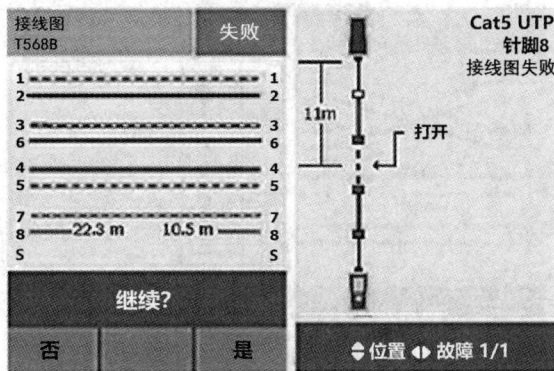

图 8-13   开路

(2) 短路。两根线芯连在一起形成短路，如图 8-14 所示。FLUKE DTX 测试仪测试时显示线芯 3 和 6 短路的情况。

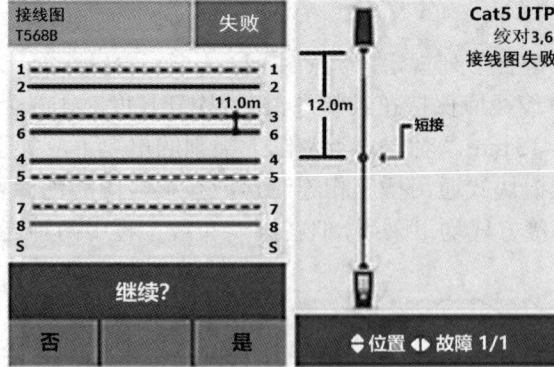

图 8-14 短路

(3) 反接/交叉。反接/交叉是指同一线对中的两个线芯在两端的针位接反了，即一端的 1 位接在另一端的 2 位，一端的 2 位接另一端的 1 位。

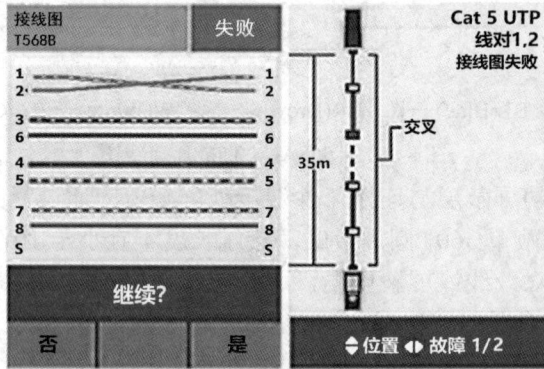

图 8-15 交叉

(4) 跨接/错对。跨接/错对是指将一对线对接到另一端的另一线对位置上，如图 8-16 所示。测试时，DTX 测试仪显示跨接错误。常见的跨接错误是 1、2 线对与 3、6 线对进行跨接。这种错误往往是由于两端的接线标准不统一造成的，一端用 T568A，而另一端用 T568B。

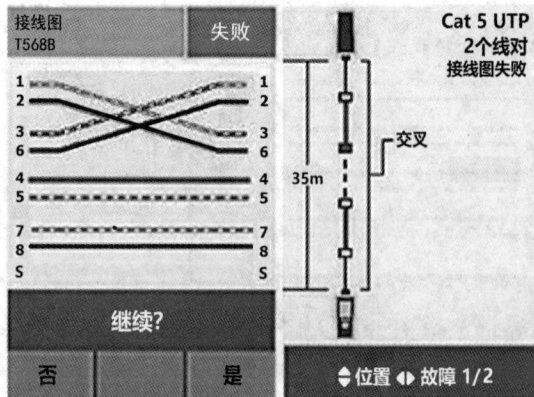

图 8-16 跨接

(5) 串绕。串绕是指在端接过程中两端线序发生同样错误，使得本不是同一个线对的两根线交换了端接位置，从而与正确端接的线芯重新组合成新的线对。图 8-17 所示为测试时 DTX 测试仪显示的串绕线对情况。这是一种会产生极大串扰的错误连接,对链路的连通性不会产生影响,用普通的验证测试工具也无法检查出故障原因(因为线芯只是被代替,所以亮灯的顺序是正确的),只能用电缆认证测试仪才能检测出来。在网络运行中,串绕会造成上网困难或不能上网,自适应网卡会停留在 10Base-T。

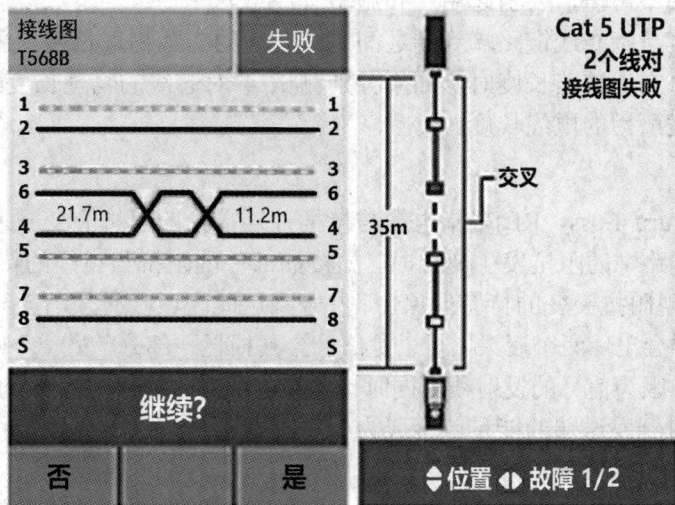

图 8-17 串绕线对

2. 线缆长度

前面强调过,电缆对链路长度的限制比较严格,通常水平信道长度不超过 100 m,因此在认证测试中,线缆长度也是一个比较重要的测试项目。同时,在故障排除测试时要判断故障点位置,也需要知道故障点到测试仪的距离。

测量双绞线长度时通常采用 TDR(时域反射计)测试技术。TDR 的工作原理是:测试仪从电缆一端发出一个脉冲,在行进时,如果碰到阻抗的变化,如开路、短路或不正常接线时,就会将部分或全部的脉冲能量反射回测试仪;依据来回脉冲的延迟时间及已知的信号在电缆传播的 NVP(额定传播速率),测试仪就可以计算出脉冲接收端到该脉冲返回点的长度,如图 8-18 所示。

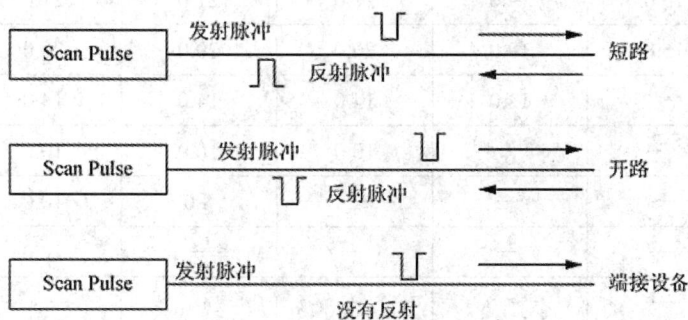

图 8-18 脉冲反射原理

但由于 TDR 的精度存在 2%以上的误差,而 NVP 值不易准确测量,因此在长度测试时会出现不可避免的误差。通常，我们会采取忽略影响，对长度测量极值加上 10%裕量的做法。根据所选择的测试模型不同，极限长度分别是：永久链路为 90 m，信道长度为 100 m。加上10%裕量后，长度测试通过/失败的参数是：永久链路为 90 m+90 m×10%=99 m，信道为100 m+100 m×10%=110 m。当测试仪显示长度数值为临界值时，表明在测试结果接近极限时长度测试结果不可信，要引起用户和施工者注意。

　　布线链路长度是指布线链路端到端之间电缆芯线的实际物理长度。由于各对线芯存在不同绞距，在测试布线链路长度时，如果分别测试 4 对芯线的物理长度(元件级测试)，测试结果会大于布线所用的电缆长度。

3. 回波损耗

　　回波损耗(Return Loss，RL)多指电缆与接插件连接处的阻抗突变导致的一部分信号能量的反射值。当链路中的阻抗发生变化时，如接插部件的阻抗与电缆的特性阻抗不一致(或不连续)时就会出现阻抗突变的特有现象，即信号到达此区域时必须消耗一部分能量来克服阻抗的偏移，这样会出现两个后果，一个是信号会被损耗一部分，另一个则是小部分能量会被反射回发送端。因为信号的发射线对同时也是接收线对(接收对端发送过来的信号)，所以阻抗突变后被反射到发送端的能量就会成为一种干扰噪声，这将导致接收的信号失真，从而降低通信链路的传输性能。

　　一条链路的回波损耗会不会影响通信质量，不是看回波能量的绝对值，而是看回波能量占入射波能量的比例，二者一般差距较大，所以这个值取的是一个指数值(单位是 dB)。回波损耗值越大就证明回波占比越小，信号受回波的影响就越小。因此，GB 50312—2016《综合布线工程验收规范》中对回波损耗的参数值作了最小值的限制。

　　(1) 永久链路回波损耗。

　　综合布线系统工程设计中，100 Ω 对绞电缆组成的永久链路或 CP 链路的两端回波损耗值应符合表 8-1 中的规定。

表 8-1　永久链路回波损耗(RL)值

频率/MHz	最小 RL 值/dB					
	等　　级					
	C	D	E	E_A	F	F_A
1	15.0	19.0	21.0	21.0	21.0	21.0
16	15.0	19.0	20.0	20.0	20.0	20.0
100	—	12.0	14.0	14.0	14.0	14.0
250	—	—	10.0	10.0	10.0	10.0
500	—	—	—	8.0	10.0	10.0
600	—	—	—	—	10.0	10.0
1000	—	—	—	—	—	8.0

　　(2) 信道链路回波损耗。综合布线系统工程设计中，100 Ω 对绞电缆组成的信道链路的两端回波损耗值应符合表 8-2 中的规定。

表 8-2 信道链路回波损耗(RL)值

频率/MHz	最小 RL 值/dB					
	等　级					
	C	D	E	E_A	F	F_A
1	15.0	17.0	19.0	19.0	19.0	19.0
16	15.0	17.0	18.0	18.0	18.0	18.0
100	—	10.0	12.0	12.0	12.0	12.0
250	—	—	8.0	8.0	8.0	8.0
500	—	—	—	6.0	8.0	8.0
600	—	—	—	—	8.0	8.0
1000	—	—	—	—	—	6.0

4. 插入损耗

插入损耗是指在信号传输介质系统中，由于元器件的插入而发生的负载功率的损耗。对于综合布线来说，插入损耗就是当信号在电缆中传输时，由于遇到各种"阻力"(包括线缆和连接器)而导致传输信号减小(衰减)。一条链路的总插入损耗是电缆和布线部件的衰减的总和。

与回波损耗一样，插入损耗是否对通信造成影响，不是看它的绝对值大小，而是看其与入射信号强度的对比。但与回波损耗不同，插入损耗(IL)的参数值越大，就表明链路的插入损耗越严重。而且，插入损耗会随着信号频率的提升而迅速增长，这叫作高频损耗。

引起插入损耗的主要原因是铜导线及其所使用的绝缘材料和外套材料,在选定电缆和相关接插件后,信道的衰减就与其距离、信号传输频率和施工工艺有关,不恰当的端接也会引起附加的插入损耗。插入损耗值以 dB 来度量，值越大，插入损耗越大，接收端接收到的信号就越弱，在信号衰减到一定程度后，将会引起链路传输的信息不可靠。GB 50312—2016《综合布线工程验收规范》中对插入损耗的参数值作了最大值的限制。

(1) 永久链路插入损耗。布线系统中永久链路的最大插入损耗(IL)值应符合表 8-3 中的规定。

表 8-3 永久链路插入损耗(IL)值

频率/MHz	最大 IL 值/dB							
	等　级							
	A	B	C	D	E	E_A	F	F_A
0.1	16.0	5.5	—	—	—	—	—	—
1	—	5.8	4.0	4.0	4.0	4.0	4.0	4.0
16	—	—	12.2	7.7	7.1	7.0	6.9	6.8
100	—	—	—	20.4	18.5	17.8	17.7	17.3
250	—	—	—	—	30.7	28.9	28.8	27.7
500	—	—	—	—	—	42.1	42.1	39.8
600	—	—	—	—	—	—	46.6	43.9
1000	—	—	—	—	—	—	—	57.6

(2) 信道链路插入损耗。布线系统中信道链路的最大插入损耗(IL)值应符合表 8-4 中的规定。

表 8-4　信道链路插入损耗(IL)值

频率/MHz	最大 IL 值/dB							
	等　级							
	A	B	C	D	E	E_A	F	F_A
0.1	16.0	5.5	—	—	—	—	—	—
1	—	5.8	4.2	4.0	4.0	4.0	4.0	4.0
16	—	—	14.4	9.1	8.3	8.2	8.1	8.0
100	—	—	—	24.0	21.7	20.9	20.8	20.3
250	—	—	—	—	35.9	33.9	33.8	32.5
500	—	—	—	—	—	49.3	49.3	46.7
600	—	—	—	—	—	—	54.6	51.4
1000	—	—	—	—	—	—	—	67.6

5. 近端串音(NEXT)和远端串音(FEXT)

串音是指同一电缆的一个线对中的信号在传输时耦合进其他线对中的能量。从一个发送信号的线对(如 1、2 线对)泄漏到相邻线对(如 3、6 线对)的,这种串音被认为是强加给接收线对的一种噪声,因为它会干扰接收线对中原来的传输信号。串音分为近端串音(NEXT)和远端串音(FEXT)两种,NEXT 是 UTP 电缆中最重要的一个参数。近端串音是指处于线缆一侧的某发送线对的信号对同侧的其他相邻(接收)线对通过电磁感应所造成的信号耦合。

与 NEXT 定义相类似,FEXT 是信号从近端发出,而在链路的另一侧(远端),发送信号的线对对于其同侧其他相邻(接收)线对通过电磁感应耦合而造成的串音。但因为信号的强度与它所产生的串扰及信号的衰减有关,而这些又都与电缆长度有关,所以电缆长度对测量到的远端串音影响很大。因此,远端串音并不是一种很有效的测试指标,在验收标准中,并没有给出参数值限定。

近端串音的值以 dB 为单位,计算公式为

$$NEXT = 10\log 10\left(\frac{P_{1N}}{P_{2N}}\right)(dB) \tag{8-1}$$

其中:P_{1N} 是近端干扰线对的输入信号的功率;P_{2N} 是近端被干扰线对的输出串音信号的功率。

从式(8-1)中可以看出,P_{1N}/P_{2N} 的值越大,说明串音相对于输入信号功率越小。由于线对中信号的功率一般都是同一个能量级的,串音越小对信号的干扰越小,因此 NEXT 值越大,就说明该链路的近端串音影响越小。GB 50312—2016《综合布线工程验收规范》中对近端串音的参数值 NEXT 作了最小值的限制。

(1) 永久链路的近端串音值。线对与线对之间的近端串音(NEXT)在布线的两端均应符合 NEXT 值的要求,布线系统中永久链路的近端串音值应符合表 8-5 中的规定。

表 8-5　永久链路近端串音(NEXT)值

频率/MHz	最小 NEXT 值/dB							
	等　　级							
	A	B	C	D	E	E$_A$	F	F$_A$
0.1	27.0	40.0	—	—	—	—	—	—
1	—	25.0	40.1	64.2	65.0	65.0	65.0	65.0
16	—	—	21.1	45.2	54.6	54.6	65.0	65.0
100	—	—	—	32.3	41.8	41.8	65.0	65.0
250	—	—	—	—	35.3	35.3	60.4	61.7
500	—	—	—	—	—	29.2 27.9	55.9	56.1
600	—	—	—	—	—	—	54.7	54.7
1000	—	—	—	—	—	—	—	49.1 47.9

注：有两个值的是因为考虑到有 CP 点存在的永久链路的指标。

(2) 信道链路的近端串音值。布线系统中信道链路的近端串音值应符合表 8-6 中的规定。

表 8-6　信道链路近端串音(NEXT)值

频率/MHz	最小 NEXT 值/dB							
	等　　级							
	A	B	C	D	E	E$_A$	F	F$_A$
0.1	27.0	40.0	—	—	—	—	—	—
1	—	25.0	39.1	63.3	65.0	65.0	65.0	65.0
16	—	—	19.4	43.6	53.2	53.2	65.0	65.0
100	—	—	—	30.1	39.9	39.9	62.9	65.0
250	—	—	—	—	33.1	33.1	56.9	59.1
500	—	—	—	—	—	27.9	52.4	53.6
600	—	—	—	—	—	—	51.2	52.1
1000	—	—	—	—	—	—	—	47.9

6. 近端串音功率和(PS NEXT)

除了单一线对之间的近端串音，在实际工程中某一线芯会受到同根线缆甚至平行走向的线缆之间的多根线芯的同时串音干扰，因此在实际工程测试中我们关注的是一个所有近端串音的和值，这个值被定义为近端串音功率和(PS NEXT)。在布线系统中，链路的两端均应符合 PS NEXT 值要求。其计算公式为

$$\text{PS NEXT}_k = -10\lg\sum_{i=1,i\neq k}^{n}\frac{-\text{NEXT}_{ik}}{10} \tag{8-2}$$

其中：i 是干扰线对的编号；k 是被干扰线对的编号；n 是线对总数；$NEXT_{ik}$ 是线对 i 对线对 k 施加的近端串音。

(1) 永久链路近端串音功率和(PS NEXT)值。布线系统中永久链路的 PS NEXT 值应符合表 8-7 中的规定。

表 8-7   永久链路近端串音功率和(PS NEXT)值

| 频率/MHz | 最小 PS NEXT 值/dB | | | | |
| | 等 级 | | | | |
	D	E	E_A	F	F_A
1	57.0	62.0	62.0	62.0	62.0
16	42.2	52.2	52.2	62.0	62.0
100	29.3	39.3	39.3	62.0	62.0
250	—	32.7	32.7	57.4	58.7
500	—		26.4 24.8	52.9	53.1
600				51.7	51.7
1000				—	46.1 44.9

注：有两个值的是因为考虑到有 CP 点存在的永久链路的指标。

(2) 信道链路近端串音功率和(PS NEXT)值。布线系统中信道链路的 PS NEXT 值应符合表 8-8 中的规定。

表 8-8   信道链路近端串音功率和(PS NEXT)值

| 频率/MHz | 最小 PS NEXT 值/dB | | | | |
| | 等 级 | | | | |
	D	E	E_A	F	F_A
1	60.3	62.0	62.0	62.0	62.0
16	40.6	50.6	50.6	62.0	62.0
100	27.1	37.1	37.1	59.9	62.0
250	—	30.2	30.2	53.9	56.1
500	—	—	24.8	49.4	50.6
600	—	—	—	48.2	49.1
1000	—	—	—	—	44.9

7. 衰减串音比(ACR)及衰减串音比功率和(PS ACR)

通信链路在信号传输时，信号衰减和串扰都会存在，串扰反映电缆系统内的噪声水平，衰减反映线对本身的实际传输能量，一般希望接收的信号能量尽量大(即电缆的衰减值要小)，耦合过来的串音尽量小(即受到的干扰小)。用它们的比值来相对衡量收到信号的质量，这种比值就叫信噪比。它可以反映出电缆链路的实际传输质量，通过计算发现，信噪比就是衰减串音比。

衰减串音比(ACR，也可译为衰减串扰比)定义为被测线对受相邻发送线对串扰与本线对上传输的有用信号的比值。如果按照近端串音来算就是衰减近端串音比(ACR-N)，如果按照远端串音值来算就是衰减远端串音比(ACR-F)。因为前面提到的损耗(RL/IL)和串音(NEXT/FEXT)的值都是用对数值来表示的，所以这种比值(除法运算)其实就是指数值在做减法(单位为 dB)。因此，衰减串音比的计算公式为

$$ACR\text{-}N = NEXT - A, \quad ACR\text{-}F = FEXT - A \tag{8-3}$$

注意：$A =$ 所有衰减总值的指数(单位为 dB)，不是 RL 与 IL 的和，因为这二值都是指数，和运算相当于乘。

同理，如果采用近端串音功率和(PS NEXT)或远端串音功率和(PS FEXT)，就可以得到衰减近端串音比功率和(PS ACR-N)或衰减远端串音比功率和(PS ACR-F)。计算公式为

$$PS\ ACR\text{-}N = PS\ FEXT - A, \quad PS\ ACR\text{-}F = PS\ FEXT - A \tag{8-4}$$

注意：衰减是由链路的固有属性造成的，不会受其他链路的影响，所以这里的衰减和 A 值是不变的。

串音值越高且衰减值越小，则衰减串音比越高。一个高的衰减串音比意味着干扰噪声强度与信号强度相比微不足道，因此衰减串音比越大越好。GB 50312—2016《综合布线工程验收规范》中对衰减串音比(ACR)的参数值 NEXT 作了最小值的限制。

永久链路衰减近端串音比(ACR-N)参数值如表 8-9 所示，衰减近端串音比功率和(PS ACR-N)参数值如表 8-10 所示；永久链路衰减远端串音比(ACR-F)参数值如表 8-11 所示，衰减远端串音比功率和(PS ACR-F)参数值如表 8-12。

表 8-9　永久链路衰减近端串音比(ACR-N)参数值

频率/MHz	最小 ACR-N 值/dB				
	等　级				
	D	E	E_A	F	F_A
1	60.2	61.0	61.0	61.0	61.0
16	37.5	47.5	47.6	58.1	58.2
100	11.9	23.3	24.0	47.3	47.7
250	—	4.7	6.4	31.6	34.0
500	—	—	12.9 14.2	13.8	16.4
600	—	—	—	8.1	10.8
1000	—	—	—	—	8.5 9.7

注：有两个值的是因为考虑到有 CP 点存在的永久链路的指标。

.

表 8-10　永久链路衰减近端串音比功率和(PS ACR-N)参数值

| 频率/MHz | 最小 PS ACR-N 值/dB | | | | |
| | 等 级 | | | | |
	D	E	E_A	F	F_A
1	53.0	58.0	58.0	58.0	58.0
16	34.5	45.1	45.2	55.1	55.2
100	8.9	20.8	21.5	44.3	44.7
250	—	2.0	3.8	28.6	31.0
500	—	15.7 16.3		10.8	13.4
600	—	—	—	5.1	7.8
1000	—	—	—	—	11.5 12.7

注：有两个值的是因为考虑到有 CP 点存在的永久链路的指标。

表 8-11　永久链路衰减远端串音比(ACR-F)参数值

| 频率/MHz | 最小 ACR-F 值/dB | | | | |
| | 等 级 | | | | |
	D	E	E_A	F	F_A
1	58.6	64.2	64.2	65.0	65.0
16	34.5	40.1	40.1	59.3	64.7
100	18.6	24.2	24.2	46.0	48.8
250	—	16.2	16.2	39.2	40.8
500	—	—	10.2	34.0	34.8
600	—	—	—	32.6	33.2
1000	—	—	—	—	28.8

表 8-12　永久链路衰减远端串音比功率和(PS ACR-F)参数值

| 频率/MHz | 最小 PS ACR-F 值/dB | | | | |
| | 等 级 | | | | |
	D	E	E_A	F	F_A
1	55.6	61.2	61.2	62.0	62.0
16	31.5	37.1	37.1	56.3	61.7
100	15.6	21.2	21.2	43.0	45.8
250	—	13.2	13.2	36.2	37.8
500	—	—	7.2	31.0	31.8
600	—	—	—	29.6	30.2
1000	—	—	—	—	25.8

信道链路衰减近端串音比(ACR-N)参数值如表 8-13 所示，衰减近端串音比功率和(PS ACR-N)参数值应如表 8-14 所示；信道链路衰减远端串音比(ACR-F)参数值如表 8-15 所示，衰减远端串音比功率和(PS ACR-F)参数值如表 8-16 所示。

表 8-13　信道链路衰减近端串音比(ACR-N)参数值

频率/MHz	最小 ACR-N 值/dB				
	等　级				
	D	E	E$_A$	F	F$_A$
1	59.3	61.0	61.0	61.0	61.0
16	34.5	44.9	45.0	56.9	57.0
100	6.1	18.2	19.0	42.1	44.7
250	—	2.8	0.8	23.1	26.7
500	—	—	21.4	3.1	6.9
600	—	—	—	3.4	0.7
1000	—	—	—	—	19.6

表 8-14　信道链路衰减近端串音比功率和(PS ACR-N)参数值

频率/MHz	最小 PS ACR-N 值/dB				
	等　级				
	D	E	E$_A$	F	F$_A$
1	56.3	58.0	58.0	58.0	58.0
16	31.5	42.3	42.4	53.9	54.0
100	3.1	15.4	16.2	39.1	41.7
250	—	5.8	3.7	20.1	23.7
500	—	—	24.5	0.1	3.9
600	—	—	—	6.4	2.3
1000	—	—	—	—	22.6

表 8-15　信道链路衰减远端串音比(ACR-F)参数值

频率/MHz	最小 ACR-F 值/dB				
	等　级				
	D	E	E$_A$	F	F$_A$
1	57.4	63.3	63.3	65.0	65.0
16	33.3	39.2	39.2	57.5	63.3
100	17.4	23.3	23.3	44.4	47.4

续表

频率/MHz	最小 ACR-F 值/dB				
	等　级				
	D	E	E$_A$	F	F$_A$
250	—	15.3	15.3	37.8	39.4
500	—	—	9.3	32.6	33.4
600	—	—	—	31.3	31.8
1000	—	—	—	—	27.4

表 8-16　信道链路衰减远端串音比功率和(PS ACR-F)参数值

频率/MHz	最小 PS ACR-F 值/dB				
	等　级				
	D	E	E$_A$	F	F$_A$
1	54.4	60.3	60.3	62.0	62.0
16	30.3	36.2	36.2	54.5	60.3
100	14.4	20.3	20.3	41.4	44.4
250	—	12.3	12.3	34.8	36.4
500	—	—	6.3	29.6	30.4
600	—	—	—	28.3	28.8
1000	—	—	—	—	24.4

8. 传播时延

传播时延(Propagation Delay)是信号在电缆线对中传输时所需要的时间，它随着电缆长度的增加而增加。测量标准是指信号在 100 m 电缆上的传输时间，单位是 μs，它是衡量信号在电缆中传输快慢的物理量。

传播时延和通信时钟周期有很大的关系。在高速网络中，每一次的通信时钟周期都很短，系统会将一个时钟周期内收到的信号组合成一组有效信息，而当链路传播时延过长时，同一组信息的信号不能在一个周期时间内到达，于是系统将丢弃不完整的信息，造成通信故障。因此，对于传播时延太大的链路是不能适用较短通信时钟周期的高速网络通信协议的。

同时，传播时延跟链路长度也有关系，链路越长传播时延越长。因此，标准将电缆的信道长度设置为 100 m，在此距离内传播时延一般不会超过通信时钟周期(链路本身没有大问题)，如超过 100 m 就可能出现传播时延超时的情况，造成通信故障。这也是 5$_E$ 类线缆在百兆网络中信道长度为 100 m，而在千兆网络中信道长度为 16 m 的原因。GB 50312—2016《综合布线工程验收规范》中对传播时延的参数值作了 100 m 内最大值的限制。

(1) 永久链路的最大传播时延。布线系统中永久链路的最大传播时延应符合表 8-17 中的规定。

表 8-17　永久链路的最大传播时延参数值表

频率/MHz	最大传播时延/μs							
	等　级							
	A	B	C	D	E	E$_A$	F	F$_A$
0.1	19.4	4.4	—	—	—	—	—	—
1	—	4.4	0.521	0.521	0.521	0.521	0.521	0.521
16	—	—	0.496	0.496	0.496	0.496	0.496	0.496
100	—	—	—	0.491	0.491	0.491	0.491	0.491
250	—	—	—	—	0.490	0.490	0.490	0.490
500	—	—	—	—	—	0.490	0.490	0.490
600	—	—	—	—	—	—	0.489	0.489
1000	—	—	—	—	—	—	—	0.489

　　(2) 信道链路的最大传播时延。布线系统中信道链路的最大传播时延应符合表 8-18 中的规定。

表 8-18　信道链路的最大传播时延参数值表

频率/MHz	最大传播时延/μs							
	等　级							
	A	B	C	D	E	E$_A$	F	F$_A$
0.1	20.0	5.0	—	—	—	—	—	—
1	—	5.0	0.580	0.580	0.580	0.580	0.580	0.580
16	—	—	0.553	0.553	0.553	0.553	0.553	0.553
100	—	—	—	0.548	0.548	0.548	0.548	0.548
250	—	—	—	—	0.546	0.546	0.546	0.546
500	—	—	—	—	—	0.546	0.546	0.546
600	—	—	—	—	—	—	0.545	0.545
1000	—	—	—	—	—	—	—	0.545

9. 时延偏差

　　时延偏差(Delay Skew)是指同一 UTP 电缆中传输速率最大的线对和传输速率最小的线对的传播时延差值。它以同一电缆中信号传播延迟最小的线对的时延值为参考,其余线对与参考线对都有时延差值,最大的时延差值即是电缆的时延偏差。

　　时延偏差对 UTP 电缆中 4 对线对同时传输信号的 100 Base-T4 和 1000 Base-T 等高速以太网非常重要,因为信号传送是先在发送端被分配到不同线对后才并行传送的,到了接收端后再重新组合成原始信号。如果线对间传输的时差过大，接收端就会因为信号(在时间上)不能对齐而丢失数据，从而影响重组信号的完整性而产生错误。因此，时延偏差越小越好。GB 50312—2016《综合布线工程验收规范》中对时延偏差的参数值作了 100 m 内最大值的限制。

(1) 永久链路的最大时延偏差。布线系统中永久链路的最大时延偏差应符合表 8-19 中的规定。

表 8-19　永久链路的最大时延偏差表

等级	频率/MHz	最大时延偏差/μs
A	$f=0.1$	—
B	$0.1 \leqslant f \leqslant 1$	—
C	$1 \leqslant f \leqslant 16$	0.044[①]
D	$1 \leqslant f \leqslant 100$	0.044[①]
E	$1 \leqslant f \leqslant 250$	0.044[①]
E_A	$1 \leqslant f \leqslant 500$	0.044[①]
F	$1 \leqslant f \leqslant 600$	0.026[②]
F_A	$1 \leqslant f \leqslant 1000$	0.026[②]

注：① 为 $0.9 \times 0.045 + 3 \times 0.00125$ 计算结果；
② 为 $0.9 \times 0.025 + 3 \times 0.00125$ 计算结果。

(2) 信道链路的最大时延偏差。布线系统中信道链路的最大时延偏差应符合表 8-20 中的规定。

表 8-20　信道链路的最大时延偏差表

等级	频率/MHz	最大时延偏差/μs
A	$f=0.1$	—
B	$0.1 \leqslant f \leqslant 1$	—
C	$1 \leqslant f \leqslant 16$	0.050[①]
D	$1 \leqslant f \leqslant 100$	0.050[①③]
E	$1 \leqslant f \leqslant 250$	0.050[①③]
E_A	$1 \leqslant f \leqslant 500$	0.050[①③]
F	$1 \leqslant f \leqslant 600$	0.030[②③]
F_A	$1 \leqslant f \leqslant 1000$	0.030[②③]

注：① 为 $0.045 + 4 \times 0.00125$ 计算结果；
② 为 $0.025 + 4 \times 0.00125$ 计算结果；
③ 布线系统中信道因环境温度影响，在给定的传播时延偏差值上不得超过 0.01 μs。

10. 其他测试项目

其他测试项目参数包括：外部近端串音功率和(PS ANEXT)、外部近端串音功率和平均值(PS ANEXTavg)、外部 ACR-F 功率和(PS AACR-F)、外部 ACR-F 功率和平均值(PS AACR-Favg)、直流环路电阻、非平衡衰减、传输阻抗、耦合衰减及屏蔽衰减，在此不详细介绍。这里特别强调的是，屏蔽布线系统电缆对绞线对的传输性能要求与上述链路的参数要求是一致的。

8.2.3　现场认证测试

虽然生产线和实验室里会用台式认证测试仪按照元件级标准检测电缆、跳线和插座模块的质量，但布线工程项目中最重要的还是现场认证测试。本节针对现场认证测试的流程和注意事项进行简单介绍。

1. 测试环境要求

为保证综合布线系统的测试数据准确可靠，必须对测试环境有严格的规定。

(1) 无环境干扰。综合布线测试现场应无产生严重电火花的电焊、电钻和产生强磁干扰的设备作业，被测综合布线系统必须是无源网络，测试时应断开与之相连的有源、无源的通信设备，以避免测试受到干扰或损坏仪表。DSP 和 DTX 系列测试仪能主动提示链路中有干扰。

(2) 测试温度要求。综合布线测试现场的温度宜在 20℃～30℃，湿度宜在 30%～80%，由于衰减指标的测试受测试环境温度影响较大，当测试环境温度超出上述范围时，需要按有关规定对测试标准和测试数据进行修正。

(3) 防静电措施。我国北方地区春、秋季气候干燥，湿度常常在 10%～20%，验收测试经常需要照常进行，湿度在 20%以下时静电火花时有发生，不仅影响测试结果的准确性，甚至可能使测试无法进行或损坏仪表。在这种情况下，测试者和持有仪表者要采取防静电措施，最好不要用手指直接接触测试接口的金属部分。

2. 测试工具使用

前面对测试工具作了详细介绍，其中认证测试工具是 FLUKE 公司推出的新一代铜缆认证测试平台 DTX 电缆认证分析仪。DTX 电缆认证分析仪目前有 DTX-CLT、DTX-LT、DTX-1200 和 DTX-1800 四种型号。DTX-CLT 是 5$_E$ 类测试仪(100 MHz)，DTX-LT 和 DTX-1200 为 6 类测试仪(350 MHz)，DTX-1800 适合 6$_A$ 类、7 类和同轴电缆(900 MHz)。这里以 DTX-1800 为例，说明现场认证测试对测试工具的要求。

(1) 测试仪的精度要求。测试仪的精度决定了测试仪对被测链路的可信程度，即被测链路是否真的达到了测试标准的要求。所选择的测试仪既要满足永久链路认证精度，又要满足信道的认证精度。一般来说，测试 5 类电气性能，要求测试仪达到 UL(美国保险商试验所)认证的 II 级精度；5$_E$ 类只要求测试仪的精度达到 II$_E$ 级精度；但 6 类要求测试仪的精度达到III级精度。因此，综合布线认证测试最好都使用III级精度的测试仪。目前，市场上常用的达到III级精度的现场测试仪主要有：FLUKE DSP 4x00、FLUKE DTX 系列，安捷伦的 Agilent WireScope350 线缆认证测试仪，理想公司的 LANTEK 系列等产品。

(2) 测试速度要求。电缆测试仪在现场测试中还要有较快的测试速度。在测试成百上千条链路的情况下，测试速度哪怕只相差几秒都将对整个综合布线的累计测试时间产生很大的影响，并将影响用户的工程进度。

(3) 测试仪故障定位能力。测试仪的故障定位是十分重要的，因为测试目的是要得到良好的链路，而不仅仅是辨别好坏。测试仪能迅速告诉测试人员在一条坏链路中故障部件的位置，从而能迅速加以修复。

(4) 测试仪稳定性要求。测试仪的稳定性主要表现在仪器主体的稳定性和测试适配器的稳定性，即测试时二者的故障率应得到控制，稳定性和耐用性是相辅相成的。

(5) 测试仪一致性要求。一致性是指不同的测试仪(特别是其测试适配器接口)的参数能保持一致，平均"比对误差"能限制在较小范围内。

(6) 测试仪兼容性要求。兼容性是指能认证被测对象(永久链路和跳线)是否满足兼容互换条件，这对链路的认证测试是非常重要的；否则，一旦更换另一品牌的"合格跳线"却可能变得不合格，从而影响日后的项目验收。

(7) 测试仪可用性要求。用于现场认证的测试仪具有便携、手持操作等特点，测试结果可转储打印，操作简单且使用方便。测试仪应支持电缆的双向测试，以及支持其他类型电缆如同轴电缆、光缆的测试等。

DTX-1800 是Ⅳ级精度，能支持完整的元件级测试的手持式测试平台，能 9 s 内完成一条 6 类链路测试；具有快速先进的故障诊断功能，当一条链路有故障时，DTX 系列分析仪可以一键提供快速且简明易懂的故障确切位置示意图(显示故障点到测试仪的距离)，并给出故障的可能原因提示，对于不太明白测试参数含义的初级使用者，照样可以顺利诊断并处理故障；具有彩色中文界面，屏幕下方有简要提示，当操作有疑问时，可以参见此提示，非常方便；测试带宽为 900 MHz，能满足 6ₐ 和 7 类布线系统测试要求和 870 MHz 的 CCTV 同轴电缆测试要求；能将完整的图形化测试结果保存到 Fluke Networks、LinkWare PC 等测试报告专用软件中；能提供对讲机功能，可以在测试时与另一端测试人员联系。

3. 测试过程描述

(1) 连接被测链路。将测试仪主机和远端机连上被测链路，因为是永久链路测试，就必须用永久链路适配器连接。图 8-19 为永久链路测试连接方式。如果是信道链路测试，就使用原跳线连接仪表。图 8-20 为信道链路测试连接方式。

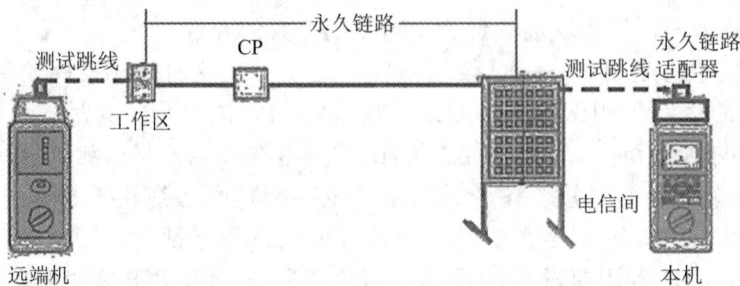

图 8-19　永久链路测试连接方式

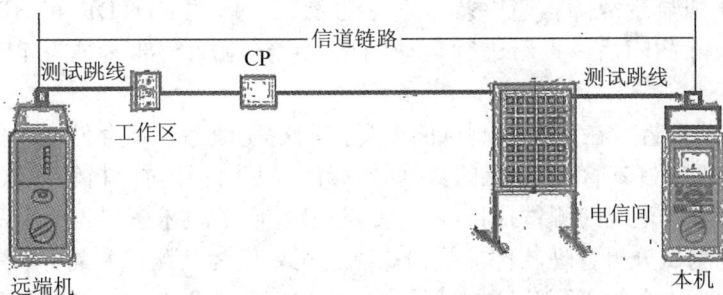

图 8-20　信道链路测试连接方式

（2）测试仪设置操作。如图 8-21 所示，按绿键启动 DTX，并选择中文或中英文界面。设置要测试链路的类型和测试标准。如要依照 TIA Cat 6 Perm 标准测试 6 类非屏蔽电缆链路，可将旋钮转至"SETUP"挡，选择 Twisted Pair→Cable Type→UTP→Cat 6 UTP→Test Limit→TIA Cat 6 Perm. Link。

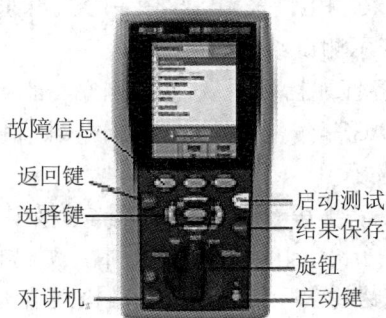

图 8-21　DTX 常用操作键

（3）启动测试。将旋钮转动到"Auto Test"挡，按"TEST"键启动测试，9 s 内完成一条 6 类链路的测试。

（4）保存测试结果。首先要对测试结果进行命名，该名称一般要和被测试链路的管理编号相匹配，即要和管理子系统中链路的命名一致，这样方便验收和统计。这个工作通过 DTX 有以下四种命令方法：

① 套用 DTX 中自动命名序列表。该序列表是按照 TIA-606.A 标准设计的，因此只适用于管理子系统符合 TIA-606.A 标准的工程测试。

② 测试时现场手动命名。此方法只适用于小批量的测试。

③ 设置自动递增命名序号功能，即自动地按照增序规则命名，不用每次手动命名。但测试时要按顺序测试，因此也不适用于大批量的测试。

④ 从 LinkWare 中下载事先编辑好的名称列表，测试时直接套用。这种方法最易实现与管理子系统的对接，在大型测试中常用。

链路测试通过后，按"SAVE"键保存测试结果。DTX 有内部存储器，也可以用 MMC 扩展存储卡。

（5）故障处理。测试中出现"失败"时，要进行相应的故障诊断测试。按故障信息键(F1 键)，可直观显示故障信息并提示解决方法；再启动 HDTDR 和 HDTDX 功能，扫描定位故障；排除故障后，重新进行自动测试，直至指标全部通过为止；最后对结果进行保存。

(6) 生成测试报告。在所有要测试的信息点测试完成后，将存储器中的测试结果通过 USB 接口，或直接将移动存储卡上的数据导入计算机上的测试分析管理软件 LinkWare 里进行分析，然后生成正规的测试报告，作为测试和验收的技术资料。LinkWare 是一款功能强大的布线系统测试分析管理软件，是福禄克公司专门为其测试产品开发的，它生成的测试报告是目前国际上布线工程认证测试报告。LinkWare 软件有多种形式的测试报告可满足用户不同的认证需求。测试报告可直接从 LinkWare 中打印输出，也可生成 PDF 文件进行保存或打印。

4. 测试结果

每条链路的测试结果一般用通过(PASS)或失败(FAIL)来表示。长度指标用测量的最短线对的长度表示测试结果；传输延迟和延迟偏离用每线对实测结果和比较结果显示，对于 NEXT、PS NEXT、衰减、ACR、ELFEXT、PS-ELFEXT 和 RL 等用 dB 表示的电气性能指标，可用裕量和最差裕量来表示测试结果。

所谓裕量(Margin)，就是各性能指标测量值与测试标准极限值(Limit)的差值。正裕量表示比测试极限值好，结果为 PASS；负裕量表示比测试极限值差，结果为 FAIL。裕量越大，说明距离极限值越远，性能越好。

从 8.2.2 节中可以看出，衰减、串音和衰减串音比的极限值都与频率有关，是频率的函数值，在函数坐标系中呈曲线分布。因此实际测量中，测试仪会在全频率上扫描，测试出链路的实际值曲线，当所有链路的实际值曲线与标准极限值没有交叉时(即没有负裕量)，链路电气属性测试方为合格。以衰减串音比(ACR)为例(如图 8-22 所示)，标准给出参数的最小极限值随频率增加呈曲线分布，而测量值却因链路情况不同而上下波动，且不同链路的波动曲线也不相同，但只要所有曲线都在极限值曲线上方，就说明链路的 ACR 是符合标准的，链路是合格的。

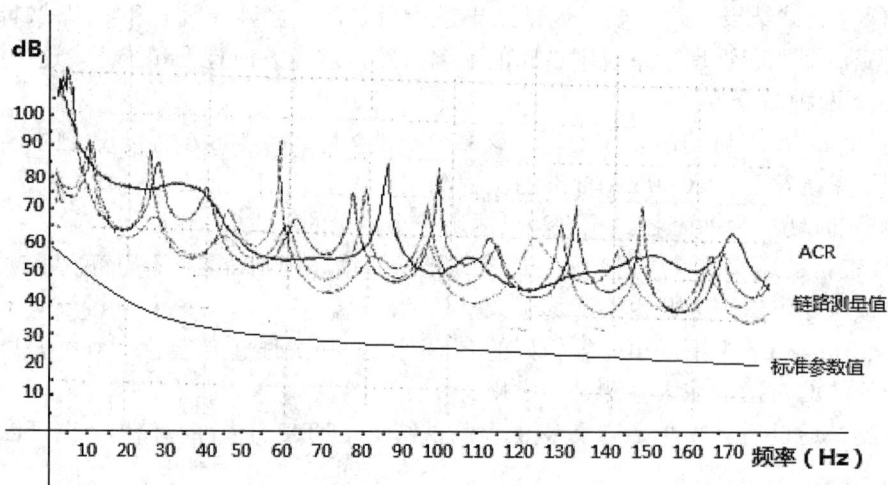

图 8-22　链路 ACR 测试曲线图

根据 GB 50312—2016《综合布线系统工程验收规范》规定，对绞电缆布线系统永久链路、CP 链路及信道现场测试时应符合下列要求：

(1) 综合布线工程应对每一个完工后的信息点进行永久链路测试。主干线缆采用电缆时也可按照永久链路的连接模型进行测试。

(2) 对包含设备线缆和跳线在内的拟用或在用电缆链路进行质量认证时，可按信道方式测试。

(3) 对跳线和设备线缆进行质量认证时，可进行元件级测试。

(4) 对绞电缆布线系统链路或信道应测试长度、接线图、回波损耗、插入损耗、近端串音、近端串音功率和、衰减远端串音比、衰减远端串音比功率和、衰减近端串音比、衰减近端串音比功率和、环路电阻、时延、时延偏差等。

(5) 现场条件允许时，宜对 E_A 级、F_A 级对绞电缆布线系统的外部近端串音功率和(CPS ANEXT)及外部远端串音比功率和(CPS AACR-F)指标进行抽测。

电缆链路现场测试时，可填写《综合布线系统工程电缆性能指标测试记录》(如表 8-21 所示)，作为日后竣工验收的技术资料。

表 8-21　综合布线系统工程电缆性能指标测试记录

工程项目名称			备注
工程编号			
测试模型	链路(布线系统级别)		
	信道(布线系统级别)		
信息点位置	地址码		
	线缆标识编号		
	配线端口标识码		
测试指标项目	是否通过测试		处理情况

测试记录	测试日期及工程实施阶段：
	测试单位及人员：
	测试仪表型号、编号、精度校准情况和制造商；测试接线图、采用软件版本、测试光缆及适配器的详细信息(类型和制造商、相关性能指标)

任务8.3　光缆工程测试

对光缆的测试一般是在光缆布线项目中的产品选型、进场验货、测试验收、维护诊断等过程中进行，测试的目的是确保即将投入使用的光纤链路的整体性能符合标准要求。光纤链路的传输质量不仅取决于光纤和连接器的质量，还取决于光纤连接的安装水平及应用环境。光通信本身的特性决定了光纤测试比双绞线测试难度更大些。光纤测试的基本内容包括连通性测试、性能参数测试(1 等级测试、2 等级测试)和故障定位测试。

光缆测试

光纤性能测试规范的标准主要来自 ANSI/TIA/EIA-568.C.3 标准，我国的国家标准 GB 50312—2016《综合布线工程验收规范》中附录 C 也对光纤链路测试作了说明。这些标准对光纤性能和光纤链路中的连接器与接续的损耗都有详细的规定。光纤有多模和单模之分。对于多模光纤，ANSI/T1A/EIA-568.C 规定了 850 nm 和 1300 nm 两个波长，因此要用 LED 光源对这两个波段进行测试；对于单模光纤，ANSI/TIA/EIA-568.C 规定 1310 nm 和 1550 nm 两个波长，因此要用激光光源对这两个波段进行测试。

8.3.1　认证测试级别

TIA TSB 140(2004 年 2 月批准)对光纤定义了两个级别(Tier 1 和 Tier 2)的测试，即 1 等

级测试和 2 等级测试。我国国家标准沿用了这个分级标准。GB 50312—2016《综合布线工程验收规范》中规定，应根据工程设计的应用情况，按 1 等级或 2 等级测试模型与方法完成光纤链路的测试。

1. 1 等级测试

光纤链路 1 等级的测试内容应包括光纤信道或链路的衰减、长度与极性，需要使用光缆损耗测试设备(OLTS)(如光源(红光笔)、光功率计等)来测量每条光缆链路的衰减，通过光学延迟器测量或借助电缆护套标记计算出光缆长度。

2. 2 等级测试

光纤链路 2 等级的测试除应包括 1 等级测试要求的内容外，还应包括利用 OTDR 曲线获得信道或链路中各点的衰减、回波损耗值等。OTDR 曲线是一条光缆随长度变化的反射能量的衰减图形，可以通过检查整个光纤路径的每个不一致性的点(事件)，深入查看由光缆、连接器或熔接点构成的这条链路的详细性能以及施工质量。OTDR 曲线可以近似地估算链路的衰减值，可用于光缆链路的补充性评估和故障准确定位，但不能替代使用 OLTS 进行的插入损耗精确测量。

结合上述两个等级的光纤测试，施工者可以最全面地认识光缆的安装质量。对于关心光纤高速链路质量的建设方，2 等级测试具有非常重要的作用，它可以帮助减少网络升级时带来的升级故障。比如：光纤链路在 100 Mb/s 或 1 Gb/s 以太网使用正常，但升级到 1 Gb/s 特别是 10 Gb/s 以太网则运行不正常甚至不能连通，检查其长度、衰减值(1 等级测试)，又都符合 1 Gb/s 或 10 Gb/s 的参数要求。建设方可借助 2 等级测试获得安装质量的更高级证明和对未来质量的长期保障。

8.3.2 认证测试内容

根据国家标准，光纤链路认证测试过程中的参数应符合 1 等级测试和 2 等级测试的内容。本书参考 GB 50312—2016《综合布线工程验收规范》中的规定，对测试内容进行详细介绍。

1. 光纤端接

光纤端接与接续应符合下列规定：
(1) 光纤与连接器件连接可采用尾纤熔接和机械连接方式；
(2) 光纤与光纤接续可采用熔接和光连接子连接方式；
(3) 光纤熔接处应加以保护和固定。

2. 衰减

按 1 等级测试标准，光纤测试主要是衰减测试和光缆长度测试，衰减测试就是对光功率损耗的测试。引起光纤链路损耗的主要原因如下：
(1) 材料原因。这主要由光纤纯度不够和材料密度的变化太大所造成。
(2) 光缆的弯曲程度。光缆对弯曲非常敏感，安装弯曲和产品制造弯曲问题也易产生光纤损耗。
(3) 光缆接合以及连接的耦合损耗。这主要由截面不匹配、间隙损耗、轴心不匹配和角度不匹配造成。

(4) 不洁或连接质量不良。低损耗光缆的大敌是不洁净的连接，灰尘阻碍光传输，手指的油污影响光传输，不洁净光缆连接器可扩散至其他连接器。

光纤损耗越小说明链路中上述问题越少，光纤链路的质量也就越高。GB 50312—2016《综合布线工程验收规范》对不同类型的光纤每公里的最大衰减值作了表 8-22 所示的极限值规定。

表 8-22　光纤衰减限值/(dB/nm)

光纤类型	多模光纤		单模光纤			
	OM1、OM2、OM3、OM4		OS1		OS2	
波长/nm	850	1300	1310	1550	1310	1383	1550
衰减/dB	3.5	1.5	1.0	1.0	0.4	0.4	0.4

表 8-22 对光纤介质衰减的最大值进行了规定，一般用于光缆的选品测试或进场测试。对已敷设的光纤链路一般采用信道在传输窗口测量出的最大光衰减，如表 8-23 所示。该指标已包括光纤接续点与连接器件损耗。

表 8-23　光缆信道衰减范围

级　　别	最大信道衰减/dB			
	单　　模		多　　模	
	1310 mm	1550 mm	850 mm	1300 mm
OF-300	1.80	1.80	2.55	1.95
OF-500	2.00	2.00	3.25	2.25
OF-2000	3.50	3.50	8.50	4.50

在实际光缆工程中，光纤链路的衰减值与链路长度、光纤适配器个数和光纤熔接点的个数有关，因此，它必须根据这些因素确定测试标准。计算其衰减最大极限值的公式为

$$光纤信道链路损耗 = 光纤损耗 + 连接器件损耗 + 光纤接续点损耗 \qquad (8-5)$$

式中：光纤损耗=光纤损耗系数(dB/km) × 光纤长度(km)；连接器件损耗 = 连接器件损耗(dB)/个 × 连接器件个数；光纤接续点损耗 = 光纤接续点损耗(dB)/个 × 光纤连接点个数。

标准中对式(8-5)中的系数作了表 8-24 所示的规定。

表 8-24　光纤接续及连接器件损耗值/dB

类　　别	多　　模		单　　模	
	平均值	最大值	平均值	最大值
光纤熔接	0.15	0.3	0.15	0.3
光纤机械连接	—	0.3	—	0.3
光纤连接器件	0.65/0.5[②]		—	
	最大值 0.75[①]			

注：① 表示采用预端接时含有 MPO-LC 转接器件；
　　② 表示针对高要求工程可选 0.5 dB。

3. 长度

由于光的传输速率很快，光纤内信号传播时延很小，因此光链路长度限制并不是传播

时延，而是衰减。在光链路中的信号能量衰减到极限值以下后就会造成光链路通信故障，而光信号衰减跟距离有直接关系，因此光链路的长度限制取决于式(8-5)中光纤长度的值。但实际工程中一般按光纤级别来限制光链路的长度，而测试时还是应根据测试结果来判断链路长度是否合格。

4. OTDR 测试参数

光功率计只能测试光功率损耗，如果要确定损耗的具体位置和损耗的起因，就要采用光时域反射计(OTDR)。OTDR 向被测光纤注入窄光脉冲，然后在 OTDR 发射端口处接收从被测光纤中返回的光信号，这些返回的光信号是由光纤本身存在(逆向)散射现象，且光纤连接点存在(菲涅尔)反射现象等原因造成的。将这些光信号数据对应接收的时间轴绘制成图形后即可得到一条 OTDR 曲线，横轴表示时间或者距离，纵轴表示接收的返回的光信号强度。如果对这些光信号的强度和属性进行分析和判断，就可实现对链路中各种"事件"的评估。如图 8-23 所示，这些事件包括以下内容：

(1) 输入端，即光源入射，这里反射值最大。

(2) 局部缺陷、接续或耦合引起的不连续性。一般曲线突然下跌，表明光发生偏转方向的反射，测试仪收到的反射光会突然减少。

(3) 均匀链路，曲线表现为恒定斜率区段。这表明该段光纤质地均匀，随着距离增加反射光越来越弱，若整个曲线呈此状态则表明光纤链路质量优良，若起伏明显则说明光纤质量不好，可考虑更换线缆。

(4) 光纤缺陷。这里光纤有杂质或断裂点，造成光的散射，测试仪收到的反射光突然增大，曲线突然上跳，之后又进入均匀区。如果曲线中此类事件较多，也需要更换线缆。

(5) 输出端，即光在射入端面发生反射，曲线上跳，之后发生连续反射，不再出现均匀区。

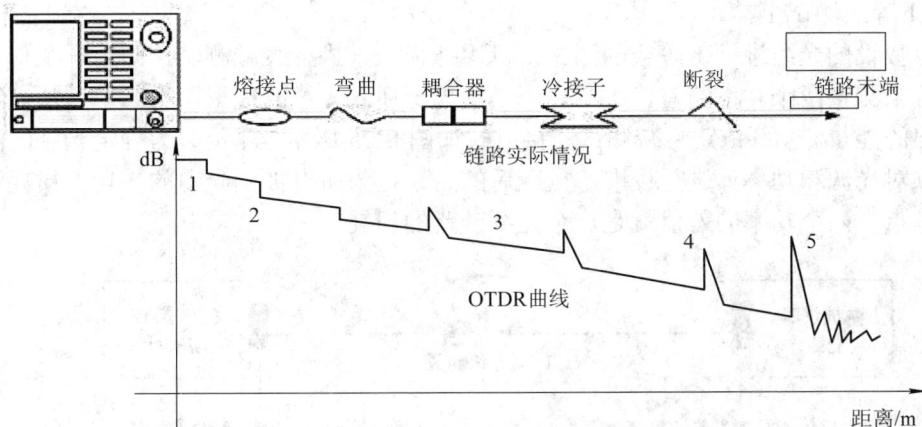

图 8-23 OTDR 曲线和对应链路位置

根据仪器绘制的 OTDR 曲线或者列出的重要的"事件"表，就可以迅速查找、确定故障点的准确位置，并判断故障的性质及类别，为分析光纤的主要特性参数提供准确的数据。

OTDR 可测试的主要参数有长度、事件点位置、光纤的衰减、衰减分布或变化情况、光纤的接头损耗、熔接点的损耗、光纤的全程回损。这些参数 OTDR 测试仪都可测试出来，并能给出事件评估表。图 8-24 所示为 OTDR 曲线和对应事件列表。

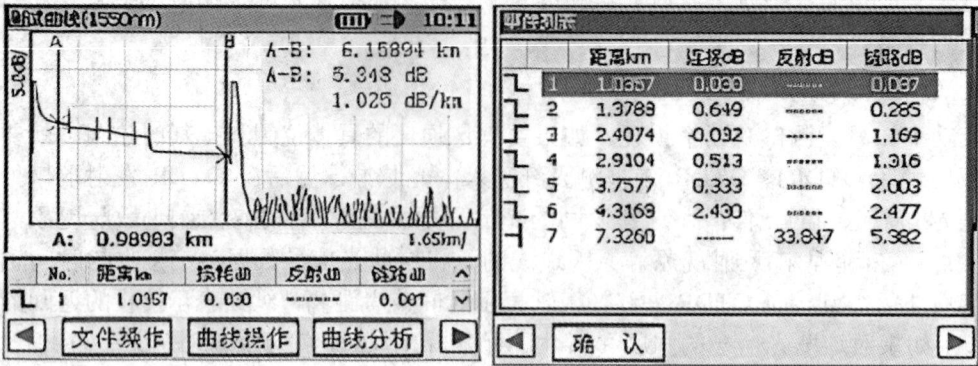

图 8-24　OTDR 测试仪绘制的曲线和对应事件列表

8.3.3　光纤现场认证测试

1. 现场测试准备工作

(1) 确定要测试的光缆；
(2) 确定要测试光纤的类型；
(3) 确定光功率计和光源与要测试的光缆类型的匹配；
(4) 校准光功率计；
(5) 确定光功率计和光源处于同一波长。

2. 光纤测试工具选择

(1) 1 等级测试工具。

对已敷设的光缆进行 1 等级的测试，可用插损法来进行衰减测试，即用一个功率计和一个光源来测量两个功率的差值。第一个是从光源注入光缆的能量，第二个是从光缆的另一端射出的能量。光纤链路衰减测试连接方式如图 8-25 所示。测量时为确定光纤的注入功率，必须对光源和功率计进行校准。校准后的结果可为所有被测光缆的光功率损耗测试提供一个基点，两个功率的差值就是这个光纤链路的损耗。

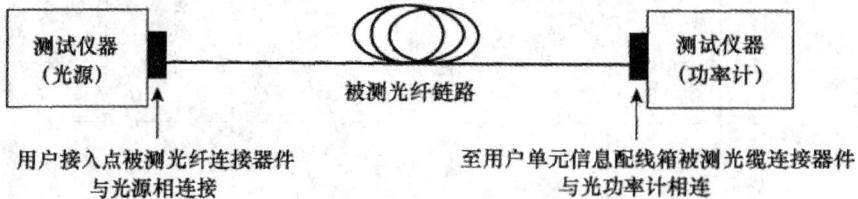

图 8-25　光纤链路衰减测试连接方式

因此，光纤链路 1 等级测试工具包括光功率计、光源、参照适配器(耦合器)、测试用光缆跳线等。除用专用的光功率计测衰减外，也可用 DTX 电缆认证分析仪的 MS 光纤套件或光纤测试适配器测试光纤衰减。

(2) 2 等级测试工具。

OTDR 测试仪因为是利用光时域反射原理，所以不需要两端测量，只需在链路一端接入测试仪，设置好参数就可以进行链路检测了。这给测试工程带来了极大便利。

OTDR 进行光纤链路的测试一般有三种方式：自动方式、手动方式、实时方式。需要快速测试整条线路的状况时，可以采用自动方式，即此时它只需要事先设置好折射率、波长等最基本的参数即可，其他参数则由仪表在测试中自动设定。手动方式需要对几个主要的参数全部进行预先准确设置，用于对测试曲线上的事件进行进一步的深度重复测试和详细分析。手动方式一般是指通过变换、移动游标、放大曲线的某一段落等功能对事件进行准确分析定位，以此提高测试的分辨率，增加测试的精度。它在光纤链路的实际诊断测试中常被采用。实时方式是指对测试曲线不断地重复测试刷新，同时观测追踪 OTDR 曲线的变化情况。它一般用于追踪正处于物理位置变动过程中的光纤，或者用于核查、确认未知路由的光纤。实时方式较少使用。

3. 光纤链路测试过程

(1) 1 等级测试过程。

1 等级测试光纤链路的目的是要了解光信号在光纤路径上的传输衰减，该衰减与光纤链路的长度、传导特性、连接器的数目、接头的多少有关。

① 测试连接前应对光连接的插头、插座进行清洁处理，防止由于接头不干净带来附加损耗，造成测试结果不准确。

② 若使用光源和光功率计，需要先测量光源能量；若使用等认证分析仪，可按操作要求设置测试内容。

③ 使用 SFP、DTX 等仪器或根据光缆上的标记计算出链路长度。

④ 按图 8-26 所示将测试设备接入链路。若使用测试仪器，需向主机输入测量损耗的标准值或被测链路的光纤类型及测试标准。

图 8-26　光链路 1 等级测试链路

⑤ 记录光率计测试值，使用仪器可直接记录测试结果。

⑥ 将所有链路测试结果导入 LinkWare 软件中生成测试报告(也可使用其他测试结果分析软件)。

(2) 2 等级测试光纤链路是要获取 OTDR 曲线图及对应事件表，依次判断整条光纤链路的状况。虽然测试内容较多，但一般采用专业工具，操作相对简单。

① 测试连接前应对光连接的插头、插座进行清洁处理，防止由于接头不干净带来附加损耗，造成测试结果不准确。

② 使用 OTDR 测试仪，按操作要求开机，并选择测试方式，一般选择自动模式，设置好折射率、波长等基本参数。

③ 按图 8-27 所示将 OTDR 测试仪接入链路，并开始测试。

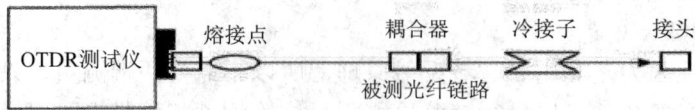

图 8-27　光链路 2 等级测试链路

④ 保存测试结果，并完成其他链路的测试。

⑤ 将所有链路测试结果导入 LinkWare 软件中生成测试报告(也可使用其他测试结果分析软件)。

4. 现场测试要求

根据 GB 50312—2016《综合布线系统工程验收规范》的规定，光纤布线系统性能现场测试时应符合下列要求：

(1) 光纤布线系统每条光纤链路均应测试，而且信道或链路的衰减应符合参数的规定，同时要记录测试所得的光纤长度。

(2) 当 OM3、OM4 光纤应用于 10Gb/s 及以上链路时，应使用发射和接收补偿光纤进行双向 OTDR 测试。

(3) 当光纤布线系统性能指标的检测结果不能满足设计要求时，宜通过 OTDR 测试曲线进行故障定位测试。

(4) 光纤到用户单元系统工程中，应检测用户接入点至用户单元信息配线箱之间的每一条光纤链路，衰减指标宜采用插入损耗法进行测试。

光缆链路现场测试时，可填写《光缆综合布线系统工程光纤性能指标测试记录》(如表 8-25 所示)，作为日后竣工验收的技术资料。

表 8-25　光缆综合布线系统工程光纤性能指标测试记录

工程项目名称			备注
工程编号			
测试模型	链路(布线系统级别)		
	信道(布线系统级别)		
信息点位置	地址码		
	线缆标识编号		
	配线端口标识码		
测试指标项目	光纤类型	测试方法	是否通过测试	处理情况

测试记录	测试日期及工程实施阶段：
	测试单位及人员：
	测试仪表型号、编号、精度校准情况和制造商；测试接线图、采用软件版本、测试光缆及适配器的详细信息(类型和制造商、相关性能指标)

实践与思考

项目 9　综合布线工程的验收

【知识目标】

(1) 了解综合布线验收国家标准；
(2) 熟悉验收要求内容和标准；
(3) 掌握竣工和验收资料的构成。

【能力目标】

(1) 能够制定综合布线系统验收方案；
(2) 会编制综合布线竣工验收文档；
(3) 会整理竣工技术文件；
(4) 能够按要求完成验收检查并记录结果。

【项目背景】

　　综合布线工程验收是工程项目四大要素"设计、产品、施工、验收"中的最后一个重要环节。它是一项系统性的工作，不仅包含了测试中介绍的链路电气和物理特性测试，还包括施工环境、工程器材、设备安装、线缆敷设、线缆端接、工程技术文档验收等。与传统印象不同，验收工作实际上贯穿于整个综合布线工程中，包括开工前检查、随工验收、初步验收和竣工验收等阶段，每一阶段都有其特定的内容。

　　综合布线工程与土建工程、其他弱电系统和供电系统密切相关，而且又涉及与其他行业间的接口处理，因此验收内容涉及面广。一旦综合布线系统全部验收合格，施工方将向用户方办理正式移交手续。

任务 9.1　验收前的准备

9.1.1　验收分类

　　对综合布线工程进行验收贯穿于整个工程的施工过程，施工单位必须执行 GB 50312—2016《综合布线系统工程验收规范》有关施工质量和环境检查的规定。建设单位应通过工地代表或工程监理人员加强工地的随工质量检查，及时组织隐蔽工程的检验和验收。根据验收时工程阶段的

验收准备

不同，可将验收分为开工前检查、随工验收、初步验收和竣工验收。

1. 开工前检查

工程验收应当从工程开工之日起就开始了，即从对工程材料的验收开始，严把产品质量关，保证工程质量。开工前检查包括设备材料检验和环境检查。设备材料检验包括：检查施工材料的仓储、采购渠道是否完善，产品规格、数量、型号是否符合设计要求，检验线缆的外护套、管材等有无破损，抽检材料的电气性能指标是否符合技术规范。环境检查包括：检查土建施工情况，施工现场的准备情况、人员、工具、器械等是否按施工计划落实，财务情况等。

对综合布线系统工程来说，开工前检查最重要的就是线缆电气性能指标测试。市场上各大品牌在过去的项目实施中都曾出现过验收测试时性能测试结果不理想的情况，施工前的电气性能测试可以解决这一重要的不确定性，做好测试记录可以作为判定施工工艺的依据。电气性能测试建议对施工用的综合布线产品进行进场测试、仿真测试和兼容性测试。

开工前检查中，一个比较容易忽略的因素是对施工工具的检查，好的工具和安装工艺都是确保工程质量的重要因素。所以综合布线项目施工前，必须对工具作出严格的要求，对工具进行测试，同时禁止使用磨损很大的旧工具进行施工安装。

2. 随工验收

在工程中为随时考核施工单位的施工水平和施工质量，部分的验收工作应该在随工中进行，这样可以及早发现工程质量问题，避免造成人力和器材的大量浪费。

随工验收应对工程的隐蔽部分边施工边验收，因为竣工验收时，一般不会再对隐蔽工程进行复查。

随工验收其实有两种性质：一种是施工单位自行进行的施工质量确认，另一种是需要出具验收报告的阶段性或隐蔽工程验收。另外，施工过程中，成熟的施工单位一般会安装完小部分线路后进行自我验证测试，以确认施工质量。这时一般不会通知监理或用户，如测试出现问题需要解决时，因为安装线路的数量不大，施工单位可自行进行调整，起到项目质量监控的作用。

3. 初步验收

初步验收是竣工验收前的环节，初步验收的时间应在原定计划的建设工期内进行，由建设单位组织相关单位(如设计、施工、监理、使用等单位)人员参加。初步验收工作包括检查工程质量和审查竣工资料，对发现的问题提出处理的意见并组织相关责任单位落实解决。

4. 竣工验收

综合布线竣工验收根据情况可在应用系统运行前和运行后进行。第一是综合布线系统工程完工后，尚未进入电话交换系统、计算机局域网或其他弱电系统的运行阶段，应先期对综合布线系统进行竣工验收；验收的依据是在初验的基础上对综合布线系统各项检测指标认真考核审查，例如全部合格且全部竣工图纸资料等文档齐全；也可对综合布线系统进行单项竣工验收。第二是综合布线系统接入电话交换系统、计算机局域网或其他弱电系统，在试运转后的半个月至三个月期间，由建设单位向上级主管部门报送竣工报告(包括工程的初步决算及试运行报告)，主管部门接到报告后，组织相关部门按竣工验收办法对工程进行验收。

工程竣工验收是工程建设的最后一个程序，对于大、中型项目可以分为初步验收和竣工验收两个阶段。

9.1.2　验收依据

验收是指按照一定标准对工程项目进行检验，认可后收下，是业主对工程项目成果的集中检验和认可。因此，验收是必须根据事先约定的内容和标准进行检测，并对检测结果进行判定。

1. 依据文件

综合布线系统工程的验收应依据以下规定来实行：

(1) 综合布线系统工程的验收首先必须以工程合同、设计方案、设计修改变更单、设备技术说明书等工程技术文件为依据。

(2) 验收应根据相应的布线系统等级选择适当的布线链路电气性能测试验收标准，如 GB50312—2016《综合布线系统工程验收规范》。

(3) 工程竣工验收项目的内容和方法应按 GB 50312—2016《综合布线系统工程验收规范》的规定执行。但由于综合布线工程是一项系统工程，不同的项目会涉及通信、机房、防雷、防火等问题，因此，综合布线工程验收还要符合对应行业的技术规范。例如：

GB 50057—2010《建筑物防雷设计规范》；

GB 50174—2008《电子计算机机房设计规范》；

GB/T 2887—2011《计算机场地技术要求》；

GB/T 9361—2011《计算机场站安全要求》；

GB 50016—2006《建筑设计防火规范》等。

(4) 由于综合布线技术日新月异，技术规范内容经常不断修订和补充，因此在验收时应注意使用最新版本的技术标准。

2. 判定原则

验收过程贯穿工程始终，给出的是对工程建设质量的评价结论。因此，应事先约定好对验收结果的判断原则，是验收工作开展的前提条件，可作为工程验收的依据之一。

根据国家标准及行业惯例，验收结果判定要求如下：

(1) 系统工程安装质量检查，各项指标符合设计要求，则被检项目检查结果为合格；被检项目的合格率为 100%，则工程安装质量判为合格。

(2) 系统性能检测中，对绞电缆布线链路、光纤信道应全部检测，竣工验收需要抽验时，抽样比例不低于 10%，抽样点应包括最远布线点。

(3) 如果一个被测项目的技术参数测试结果不合格，则该被测项目判为不合格；如果某一被测项目的检测结果与相应规定的差值在仪表准确度范围内，则该被测项目判为合格。

(4) 按 GB 50312—2016《综合布线工程验收规范》附录 B 指标要求，采用 4 对双绞电缆作为水平电缆或主干电缆，所组成的永久链路或信道有一项指标测试结果不合格，则该永久链路或信道就判定为不合格。

(5) 主干布线大对数电缆中按 4 对双绞线对进行测试，指标有一项不合格，则判为不合格。

(6) 光纤信道测试结果应满足 GB 50312—2016《综合布线工程验收规范》附录 C 的指标要求，如有一项不满足，则该光纤信道判为不合格。

(7) 未通过检测的链路、信道的电缆线对或光纤信道可在修复后复检。

(8) 对绞电缆布线全部检测时，无法修复的链路、信道或不合格线对数量有一项超过被测总数的 1%，则判为验收不合格。光缆布线检测时，如果系统中有一条光纤信道无法修复，则判为不合格。

(9) 对绞电缆布线抽样检测时，被抽样检测点(线对)不合格比例不大于被抽测总数的 1%，则视为抽样检测通过，而不合格点(线对)应予以修复并复检。否则，视为一次抽样检测未通过，应进行加倍抽样(即抽测数量加倍)，若加倍抽样不合格比例不大于 1%，则视为抽样检测通过；若加倍抽样不合格比例仍大于 1%，则视为抽样检测不通过，应进行全部检测，并按全部检测要求进行判定。

(10) 若全部检测或抽样检测的结论为合格，则验收检测的最后结论为合格；若全部检测的结论为不合格，则验收检测的最后结论为不合格。

(11) 综合布线管理子系统检测一般按标签和标识总量的 10%抽检，系统软件功能则要全部检测。若检测结果符合设计要求，则判为合格。

9.1.3　验收组织

9.1.2 节内容可知，验收标志着工程的完工和客户的认可。为了保证整个工程的质量，按综合布线行业的惯例，验收工作有以下几种组织方式。

1. 第三方验收

大中型综合布线工程主要是由中立的、有资质的第三方认证服务提供商来提供测试验收服务。这类机构由于验收是主营业务，因此相关的设备、技术和管理规程都十分成熟，而且一般检测结果都具有权威性和法律效力。有时一些工程项目实施质量出现问题而无法协调的时候，由建设方聘请第三方检测机构进行验收测试，并作为日后走法律途径的证据。这一分类服务一般有两种：一是各地官方的质量监察部门提供验收服务，二是第三方测试认证服务提供商提供验收服务。

2. 联合验收

有时一些综合布线项目为了节约开支，由施工方、建设方、监理方共同组织验收，有一些比较特殊的项目(如捐赠、专项拨款等)出资方不是建设单位时，还会加上出资方共组成四方验收。联合验收因为所有相关方都参与了，沟通方便，所以在各个阶段的验收工作更容易协调。

验收常见的为三方或四方验收，而验收机构是执行项目验收的临时组织，他们通常由以上几方的人组成相互监督的若干执行小组，在执行验收的过程共同查看、共同测试、共同记录，并对各验收的数据和结论承担共同的责任。具体来说，假如项目要抽检测试 50 条永久链路，每条链路的测试平均时间为 5 min(寻找线路时间)，总共需要 250 min(不考虑故障情况下)，则需约 4 h。此时，如有两队验收执行小组分工测试，时间就能减半，所以验收机构的规模需要根据项目的大小进行调配。一般单项项目的现场验收时间不宜拖得太长。

验收机构一般会设置验收组长，该组长一般由建设方中层或总监理师担任，每个验收执行小组的人员中应该含有施工方与另外两方的人员。但出现故障线路或不合格的施工时，做现场记录需要进行双方签字，并拍照留存。一般联合验收也会聘请一些专家或技术团队，但由于不是专业验收团队，在验收流程和测试结果上可能会出现纰漏。

3. 自我验收

很多小型的综合布线工程没有聘请专业的监理公司，其验收由建设单位和施工单位一起组织人员进行。少数改造工程项目只由施工方进行验收，建设单位只求达到所要的连通效果即可。这种验收一般只适用于小型工程和用户需求低的工程，且没有质量保证，一旦出现问题只能再去找专业机构复检，出具权威质量检测报告，通过法律途径维权。

任务 9.2　验 收 内 容

国家标准 GB 50312—2016《综合布线系统工程验收规范》对于综合布线系统的验收提出了具体的要求，除了链路电气性能测试部分，验收的主要内容还有环境检查、器材及测试仪表工具检查、设备安装检验、线缆敷设检验、线缆保护措施检验、线缆端接检验、管理系统验收等。

验收内容

9.2.1　环境检查

1. 工作区、电信间、设备间等建筑环境检查

工作区、电信间、设备间等建筑环境检查应符合下列规定：

(1) 工作区、电信间、设备间及用户单元区域的土建工程应已全部竣工。房屋地面应平整、光洁，门的高度和宽度应符合设计要求。

(2) 房屋预埋槽盒、暗管、孔洞和竖井的位置、数量、尺寸均应符合设计要求。

(3) 铺设活动地板的场所，活动地板防静电措施及接地应符合设计文件要求。

(4) 暗装或明装在墙体或柱子上的信息插座盒底距地高度宜为 300 mm。

(5) 安装在工作台侧隔板面及临近墙面上的信息插座盒底距地宜为 1000 mm。

(6) CP 集合点箱体、多用户信息插座箱体宜安装在导管的引入侧、便于维护的柱子及承重墙上等处，箱体底边距地高度宜为 500 mm；当在墙体、柱子上部或吊顶内安装时，箱体底边距地高度不宜小于 1800 mm。

(7) 每个工作区宜配置不少于两个带保护接地的单相交流 220 V/10 A 电源插座盒。电源插座宜嵌墙暗装，高度应与信息插座一致。

(8) 每个用户单元信息配线箱附近水平 70～150 mm 处，宜预留设置两个单相交流 220 V/10 A 电源插座，每个电源插座的配电线路均装设保护电器，配线箱内应引入单相交流 220 V 电源。电源插座宜嵌墙暗装，底部距地高度宜与信息配线箱一致。

(9) 电信间、设备间、进线间应设置不少于两个单相交流 220 V/10 A 电源插座盒，每个电源插座的配电线路均装设保护器。设备供电电源应另行配置。电源插座宜嵌墙暗装，底部距地高度宜为 300 mm。

(10) 电信间、设备间、进线间、弱电竖井应提供可靠的接地等电位联结端子板，接地电阻值及接地导线规格应符合设计要求。

(11) 电信间、设备间、进线间的位置、面积、高度、通风、防火及环境温、湿度等因素应符合设计要求。

2. 入口设施检查

建筑物进线间及人口设施的检查应符合下列规定：

(1) 引入管道的数量、组合排列以及与其他设施如电气、水、燃气、下水道等的位置及间距应符合设计要求。

(2) 引入线缆采用的敷设方法应符合设计要求。

(3) 管线入口部位的处理应符合设计要求，并应采取排水及防止有害气体、水、虫等进入的措施。

3. 机柜、配线箱、管槽等设施检查

机柜、配线箱、管槽等设施的安装方式应符合抗震设计要求。

9.2.2　器材及测试仪表工具检查

1. 器材检验

器材检验应符合下列规定：

(1) 工程中所用线缆和器材的品牌、型号、规格、数量、质量应在施工前进行检查，并且符合设计要求，同时具备相应的质量文件或证书。无出厂检验证明材料、质量文件或与设计不符者不得在工程中使用。

(2) 进口设备和材料应具有产地证明和商检证明。

(3) 经检验的器材应做好记录，对不合格的器件应单独存放，以备核查与处理。

(4) 工程中使用的缆线、器材应与订货合同或封存的产品样品在规格、型号、等级上相符。

(5) 备品、备件及各类文件资料应齐全。

2. 型材、管材与铁件的检查

型材、管材与铁件的检查应符合下列规定：

(1) 地下通信管道和人(手)孔所使用器材的检查及室外管道的检验，应符合现行国家标准《通信管道工程施工及验收规范》GB 50374 的有关规定。

(2) 各种型材的材质、规格、型号应符合设计要求，表面光滑、平整，不得变形、断裂。

(3) 金属导管、桥架及过线盒、接线盒等表面涂覆或镀层应均匀、完整，不得变形、损坏。

(4) 室内管材采用金属导管或塑料导管时，其管身光滑、无伤痕，管孔无变形，孔径、壁厚应符合设计要求。

(5) 金属管槽应根据工程环境要求做镀锌或其他防腐处理；塑料管槽应采用阻燃型管槽，外壁应具有阻燃标记。

(6) 各种金属件的材质、规格均应符合质量要求，不得有歪斜、扭曲、飞刺、断裂或

破损。

(7) 金属件的表面处理和镀层应均匀、完整，表面光洁，无脱落、气泡等缺陷。

3. 线缆的检验

线缆的检验应符合下列规定：

(1) 工程使用的电缆和光缆的型式、规格及线缆的阻燃等级应符合设计文件要求。

(2) 线缆的出厂质量检验报告、合格证、出厂测试记录等各种随盘资料应齐全，所附标识、标签内容也应齐全、清晰，并且外包装应注明型号和规格。

(3) 电缆外包装和外护套需要完整无损，当该盘、箱外包装损坏严重时，应按电缆产品要求进行检验，测试合格后再在工程中使用。

(4) 电缆需要附有本批量的电气性能检验报告，施工前应按电缆产品标准对盘、箱的电缆长度及指标参数进行抽验，提供的设备电缆及跳线也应抽验，并做测试记录。

(5) 光缆开盘后应检查光缆端头封装是否良好。当光缆外包装或光缆护套有损伤时，应对该盘光缆进行光纤性能指标测试，并应符合下列规定：

① 当有断纤时，应进行处理，在检查合格后方可使用；

② 光缆 A、B 端标识应正确、明显；

③ 光纤检测完毕后，端头应密封固定，并恢复外包装。

(6) 单盘光缆应对每根光纤进行长度测试。

(7) 光纤插接软线或光跳线检验应符合下列规定：

① 两端的光纤连接器件端面应装配合适的保护盖帽；

② 光纤应有明显的类型标记，并符合设计文件要求；

③ 应使用光纤端面测试仪对该批量光连接器件端面进行抽验，比例不宜大于 5%～10%。

4. 连接器件的检验

连接器件的检验应符合下列规定：

(1) 配线模块、信息插座模块及其他连接器件的部件应完整，电气和机械性能等指标应符合相应产品的质量标准。塑料材质应具有阻燃性能，并满足设计要求。

(2) 光纤连接器件及适配器的型式、数量、端口位置应与设计相符。光纤连接器件外观平滑、洁净，不应有油污、毛刺、伤痕及裂纹等缺陷，各零部件组合应严密、平整。

5. 配线设备检查

配线设备的使用应符合下列规定：

(1) 光、电缆配线设备的型式、规格应符合设计要求。

(2) 光、电缆配线设备的编排及标识名称应与设计相符。各类标识名称应统一，标识位置正确、清晰。

6. 测试仪表和工具的检验

测试仪表和工具的检验应符合下列规定：

(1) 应事先对工程中需要使用的仪表和工具进行测试或检查，线缆测试仪表应附有检测机构的证明文件。

(2) 测试仪表应能测试相应布线等级的各种电气性能及传输特性。其精度应符合相应要求，并按相应的鉴定规程和校准方法进行定期检查和校准，经过计量部门校验取得合格证后方可在有效期内使用。测试仪表应符合下列规定：

① 测试仪表应具有测试结果的保存功能并提供输出端口；

② 测试仪表可将所有存储的测试数据输出至计算机和打印机，同时测试数据不应被修改；

③ 测试仪表应能提供所有测试项目的概要和详细的报告；

④ 测试仪表应提供汉化的通用人机界面。

(3) 施工前，应对剥线器、光缆切断器、光纤熔接机、光纤磨光机、光纤显微镜、卡接工具等电缆或光缆的施工工具进行检查，合格后方可在工程中使用。

7. 其他检查内容

(1) 现场尚无检测手段取得屏蔽布线系统所需的相关技术参数时，可将认证检测机构或生产厂家附有的技术报告作为检查依据。

(2) 对绞电缆电气性能与机械特性、光缆传输性能以及连接器件的具体技术指标应符合设计要求。性能指标不符合设计要求的设备和材料不得在工程中使用。

9.2.3　设备安装检验

1. 机柜、配线箱的安装

机柜、配线箱等设备的规格、容量、位置应符合设计要求，并且其安装应符合下列规定：

(1) 垂直偏差度不应大于 3 mm。

(2) 机柜上的各种零件不得脱落或碰坏，漆面不应有脱落及划痕，各种标识应完整、清晰。

(3) 在公共场所安装配线箱时，壁嵌式箱体底边距地不宜小于 1.5 m，墙挂式箱体底面距地不宜小于 1.8 m。

(4) 门锁的启闭应灵活、可靠。

(5) 机柜、配线箱及桥架等设备的安装应牢固。当有抗震要求时，应按抗震设计进行加固。

2. 配线部件的安装

各类配线部件的安装应符合下列规定：

(1) 各部件应完整，安装就位，标志齐全、清晰；

(2) 安装螺丝应拧紧，面板应保持在一个平面上。

3. 信息插座模块的安装

信息插座模块的安装应符合下列规定：

(1) 信息插座底盒、多用户信息插座及集合点配线箱、用户单元信息配线箱安装位置和高度应符合设计要求。

(2) 信息插座模块安装在活动地板内或地面上时应固定在接线盒内，插座面板采用直立和水平等形式；接线盒盖可开启，并应具有防水、防尘、抗压功能；接线盒盖面应与地面齐平。

（3）信息插座底盒同时安装信息插座模块和电源插座时，间距及采取的防护措施应符合设计要求。

（4）信息插座底盒明装的固定方法应根据施工现场条件而定。

（5）固定螺丝应拧紧，不应产生松动现象。

（6）各种插座面板应有标识，即以颜色、图形、文字表示所接终端设备业务类型。

（7）工作区内端接光缆的光纤连接器件及适配器安装底盒应具有空间，并符合设计要求。

4. 桥架的安装

线缆桥架的安装应符合下列规定：

（1）安装位置应符合施工图要求，左右偏差不应超过 50 mm；

（2）安装水平度每米偏差不应超过 2 mm；

（3）垂直安装应与地面保持垂直，垂直度偏差不应超过 3 mm；

（4）桥架截断处及拼接处应平滑、无毛刺；

（5）吊架和支架安装应保持垂直、整齐牢固，无歪斜现象；

（6）金属桥架及金属导管各段之间应保持连接良好、安装牢固；

（7）采用垂直槽盒布放线缆时，支撑点宜避开地面沟槽和槽盒位置，支撑应牢固。

5. 其他安装要求

安装机柜、配线箱、配线设备屏蔽层及金属导管、桥架使用的接地体应符合设计要求，就近接地，并保持良好的电气连接。

9.2.4 线缆敷设检验

1. 线缆敷设的检查

线缆的敷设应符合下列规定：

（1）线缆的型式、规格应与设计规定相符。

（2）线缆在各种环境中的敷设方式、布放间距均应符合设计要求。

（3）线缆的布放应自然平直，不得产生扭绞、打圈等现象，不应受外力的挤压和损伤。

（4）线缆的布放路由中不得出现线缆接头。

（5）线缆两端应贴有标签并标明编号；标签书写应清晰、端正和正确，并选用不易损坏的材料。

（6）线缆应有裕量以适应端接、检测和变更。有特殊要求的按设计要求预留长度，并应符合下列规定：

① 对绞电缆在端接处，预留长度在工作区信息插座底盒内宜为 30~60 mm，电信间宜为 0.5~2.0 m，设备间宜为 3~5 m。

② 光缆布放路由应盘留，预留长度宜为 3~5 m。光缆在配线柜处预留长度应为 3~5 m，楼层配线箱处光纤预留长度应为 1.0~1.5 m，配线箱端接时预留长度不应小于 0.5 m。光缆纤芯在配线模块处不进行端接时，应保留光缆施工预留长度。

（7）线缆的弯曲半径应符合下列规定：

① 非屏蔽和屏蔽 4 对对绞电缆的弯曲半径不应小于电缆外径的 4 倍。

② 主干对绞电缆的弯曲半径不应小于电缆外径的 10 倍。

③ 2 芯或 4 芯水平光缆的弯曲半径应大于 25mm；其他芯数的水平光缆、主干光缆和室外光缆的弯曲半径不应小于光缆外径的 10 倍。

④ G. 657、G. 652 用户光缆弯曲半径应符合表 9-1 的规定。

表 9-1 光缆布线的曲率半径验收要求

光缆类型		静态弯曲
室内外光缆		15D/15H
微型自承式通信用室外光缆		10D/10H 且不小于 30 mm
管道入户光缆 蝶形引入光缆 室内布线光缆	G. 652D 光纤	10D/10H 且不小于 30 mm
	G. 657A 光纤	5D/5H 且不小于 15 mm
	G. 657B 光纤	5D/5H 且不小于 10 mm

注：D 为缆芯处圆形护套外径；H 为缆芯处扁形护套短轴的高度。

(8) 综合布线系统线缆与其他管线的间距应符合设计要求，并应符合下列规定：

① 电力电缆与综合布线系统线缆应分隔布放，并符合表 9-2 的规定。

表 9-2 对绞线缆与电力线缆净距验收要求

条件	最小净距/mm		
	380 V <2 kV·A	380 V 2～5 kV·A	380 V >5 kV·A
对绞电缆与电力电缆平行敷设	130	300	600
有一方在接地的金属槽盒或金属导管中	70	150	300
双方均在接地的金属槽盒或金属导管中	10	80	150

注：双方都在接地的槽盒中，系指两个不同的槽盒；也可在同一槽盒中用金属板隔开，且平行长度小于等于 10 m。

② 室外墙上敷设的综合布线管线与其他管线的间距应符合表 9-3 的规定。

表 9-3 综合布线管线与其他管线的间距

管线种类	平行净距/mm	垂直交叉净距/mm
防雷专设引下线	1000	300
保护地线	50	20
热力管(不包封)	500	500
热力管(包封)	300	300
给水管	150	20
燃气管	300	20
压缩空气管	150	20

③ 综合布线线缆宜单独敷设，与其他弱电系统各子系统线缆间距应符合设计要求。

④ 对于有安全保密要求的工程，综合布线线缆与信号线、电力线、接地线的间距应符合相应的保密规定和设计要求，并且综合布线线缆应采用独立的金属导管或金属槽盒敷设。

(9) 屏蔽电缆的屏蔽层端到端应保持完好的导通性，屏蔽层不应承载拉力。

2. 预埋管槽的检查

采用预埋槽盒和暗管敷设线缆应符合下列规定：

(1) 槽盒和暗管的两端宜用标识表示编号等内容。

(2) 预埋槽盒宜采用金属槽盒，截面利用率应为 30%～50%。

(3) 暗管宜采用铜管或阻燃聚氯乙烯导管。布放大对数主干电缆及 4 芯以上光缆时，直线管道的管径利用率应为 50%～60%，弯导管应为 40%～50%；布放 4 对对绞电缆或 4 芯及以下光缆时，管道的截面利用率应为 25%～30%。

(4) 对金属材质有严重腐蚀的场所，不宜采用金属的导管、桥架布线。

(5) 在建筑物吊顶内应采用金属导管、槽盒布线。

(6) 导管、桥架跨越建筑物变形缝时，应设置补偿装置。

3. 桥架敷设检查

设置桥架敷设线缆应符合下列规定：

(1) 密封槽盒内线缆布放应顺直，不宜交叉，在线缆进出槽盒部位、转弯处应绑扎固定。

(2) 梯架或托盘内垂直敷设线缆时，应将线缆的上端和每间隔 1.5 m 处固定在梯架或托盘的支架上；水平敷设时，应将线缆的首、尾、转弯及每间隔 5 m～10 m 处进行固定。

(3) 在水平、垂直梯架或托盘中敷设线缆时，应对线缆进行绑扎；对绞电缆、光缆及其他信号电缆应根据线缆的类别、数量、缆径、线缆芯数分束绑扎。绑扎间距不宜大于 1.5 m，间距应均匀，不宜绑扎过紧以免使线缆受到挤压。

(4) 室内光缆在梯架或托盘中敞开敷设时应在绑扎固定段加装垫套。

4. 顶棚敷设检查

采用吊顶支撑柱(垂直槽盒)在顶棚内敷设线缆时，每根支撑柱所辖范围内的线缆可不设置密封槽盒进行布放，但应分束绑扎；线缆应阻燃，且线缆选用应符合设计要求。

5. 建筑群子系统敷设检查

建筑群子系统采用架空、管道、电缆沟、电缆隧道、直埋、墙壁及暗管等方式敷设线缆的施工质量检查和验收应符合现行行业标准《通信线路工程验收规范》YD 5121 的有关规定。

9.2.5　线缆保护措施检验

1. 配线子系统线缆敷设保护

(1) 金属导管、槽盒明装敷设时，应符合下列规定：

① 槽盒明敷设时，与横梁或侧墙或其他障碍物的间距不宜小于 100 mm；

② 槽盒的连接部位不应设置在穿越楼板处和实体墙的孔洞处；

③ 竖向导管、电缆槽盒的墙面固定间距不宜大于 1500 mm；

④ 在距接线盒 300 mm 处、弯头处两边、每隔 3m 处均应采用管卡固定。

(2) 预埋金属槽盒保护应符合下列规定：

① 在建筑物中预埋槽盒，宜按单层设置；每一路由进出同一过线盒的预埋槽盒均不应超过 3 根，槽盒截面高度不宜超过 25 mm，总宽度不宜超过 300 mm；槽盒路由中当包括过

线盒和出线盒时，截面高度宜在 70～100 mm 范围内。

② 槽盒直埋长度超过 30 m 或在槽盒路由交叉、转弯时，宜设置过线盒。

③ 过线盒盖应能开启，并与地面齐平，盒盖处应具有防灰与防水功能。

④ 过线盒和接线盒盒盖应能抗压。

⑤ 从金属槽盒至信息插座模块接线盒的线缆或金属槽盒与金属钢管之间相连接时的线缆宜采用金属软管敷设。

(3) 预埋暗管保护应符合下列规定：

① 金属管敷设在钢筋混凝土现浇楼板内时，导管的最大外径不宜大于楼板厚度的 1/3；导管在墙体、楼板内敷设时，其保护层厚度不宜小于 30 mm。

② 导管不应穿越机电设备基础。

③ 预埋在墙体中间暗管的最大管外径不宜超过 50 mm，楼板中暗管的最大管外径不宜超过 25 mm，室外管道进入建筑物的最大管外径不宜超过 100 mm。

④ 直线布管每 30 m 处，有 1 个转弯的管段长度超过 20 m 时、有两个转弯长度不超过 15 m 时，路由中反向(U 形)弯曲的位置均应设置过线盒。

⑤ 暗管的转弯角度应大于 90°。在布线路由上每根暗管的转弯角不得多于两个，并不应有 S 弯出现。

⑥ 暗管管口应光滑并加有护口保护，管口伸出部位宜为 25～50 mm。

⑦ 至楼层电信间暗管的管口应排列有序，便于识别与布放线缆。

⑧ 暗管内应安置牵引线或拉线。

⑨ 管路转弯的曲率半径不应小于所穿入线缆的最小允许弯曲半径，并且不应小于该管外径的 6 倍；当暗管外径大于 50 mm 时，曲率半径不应小于该管外径的 10 倍。

(4) 设置桥架保护应符合下列规定：

① 桥架底部应高于地面且不应小于 2.2 m，顶部距建筑物楼板不宜小于 300 mm，与梁及其他障碍物交叉处间的距离不宜小于 50 mm。

② 梯架、托盘水平敷设时，支撑间距宜为 1.5～3.0 m。垂直敷设时固定在建筑物构体上的间距宜小于 2 m，距地 1.8 m 以下部分应加金属盖板保护或采用金属走线柜包封，但门应可开启。

③ 直线段梯架、托盘每超过 15～30 m 或跨越建筑物变形缝时，应设置伸缩补偿装置。

④ 金属槽盒明装敷设时，在槽盒接头处、每隔 3 m 处、距槽盒两端出口 0.5 m 处和转弯处均应设置支架或吊架。

⑤ 塑料槽盒槽底固定点间距宜为 1 m。

⑥ 线缆桥架转弯半径不应小于槽内线缆的最小允许弯曲半径，直角弯处最小弯曲半径不应小于槽内最粗线缆外径的 10 倍。

⑦ 桥架穿过防火墙体或楼板时，线缆布放完成后应采取防火封堵措施。

(5) 网络地板线缆敷设保护应符合下列规定：

① 槽盒之间应沟通；

② 槽盒盖板应可以开启；

③ 主槽盒的宽度宜为 200～400 mm，支槽盒宽度不宜小于 70 mm；

④ 可开启的槽盒盖板与明装插座底盒间应采用金属软管连接；

⑤　地板块与槽盒盖板应抗压、抗冲击和阻燃；

⑥　具有防静电功能的网络地板应整体接地；

⑦　网络地板板块间的金属槽盒段与段之间应保持良好导通并接地。

2. 干线子系统线缆敷设保护

干线子系统线缆敷设保护方式应符合下列规定：

(1)　线缆不能布放在电梯或供水、供气、供暖管道竖井中，亦不宜布放在强电竖井中。当与强电共用竖井布放时，线缆的布放应符合表 9-2 中的规定。

(2)　电信间、设备间、进线间之间干线通道应沟通。

3. 机房内线缆敷设保护

(1)　在机房里采用架空活动地板下敷设线缆时，地板内净空应为 150～300 mm；当空调采用下送风方式时，地板内净高应为 300～500 mm。

(2)　其他方式的线缆敷设保护应符合前文中讲述的保护措施标准。

4. 建筑群子系统线缆敷设保护

(1)　建筑群子系统线缆敷设保护方式应符合设计要求。

(2)　当电缆从建筑物外面进入建筑物时，应选用适配的信号线路浪涌保护器，并应符合现行国家标准《综合布线系统工程设计规范》GB 50311 的有关规定。

5. 其他保护

当综合布线线缆与大楼弱电系统线缆采用同一槽盒或托盘敷设时，各子系统之间应采用金属板隔开，间距应符合设计要求。

9.2.6　线缆端接检验

线缆端接在项目 8 中已提及，是因为线缆与连接器的端接会直接影响链路的电气性能。但除了与连接器端接外，线缆端接还有其他的验收要求，具体内容如下。

1. 线缆端接

线缆端接应符合下列规定：

(1)　线缆在端接前，应核对线缆标识内容是否正确。

(2)　线缆端接处应牢固、接触良好。

(3)　对绞电缆与连接器件连接应认准线号、线位色标，不得颠倒和错接。

2. 跳线端接

各类跳线的端接应符合下列规定：

(1)　各类跳线线缆和连接器件间应接触良好、接线无误，标识齐全。跳线选用类型应符合系统设计要求。

(2)　各类跳线长度及性能参数指标应符合设计要求。

9.2.7　管理系统验收

根据 GB 50312—2016《综合布线系统工程验收规范》要求，布线管理系统宜按下列规定进行分级：一级管理应针对单一电信间或设备间的系统；二级管理应针对同一建筑物内多个电信间或设备间的系统；三级管理应针对同一建筑群内多栋建筑物的系统，并包括建筑物内部及外部系统；四级管理应针对多个建筑群的系统。

在验收综合布线管理系统时应符合下列规定：

(1) 管理系统级别的选择应符合设计要求。

(2) 需要管理的每个组成部分均应设置标签，并由唯一的标识符进行表示。标识符与标签的设置应符合设计要求。

(3) 管理系统的记录文档应详细、完整且汉化，并包括每个标识符相关信息、记录、报告、图纸等内容。

(4) 不同级别的管理系统可采用通用电子表格、专用管理软件或智能配线系统等进行维护管理。

1. 标识符与标签的设置

综合布线管理系统的标识符与标签的设置应符合下列规定：

(1) 标识符应包括安装场地、线缆终端位置、线缆管道、水平线缆、主干线缆、连接器件、接地等类型的专用标识。系统中每一组件应指定一个唯一的标识符。

(2) 电信间、设备间、进线间所设置配线设备及信息点处均应设置标签。

(3) 每根线缆应指定专用标识符并标在线缆的护套上，或在距每一端护套 300 mm 内设置标签；线缆的成端点应设置标签，标记指定的专用标识符。

(4) 接地体和接地导线应指定专用标识符；标签应设置在靠近导线和接地体连接处的明显部位。

(5) 根据设置的部位不同，可使用粘贴型、插入型或其他类型标签。标签内容应清晰，材质应符合工程应用环境要求，具有耐磨、抗恶劣环境、附着力强等性能。

(6) 成端色标应符合线缆的布放要求，线缆两端成端点的色标颜色应一致。

2. 管理信息记录和报告要求

综合布线系统各个组成部分的管理信息记录和报告应符合下列规定：

(1) 记录应包括管道、线缆、连接器件及连接位置、接地等内容，各部分记录中还应包括相应的标识符、类型、状态、位置等信息。

(2) 报告应包括管道、安装场地、线缆、接地系统等内容，各部分报告中还应包括相应的记录。

(3) 当综合布线系统工程采用由布线工程管理软件和电子配线设备组成的智能配线系统进行管理和维护工作时，应按专项系统工程进行验收。

以上是基于竣工验收关于现场验收的全部内容，现场验收应包括布线工程电气测试内容。但对于大中型布线项目来说，现场验收项目工程量较大，且需要专业团队施行，所以一般先期作为认证测试工程专项完成，竣工验收现场可进行抽检；像线缆、管材、设备、工具等成品产品，一般在开工前或进场前验收完毕；一些暗埋管、电缆沟等隐蔽工程应在未封闭前由第三方或联合验收组随工完成验收并记录签证，竣工验收时仅查看验收签证或抽检。为方便读者系统掌握验收项目及内容，现将综合布线系统工程的验收项目汇总如表 9-4 所示。

表 9-4　综合布线系统工程验收项目汇总表

阶段	验收项目	验收内容	验收方式
施工前检查	施工前准备资料	(1) 已批准的施工图； (2) 施工组织计划； (3) 施工技术措施	施工前检查
	环境要求	(1) 土建施工情况：地面、墙面、门、电源插座及接地装置； (2) 土建工艺情况：机房面积、预留孔洞； (3) 施工电源情况； (4) 地板铺设情况； (5) 建筑物入口设施检查	
	器材检验	(1) 按工程技术文件对设备、材料、软件进行进场验收； (2) 外观检查； (3) 品牌、型号、规格、数量检查； (4) 电缆及连接器件电气性能测试； (5) 光纤及连接器件特性测试； (6) 测试仪表和工具检验	
	安全、防火要求	(1) 施工安全措施； (2) 消防器材； (3) 危险物的堆放； (4) 预留孔洞防火措施	
设备安装	电信间、设备间、设备机柜、机架	(1) 规格、外观检查； (2) 安装垂直度、水平度； (3) 油漆不得脱落，标识完整齐全； (4) 各种螺丝必须紧固； (5) 抗震加固措施； (6) 接地措施及接地电阻	随工检验
	配线模块及8位模块式通用插座	(1) 规格、位置、质量检查； (2) 各种螺丝必须拧紧； (3) 标识齐全； (4) 安装符合工艺要求； (5) 屏蔽层可靠连接	
线缆布放（楼内）	线缆桥架布放	(1) 安装位置正确； (2) 安装符合工艺要求； (3) 符合布放线缆工艺要求； (4) 接地措施	随工检验或隐蔽工程签证
	线缆暗敷	(1) 线缆规格、路由、位置； (2) 符合布放线缆工艺要求； (3) 接地措施	隐蔽工程签证

续表一

阶段	验收项目	验收内容		验收方式
线缆布放 (楼间)	架空线缆	(1) 吊线规格、架设位置、装设规格; (2) 吊线垂度; (3) 线缆规格; (4) 卡、挂间隔; (5) 线缆的引入符合工艺要求		随工检验
	管道线缆	(1) 使用管孔孔位; (2) 线缆规格; (3) 线缆走向; (4) 线缆的防护设施的设置质量		隐蔽工程签证
	埋式线缆	(1) 线缆规格; (2) 敷设位置、深度; (3) 线缆的防护设施的设置质量; (4) 回填土夯实质量		
	通道线缆	(1) 线缆规格; (2) 安装位置、路由; (3) 土建设计符合工艺要求		
	其他	(1) 通信线路与其他设施的间距; (2) 进线间设施安装、施工质量		随工检验或 隐蔽工程签证
线缆成端	RJ-45、非 RJ-45 通用插座	符合工艺要求		随工检验
	线缆成端光纤 连接器件			
	各类跳线			
	配线模块			
系统测试	各等级的电 缆布线系统 工程电气性 能测试内容	A、C、D、E、E_A、F、F_A	(1) 接线图; (2) 长度; (3) 衰减(只为 A 级布线系统); (4) 近端串系统测试音; (5) 传播时延; (6) 传播时延偏差; (7) 直流环路电阻	竣工检验 (随工测试)
		C、D、E、E_A、F、F_A	(1) 插入损耗; (2) 回波损耗	

续表二

阶段	验收项目	验收内容	验收方式	阶段
系统测试	各等级的电缆布线系统工程电气性能测试内容	D、E、E_A、F、F_A	(1) 近端串音功率和; (2) 衰减近端串音比; (3) 衰减近端串音比功率和; (4) 衰减远端串音比; (5) 衰减远端串音比功率和	
		E_A、F_A	(1) 外部近端串音功率和; (2) 外部衰减远端串音比功率和	
		屏蔽布线系统屏蔽层的导通		竣工检验(随工测试)
		为可选的增项测试 (D_E、E_A、F、F_A)	(1) TLC; (2) ELTCTL; (3) 耦合衰减, (4) 不平衡电阻	
	光纤特性测试	(1) 衰减; (2) 长度; (3) 高速光纤链路 OTDR 曲线		
管理系统	管理系统级别	符合设计文件要求竣工检验		竣工检验
	标识符与标签设置	(1) 专用标识符类型及组成; (2) 标签设置; (3) 标签材质及色标		
	记录和报告	(1) 记录信息; (2) 报告; (3) 工程图纸		
	智能配线系统	作为专项工程		
工程总验收	竣工技术文件	清点、交接技术文件		
	工程验收评价	考核工程质量,确认验收结果		

任务9.3 验收竣工文档

竣工验收包括物理验收和竣工资料文档验收。物理验收的检测结论作为工程验收的依据之一,是工程竣工资料的重要组成部分。工程竣工资料包含了整个项目的设计、组织、施工、变更、验收等全部资料文档,是日后项目管理和维护的重要依据。竣工资料文档的形成过程是贯穿工程项目始终的,项目启动后的工程设计方案、工程施工前的施工计划、施工开始后的工程管理文档和施工记录都是竣工资料文档的组成部分。

竣工文档

9.3.1 竣工资料文档内容

竣工资料文档一般包含四部分内容，分别为工程技术文件、验收技术文件、施工管理文件、竣工图纸。工程技术文件是项目实施过程中的设计文档、事件发生汇总和确认资料，包含工程说明、设计方案、变更申请、审批、报告、函件等。验收技术文件是指施工单位施工完成后，提交三方作为验收依据的工程量、安装记录等文件。施工管理文件包含施工计划、人员管理架构、施工实际进度等相关资料。竣工图纸是指工程验收后，确认无误并经三方共同会签的最终图纸。表 9-5 为常见的竣工资料文档目录。

表 9-5 竣工资料文档目录

序号	文件类别	文件标题名称	页数	备注
1	工程技术文件	工程说明		
		设计文档		
2		开工报告		
3		施工组织设计方案报审表		
4		开工令		
5		材料进场记录单		
6		设备进场记录单		
7		设计变更确认函		
8		工程延期申请表(有临时延期和最终延期两种)		
9		隐蔽工程报验申请表		
10		工程材料报审表(附材料数量清单及厂家证明文件)		
11		已安装工程量总表		
12		重大工程质量事故报告		
13	验收技术文件	工程交接书		
14		工程竣工验收报告(隐蔽工程、初验、终验等)		
15		工程验收证明书		
16		已安装设备清单		
17		安装工艺检查表		
18		线缆穿布记录表		
19		信息点抽检测试验收记录表		
20		光纤链路抽检测试验收记录表		
21		综合布线系统机柜安装检查记录表		
22		接地系统检查记录表		
23	施工管理文件	项目联系人列表		
24		人员结构		
25		施工进度表		

序号	文件类别	文件标题名称	页数	备注
26		综合布线信息点分布图(最终)		
27		综合布线系统图(最终)		
28		机柜设备安装图		
29	竣工图纸	主干管槽路由图		
30		暗装管槽平面图(包含封闭前照片)		
31		暗装管槽立面图(包含封闭前照片)		
32		建筑群主干路由图		
33		标识管理文件(含标号规则、端口对应表等)		

9.3.2 验收竣工资料文档

竣工资料文档在组织验收之前就要由承建方准备齐全，它是验收的必备资料。竣工资料文档的制作：施工方一般会将原始签字文件进行扫描，将各文件根据目录排列后装订成册，文件应该一式三份，若项目涉及多方参与的，可适当增加文件份数。正式版的文件在封面等地方应该留有会签的栏目，涉及图纸等幅面过大的文件不能装订在一份文件里时，需要将图纸等作为附件，并在文档中留下文字指引。

经过验收组织的验收，确认项目施工的过程和施工质量均达到要求后，三方(建设方、承建方、监理方)共同签订验收合格证(文件)，待后续工程移交工作(剩余材料、尾款等)完成，择时宣布工程竣工。若验收时发现有需要返工的地方，则可以要求施工单位重新修正后进行针对性验收。

实践与思考

提 升 篇

　　本篇内容以综合布线工程项目管理者的视角切入，重点讲述项目成立过程、项目建设管理过程的方法和注意事项。一方面，使读者换个角度看问题，重新审视整个综合布线工程的生命周期中的要点内容，并结合自身工作，学会反思和创新；另一方面，明确职业发展方向，帮助读者建立专业知识体系结构，合理进行职业发展规划。

　　本篇仅含一个项目，即项目 10 综合布线工程的项目管理。该项目将带领读者认识综合布线工程项目的基本管理方法。建议占用 8 学时的学习时间。

项目 10　综合布线工程的项目管理

【知识目标】

(1) 了解综合布线工程项目管理的内容；

(2) 了解综合布线工程项目的招投标程序；

(3) 了解综合布线工程项目施工组织的内容；

(4) 了解综合布线工程现场管理的内容。

【能力目标】

(1) 能够参与组织综合布线系统工程的招投标活动；

(2) 能够制订合理的综合布线工程的施工计划；

(3) 能够采用项目管理方法控制项目施工质量。

【项目背景】

项目管理是一种公认的管理模式，它起源于传统行业，目前广泛应用于各行各业。项目管理应适应瞬息万变的组织经营环境，以提高企业的核心竞争力。综合布线工程项目一般不是独立的，是信息系统集成项目的一部分。计算机信息系统集成行业较之其他传统行业，更具有动态性和不确定性，因此其项目管理过程不能简单重复，灵活性较强。对计算机信息系统集成项目实施项目管理可以规范项目需求、降低项目成本、缩短项目工期、保证项目质量，使成本、时间、质量呈现最优化的配置，最终达到满足用户需求和保障公司利益的目的。项目管理通过项目经理来实现，本项目内容以综合布线工程为重点介绍项目经理的工作任务。

在综合布线工程中，项目经理的工作贯穿于从招投标到项目准备、项目实施、项目验收的整个工作过程。综合布线与计算机信息系统集成和智能建筑系统集成联系紧密，所以其内容多、应用范围广。

任务 10.1　工程项目的管理

10.1.1　项目管理的概念

项目管理是第二次世界大战后期发展起来的重大新管理技术之一，

项目管理

最早起源于美国。项目管理(Project Management，PM)是美国最早的曼哈顿计划(即美国陆军部于 1942 年 6 月开始实施利用核裂变反应来研制原子弹的计划)开始的名称。后由华罗庚教授于 20 世纪 50 年代引进中国，那时叫统筹法和优选法，如今直译为项目管理。它在工程技术和工程管理领域已得到广泛应用。所谓项目管理，是指项目的管理者在有限的资源约束下，运用系统的观点、方法和理论，对项目所涉及的全部工作进行有效管理，即从项目的投资决策开始到项目结束的全过程进行计划、组织、指挥、协调、控制和评价，以实现项目的目标。其目的是通过运用科学的项目管理技术，更好地实现项目目标。项目管理职能主要由项目经理来执行。

1. 项目管理的分类

项目管理本身属于项目管理工程的大类，项目管理工程包括开发管理(DM)、项目管理(PM)、设施管理(FM)以及建筑信息模型(BIM)；项目管理又分为三大类：信息项目管理、工程项目管理和投资项目管理。信息项目管理是指在 IT 行业的项目管理；工程项目管理主要是指项目管理在工程建设类项目中的应用；投资项目管理主要应用于金融投资板块的项目，偏向于风险把控。综合布线项目涉及了信息项目管理和工程项目管理，根据项目类型不同或组织方式不同具有不同的管理特色。

2. 项目管理的内容

项目管理是运用管理的知识、工具和技术于项目活动上，来达到解决项目问题的目的或满足项目的需求。所谓管理，包含领导(leading)、组织(organizing)、用人(staffing)、计划(planning)、控制(controlling)等五项主要工作。具体内容如下：

(1) 项目范围管理，是指为了实现项目的目标，对项目的工作内容进行控制的管理过程。它包括范围的界定，范围的规划，范围的调整等。

(2) 项目时间管理，是指为了确保项目最终按时完成的一系列管理过程。它包括具体活动界定、活动排序、时间估计、进度安排及时间控制等工作。

(3) 项目成本管理，是指为了保证完成项目的实际成本、费用不超过预算成本、费用的管理过程。它包括资源的配置，成本、费用的预算以及费用的控制等项工作。

(4) 项目质量管理，是指为了确保项目达到客户所规定的质量要求所实施的一系列管理过程。它包括质量规划，质量控制、质量保证等。

(5) 项目人力资源管理，是指为了保证所有项目关系人的能力和积极性都得到最有效地发挥和利用所做的一系列管理措施。它包括组织规划、团队建设、人员选聘、项目班子建设等一系列工作。

(6) 项目沟通管理，是指为了确保项目信息的合理收集和传输所需要实施的一系列措施。它包括沟通规划，信息传输、进度报告等。

(7) 项目风险管理，是指为了管理项目可能遇到的各种不确定风险因素所采取的一系列措施。它包括风险识别，风险量化，制定对策、风险控制等。

(8) 项目采购管理，是指为了从项目实施组织之外获得所需资源或服务而采取的一系列管理措施。它包括采购计划、采购与征购、资源的选择以及合同的管理等工作。

(9) 项目集成管理，是指为了确保项目各项工作能够有机地协调和配合所展开的综合性和全局性的项目管理工作和过程。它包括项目集成计划的制订、项目集成计划的实施，项目变动的总体控制等。

(10) 项目需求管理，是指对项目干系人需求、希望和期望进行识别，并通过沟通上的管理来满足其需要并解决其问题的过程。项目干系人管理将会赢得更多人的支持，从而能够确保项目取得成功。

3. 管理方法

项目管理有代表性的项目管理技术有关键路径法(CPM)、计划评审技术(PERT)和甘特图(Gantt Chart)，它们是分别独立发展起来的技术。

(1) CPM 是由美国杜邦公司和兰德公司于 1957 年联合研究提出的。它假设每项活动的作业时间是确定值，重点在于费用和成本的控制。

(2) PERT 出现是在 1958 年，由美国海军特种计划局和洛克希德航空公司在规划和研究核潜艇上发射"北极星"导弹的计划中首先提出。与 CPM 不同的是，PERT 中作业时间不确定，是用概率的方法进行估计的估算值；另外，它也并不十分关心项目费用和成本，重点在于时间控制。PERT 主要应用于含有大量不确定因素的大规模开发研究项目。

(3) 甘特图又叫横道图、条状图(Bar Chart)，它是一个完整的用条形图表示进度的规划图，如图 10-1 所示。它是在第一次世界大战时期发明的，以亨利·L·甘特先生的名字命名。

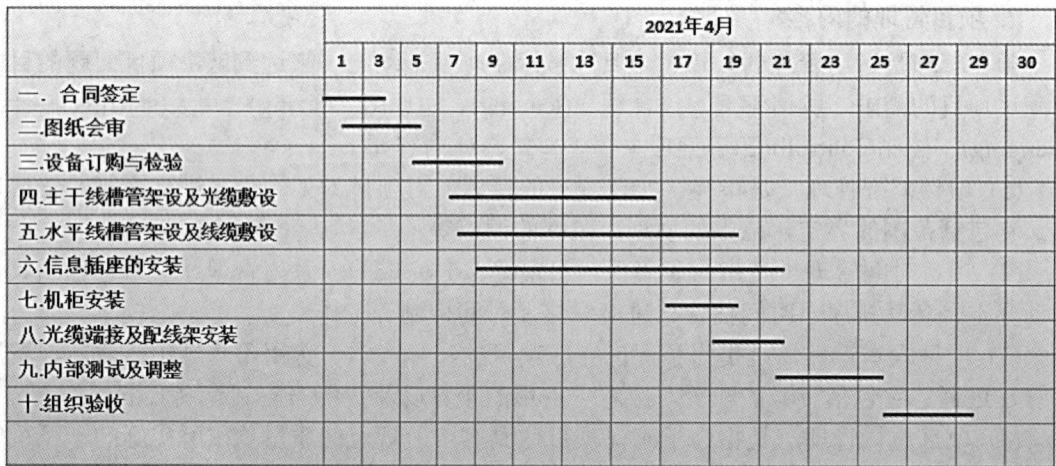

	2021年4月														
	1	3	5	7	9	11	13	15	17	19	21	23	25	27	29	30
一．合同签定	▬														
二.图纸会审		▬													
三.设备订购与检验			▬▬												
四.主干线槽管架设及光缆敷设				▬▬▬											
五.水平线槽管架设及线缆敷设				▬▬▬											
六.信息插座的安装						▬▬									
七.机柜安装								▬							
八.光缆端接及配线架安装									▬▬						
九.内部测试及调整										▬▬					
十.组织验收												▬▬			

图 10-1　甘特图

4. 项目管理的组织

管理团队的组织是项目管理的成败关键。根据团队规模的不同，项目的组织可以分为以下几种方式：

(1) 设置项目管理的专门机构，对项目进行专门管理。项目规模庞大，工作复杂，时间紧迫；项目的不确定因素多，有很多新技术、新情况和新问题需要不断研究解决；项目实施中涉及部门和单位较多，需要相互配合、协同攻关。因而，对此应单独设置专门机构，配备一定的专职人员，对项目进行专门管理。

(2) 设置项目专职管理人员，对项目进行专职管理。有些项目的规模较小，工作不太复杂，时间也不太紧迫；项目的不确定因素不多，涉及的部门和单位也不多，但前景不确定，仍需要加强组织协调。对于这样的项目，可只委派专职人员进行协调管理，协助企业的有关领导人员对各有关部门和单位分管的任务进行联系、督促和检查，必要时也可以为专职人员配备助手。

(3) 设置项目主管，对项目进行临时授权管理。有些项目的规模、复杂程度、涉及面和协调量介于上述两种情况之间。对于这样的项目，设置专门机构必要性不太大，设置项目专职管理人员又担心人员少、力量单薄难于胜任，或会给企业有关领导人增加不必要的管理量，于是第一种设置专门机构可以由指定主管部门来代替，第二种设置专职管理人员由项目主管人员来代替，并临时授予相应权力，这样主管部门或主管人员在充分发挥原有职能作用或岗位职责的同时，就可以全权负责项目的计划、组织与控制。

(4) 设置矩阵结构的组织形式，对项目进行综合管理。所谓"矩阵"，是借用数学中的矩阵概念把多个单元按横行纵列组合成矩形。矩阵结构就是由纵横两套管理系统组成的矩形组织结构，一套是纵向的部门职能系统，另一套是由项目组成的横向项目系统。将运营中的横向项目系统与纵向部门职能系统两者交叉重叠起来，就组成一个矩阵。

10.1.2   综合布线项目的管理

1. 综合布线项目模式

(1) 工程总承包模式。这种模式中，工程承建方将负责所有系统的设计、设备供应、管线和设备安装、系统调试、系统集成和工程管理工作，最终提供整个系统的移交和验收。

(2) 系统总承包安装分包模式。这种模式中，工程承建方将负责系统的深化设计、设备供应、系统调试、系统集成和工程管理工作，最终提供整个系统的移交和验收。其中管线、设备安装将由专业安装公司承担。这种模式有助于整个建筑工程(包括土建、其他机电设备安装)管道、线缆走向的总体合理布局，便于施工阶段的工程管理和横向协调，但增加了管线、设备安装与系统调试之间的配合，在工程交接过程中需要建设方和监理方按合同要求和安装规范加以监管和协调。

(3) 总包管理分包实施模式。这种模式中，总包承建方负责系统深化设计和项目管理，最终完成系统集成；而各子系统设备供应、施工调试由建设方直接与分包商签订合同，工程实施由分包商承担。这种承包模式可有效节省项目成本，但由于关系复杂，工作界面划分、工程交接对建设方和监理的工程管理能力提出了更高要求，可避免产生责任推诿和延误工期。

(4) 全分包实施模式。这种模式中，业主将按设计院或系统集成公司的系统设计对所有智能化系统分系统进行实施(有时系统集成也作为一个子系统实施)，建设方直接与各分包签订工程承包合同，业主和监理负责对整个工程实施工程协调和管理。这种工程承包模式对业主和监理技术能力与工程管理经验提出更高要求，但可有效降低系统造价。

2. 工程管理组织结构

由 10.1.1 节可知，项目管理的组织有多种形式，这里以项目管理部门的模式讨论综合布线的工程管理组织。部门组织结构如图 10-2 所示。

(1) 项目总负责人。项目总负责人对工程负全面责任，监控整个工程的动作过程，并对重大问题做出决策和处理，以及根据工程情况调配资源以确保工程质量。

(2) 项目管理部。项目管理部为项目管理的最高职能机构。

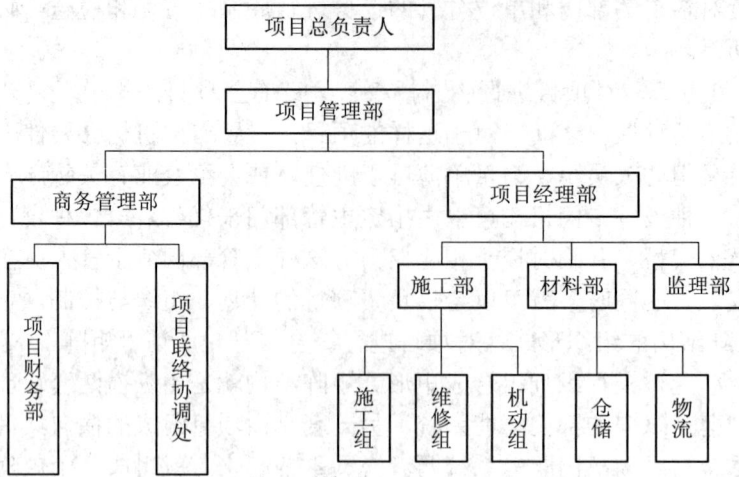

图 10-2　部门组织结构

(3) 商务管理部。商务管理部负责项目的一切商务活动，主要由项目财务部和项目联络协调处组成。项目财务部主要负责项目中的所有财务事务、合同审核、各种预算计划、各种商务文件管理、建设单位的财务结算等工作；项目联络协调处主要负责与建设单位各方面的联络协调工作、与施工部门的联络协调工作和与产品厂商的协调联络工作。

(4) 项目经理部。项目经理部是工程项目落实以后，项目经理对工程项目施工实施管理的机构，它由项目经理人负责组建，成员在公司内部由项目经理任命或竞聘产生。需要说明的是，如果工程项目以分包或转包的形式运作，项目经理部还需要负责分包项目的商务管理部的职能。

(5) 监理部。该部门责任重大，要负责内部监理的工作内容：审核设计中使用的产品性能指标，审核项目方案是否满足标书要求，工程进展监督，工程施工质量检验，物料品质数量检查，施工安全检查和测试标准检查。

(6) 施工部。该部门主要承担各类建筑物综合布线系统的工程施工，其下分为不同的工作组，各组的分工明确又可相互制约。施工组主要负责各种安装、标记、测试等工程施工工作；维修组的主要职责是为该项目弱电系统组提供 24 h 响应的维修服务；机动组是为了处理意外情况下的危机或需要加快工程进度时成立的预备部门，根据需要其成员配置可以与施工组相同，也可以与维修组相同。

(7) 材料部。该部门主要根据合同及工程进度及时安排好库存和运输，为工程提供足够的物料。

以上架构中，承包方应配备充足的资源为本项目服务，包括管理人员、财务人员、设计工程人员、施工技术人员等。

3. 项目管理的周期

项目从开始到结束可以划分为若干阶段，不同阶段前后衔接起来便构成了项目的生命周期。由于项目的本质是在规定期限内完成特定的、不可重复的客观目标，因此所有项目都有开始与结束。项目的生命周期可以分为项目立项期、项目启动期、项目成熟期、项目完成期四个阶段。综合布线项目周期图如图 10-3 所示。

项目完成度/%

4阶段

3阶段

1阶段　　2阶段

时间/天

| 阶段
成果 | 用户需求
现场勘察
需求确认 | 方案设计
招投标
合同签订 | 组织进场
布线施工
测试和内验
竣工文档 | 初步验收
竣工验收
项目移交 |

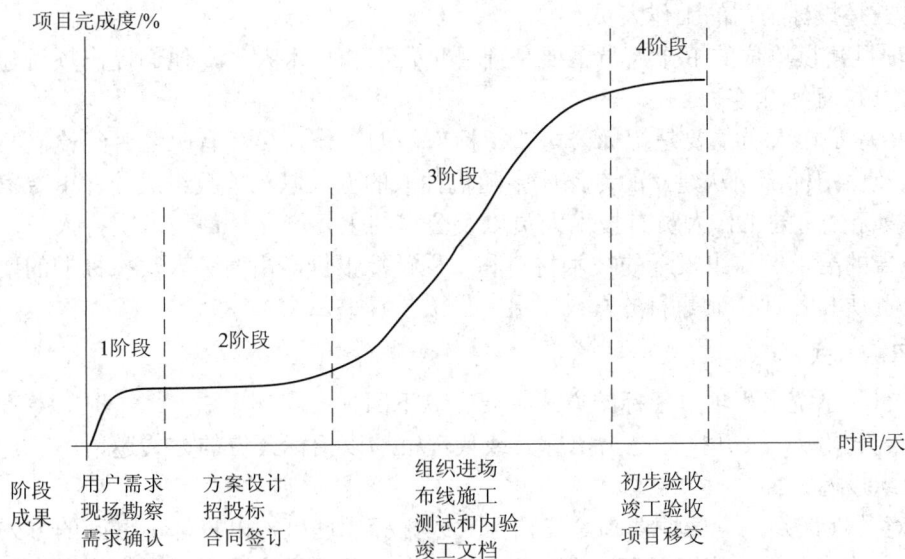

图 10-3　综合布线项目周期图

项目的成功依赖于成熟的项目管理。项目管理在项目生命周期中主要从以下方面得以体验。

(1) 从项目生命周期的一个阶段到另一个阶段常常涉及某种形式的技术交接。项目阶段的管理也是以一个或多个可交付成果的完成为标志。可交付成果是某种有形的、可测量的或可验证的工作成果，如可行性研究、详细设计等。

(2) 本阶段的结束应为开展下一阶段的工作准备资源。

(3) 综合布线项目管理周期可以分为四个阶段，分别为调研阶段、设计和招投标阶段、项目施工组织阶段、竣工阶段。当然，这是基于完整综合布线项目过程的划分方法，单就项目实施阶段也可以划分成不同的阶段，并设置不同的阶段节点。

任务 10.2　工程的招投标

工程第一阶段的需求分析及设计在项目 4 中已详细论述，这里不再详述。工程的招投标是承发包工程的重要活动，也是项目第二阶段的重要工作，是项目管理在该阶段的重要成果。

工程招投标

10.2.1　工程的招标

工程招标通常是指需要投资建设的单位，通过招标公告或投标邀请书等形式邀请具备承担招标项目能力的系统集成施工单位进行投标，最后选择其中对招标人最有利的投标人进行工程总承包的一种经济行为。工程招标也可以委托工程招标代理机构来进行。

1. 招标人员

项目招标主要涉及以下人员：一是项目建设单位的工作人员，二是招标工作人员和评审人员，三是投标公司的工作人员。

(1) 项目建设单位的工作人员主要是项目负责人和技术人员，他们提出项目建设的具体技术需求和商务(财务)要求。

(2) 招标工作人员主要是招标公司或招标部门的工作人员，有时还有纪检监察部门的人员，以及由招标部门从建立的专家库中随机抽取的五人以上单数组成的评审专家组。

(3) 投标公司的工作人员有技术人员以及公司的主要产品厂商技术支持人员，他们按照招标公告的要求制作出投标的技术材料和工程预算报价，由商务人员按标书的要求准备好执照、资质和各种认证等商务材料，最后做成投标书。

2. 招标方式

综合布线系统工程项目招标的方式主要有以下四种：

(1) 公开招标。公开招标是指招标人或代理机构以招标公告的方式邀请不特定的法人或其他组织投标。

(2) 竞争性谈判。竞争性谈判是指招标人或招标代理机构以投标邀请函的方式邀请三家以上特定的法人或其他组织直接进行合作谈判。一般在用户有紧急需求，或由于技术复杂而不能规定详细规格和具体要求时采用竞争性谈判。

(3) 询价采购。询价采购也称货比三家，是指招标人或招标代理机构以询价通知书的方式邀请三家以上特定的法人或者其他组织进行报价，通过对报价进行比较来确定中标人。询价采购是一种简单快速的采购方式，一般在采购货物的规格、标准统一，货源充足且价格变化幅度小时采用。

(4) 单一来源采购。单一来源采购是指招标人或招标代理机构以单一来源采购邀请函的方式邀请生产、销售垄断性产品的法人或其他组织直接进行价格谈判。单一来源采购是一种非竞争性采购，一般适用于独家生产经营、无法形成比较和竞争的产品。

3. 招标程序

一般招标流程为：项目立项→招标申请与审批→编制工程标底和招标文件→发布招标公告或投标邀请书→投标人资格审查→招标会→制作标书→开标→评标→定标→签订合同。

(1) 项目立项。一些大中型项目的开展要列入组织的发展计划中。项目立项是指通过项目实施组织者申请，得到建设方相关部门的审议批准，并列入组织发展计划的过程。立项类型分为备案制、核准制、审批制。立项程序结束，审批通过即为项目立项完成。

(2) 招标申请与审批。建设单位一般要按规定将招标计划报请主管行政机关审批，是履行行政管理请示报告必不可少的程序，审批文件是整个招标活动的基本依据。招标申请一般包括：项目名称、建设地点、项目批准机关及文号、投资额、单位负责人、代理人、建设前期准备工作情况、工程范围、工期要求、技术质量要求、招标方式和范围、招标日期，等等。

(3) 发布招标公告或投标邀请书。

招标公告是公开招标时发布的一种周知性文书，要公布招标单位、招标项目、招标时间、招标步骤及联系方法等内容，以吸引投资者参加投标。招标公告通常由标题、标号、正文和落款四部分组成。

投标邀请书是向预期供货商发出的邀请书，邀请其对要供应的货物/服务递交标书/报价/建议书。一般包含以下内容：

① 通知资格预审已合格，准予参加该工程一个或多个招标项目的投标；

② 购买招标文件的地址和费用；

③ 在投标时应按招标文件规定的格式和金额递交投标保函；

④ 开标前会议时间、地点，递交投标书的时间、地点，以及开标时间和地点；

⑤ 要求以书面形式确认收到此函，如不参加投标也希望能通知业主方。

投标邀请书不属于合同文件的一部分。

(4) 开标。开标应当在招标文件预先确定的时间和地点公开进行评标，由招标人主持，邀请所有投标人参加。开标时，由投标人或者其推选的代表检查投标文件的密封情况，也可以由招标人委托的公证机构检查并公证；经确认无误后，由工作人员当众拆封，宣读投标人名称、投标价格和投标文件的其他主要内容。开标过程应当记录，并存档备查。

(5) 评标。由招标人依法组建的评标委员会在严格保密的情况下进行评标。评标委员会由招标人的代表和有关技术、经济等方面的专家组成，成员人数为五人以上单数，其中技术、经济等方面的专家不得少于成员总数的 2/3。

(6) 定标。中标人确定后，招标人应当向中标人发出中标通知书，并同时将中标结果通知所有未中标的投标人。中标通知书对招标人和中标人具有法律效力。中标通知书发出后，招标人改变中标结果的，或者中标人放弃中标项目的，应当依法承担法律责任。

(7) 签订合同。招标人和中标人应当自中标通知书发出之日起 30 日内，按照招标文件和中标人的投标文件订立书面合同。同时，招标人应当自确定中标人之日起 15 日内向有关行政监督部门提交招标、投标情况的书面报告。

10.2.2 工程的投标

综合布线系统工程投标通常是指系统集成业务单位(一般称为投标人)在获得了招标人工程建设项目的招标信息后，通过分析招标文件，迅速而有针对性地编写投标文件，参与竞标的一种经济行为。

1. 投标人

投标人是响应招标，参加投标竞争的法人或者其他组织。两个或两个以上法人或者其他组织可以组成一个联合体，以一个投标人的身份共同投标。

2. 编制投标文件

招标文件是编制投标文件的主要依据，投标人必须对招标文件进行仔细研究。投标人应按照招标文件的要求编制投标文件，并对招标文件提出的实质性要求和条件做出响应。投标文件的编制主要包括投标文件的组成，投标文件的格式，投标文件的数量，投标文件的递交，投标文件的补充、修改和撤回。

3. 投标报价

工程项目投标报价主要包括三个方面：

(1) 工程项目造价的估算；

(2) 工程项目投标报价的依据；

(3) 工程项目投标报价的内容。

10.2.3　工程的评标

1. 项目评标的组织

评标工作是招标中重要的环节，由招标工作部门组织。建设单位及其上级主管部门的相关项目负责人，建设单位的财务、审计部门及技术专家共同参加。其中，技术专家一般由招标部门在预先建立的专家库中随机抽取 5～7 名。评标组织团队应在评审前编制评标办法，按招标文件中所规定的各项标准确定商务标准和技术标准。

(1) 商务标准是指技术标准以外的全部招标要素，如投标人须知、合同条款所要求的格式，特别是招标文件要求的投标保证金、资格文件、报价、交货期等。

(2) 技术指标是指招标文件中技术部分所规定的技术要求，设备或材料的名称、型号、主要技术参数、数量和单位，以及质量保证、技术服务等。

2. 评标方法

评标方法一般有两种：综合评价法和最低评标价法。

(1) 综合评价法。综合评价法能够最大限度地满足招标文件中规定的各项综合评价标准，一般具体有两种操作方式。

① 专家评议法主要根据标书中报价、资质、方案的设计和性能、施工组织计划、工程质量保证、安全措施等进行综合评议，专家经过讨论或投票，集中大多数人的意见，选择出各项条件较为优良者，推荐为中标单位。

② 打分法。按投标书及答辩中的商务和技术的各项内容，采用无记名的方式填表打分，一般采用百分制，如表 10-1 所示。得分最高的单位即为中标者。评标结束，评标小组提出评标报告，评委均应签字确认，之后文件归档。

表 10-1　综合评分表

序号	投标单位	技术方案	产品			报价	施工		资质	业绩	专利	售后	总分
			指标	可靠性	品牌		措施	计划					
		25	5	5	5	30	5	5	5	5	5	5	100
1	A												
2	B												
3	C												

(2) 最低评标价法。最低评标价法能够满足招标文件的实质性要求，并且经评审的投标价格最低。投标价格低于成本的除外，一般在严格预审各项条件均符合投标书要求的前提下，选择最低报价单位作为中标者。

3. 定标及履约

确定中标单位后，公开发布中标通知。中标单位得到通知后到招标部门领取中标通知书，持中标通知书与项目建设单位签订合同，开始综合布线工程的实施。

10.2.4　合同的签订

1. 合同类型

依据合同的适用范围，合同可以分为通用合同和专用合同两大类。

(1) 通用合同。通用合同条款的内容是按我国各建设行业工程合同管理中的共性规则制定的。

(2) 专用合同。专用合同条款根据各行业的管理要求和具体工程的特点，由各行业在其施工招标文件范本中自行制定。

在一般的建设行业工程实施过程中普遍使用通用合同，对于部分具有本身特点和要求的行业，可以在通用合同基础上增加专用合同条款进行进一步约定。

2. 合同内容

合同内容应按"招标文件"确定的内容拟定，合同协议书是合同双方的总承诺。合同应包括协议书及其附件和以下文件：

(1) 中标通知书。中标通知书应由发包人在招标确定中标人后，按"招标文件"确定的格式拟记。

(2) 投标函及投标函附录。其中包含合同双方在合同中相互承诺的条件，应附入合同文件。

(3) 专用合同条款和通用合同条款。它们是整个合同中最重要的合同文件，它根据合同法的公平原则，约定合同双方在履行合同全过程中的工作规则。其中，专用合同条款可由各行业根据其行业的特殊情况自行约定行业规则。但各行业自行约定的行业规则不能违背本通用合同条款已约定的通用规则。

(4) 技术标准和要求。其内容是合同中根据工程的安全、质量和进度目标，约定合同双方应遵守的技术标准的内容和要求。技术标准中的强制性规定必须严格遵守。

(5) 图纸。用以施工的全部工程图纸和有关文件应列入合同内容。

(6) 已标价的工程量清单。这是投标人在投标阶段的报价承诺，合同实施阶段用于发包人支付合同价款，工程完工后作为合同双方结清合同价款的依据。

(7) 其他合同文件。这是合同双方约定需要写入合同的其他文件。

任务 10.3　编制施工方案

施工是第三阶段项目成熟期的主要工作，一个合理的施工方案也是项目经理在综合布线工程项目施工阶段的工作起点。制订一套科学严密的施工计划，有效地调配人员、时间和资金等项目资源，对综合布线工程建设非常重要。

10.3.1　施工方案的设计原则

施工方案

为了确保施工过程顺利进行，施工开始前需要进行施工方案的设计和计划。施工计划的顺利进行，是工程项目成功的根本保障。在制定施工方案时，一般遵循以下原则：

(1) 目的性原则。项目施工的根本目的是为了完成项目建设，也是施工项目管理的总目标，所以施工方案应以目标定编制，按编制设定人员，以职责定制度。

(2) 高效原则。项目施工受工期限制，高效率的施工进程是保证工期的根本手段。

(3) 人员管理小跨度、少层次原则。管理跨度亦称管理幅度，是指一个主管人员直接管理的下属人员数量。跨度大，管理人员的接触关系就会增多，处理人与人之间关系的复杂度随之增大。层次是管理等级的数量，层次越多组织结构就越复杂，上传下达的效率越低。因此，项目经理在组建组织机构时，应设计切实可行的跨度和层次。

(4) 模块化管理原则。由于施工项目是一个开放的系统，由众多子系统组成的一个大系统，因此在编制施工计划时，要采用模块化方法，使不同的组织、工种、工序之间通过模块统一在一起，为完成项目总目标而实行合理分工及协作。

(5) 结合部重点管理原则。因使用模块化实施方案，子系统之间必然存在着大量结合部。结合部很容易产生职能分工、权限划分和信息沟通上的相互矛盾或重叠。这里是项目管理的重点区域，宜专设管理机构或专人管理，制订有针对性的管理计划。

(6) 弹性原则。施工活动的主要特点是其不确定性，人员素质、资源配置及外部影响都会给工程施工进程带来意外，于是要求项目管理工作应随之进行调整，以适应施工任务的变化。也就是说，在施工方案设计中要体现弹性原则，即时间、材料、人员都要留有调整的余地。

(7) 关键点原则。与弹性原则相对应的是施工计划要突出工程关键点。关键点又叫关键检查点，是指在工程进程中某一阶段完成时的标志性成果，该成果必须在施工计划所规定的时间内实现，并通过质量检测。否则就会造成后续项目窝工或无法进行，从而造成工程不能按计划完成。关键点的设置是为了防止工程进度和质量在施工过程中偏离施工计划。

10.3.2　施工方案的制作过程

1. 工程施工的一般流程

(1) 接到工程施工任务后，与设计人员共同进行现场勘查，交流现场实际情况与设计方案存在的出入，出图并出勘查纪要，以备设计整改。

(2) 提交施工组织设计方案，进行内部交底。施工方案应包括工期进度安排、材料准备、施工流程、设备安装量表，内部交底后确定工程解决方案。

(3) 对建设方进行施工技术交底，交底内容以设计思路为辅，施工方案为主，交底后编写可行的施工组织设计。

(4) 向监理报审施工组织设计，写开工报告，做好施工准备。

(5) 进行工程实施。工程实施阶段包括：安全管理，进度管理，质量控制，同建设方、监理方定期进行现场例会，填写会议纪要，施工资料及时整理积累，做好施工日志，催要阶段工程款。

(6) 组织工程自检，发现工程中存在的问题后及时解决。

(7) 协同建设方、监理方共同进行工程验收。

(8) 整理竣工资料，并内部存档。

(9) 完成工程总结报告。

2. 施工方案编制的一般流程

施工方案编制过程如图 10-4 所示。

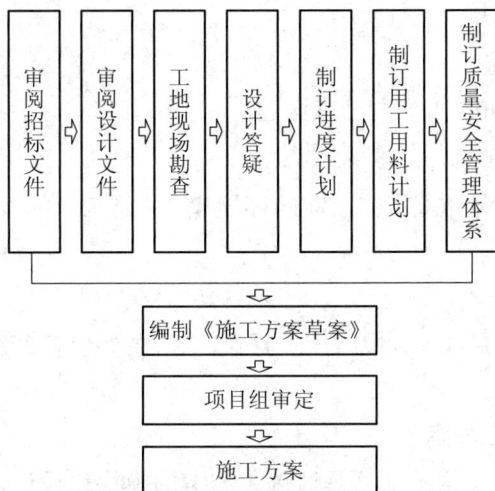

图 10-4　施工方案编制过程

(1) 通过审阅招标文件、审阅设计文件、工地现场勘查、设计答疑等过程，可以全面了解工程目标和设计思路，获得施工的内容和预达到的质量效果。

(2) 制订进度计划、用工用料计划、质量安全管理体系，是工程施工方案的主要部分，重点在于对工程施工时间、成本和质量上进行把控，编制一个性价比最高的施工方案。该过程以《施工方案草案》为成果，并提交项目组审批。

(3) 《施工方案草案》要经过项目组审定，项目组一般由设计方、建设方、承建方、监理方联合组建，是项目重大决定的决策机构。审定以后的施工方案即为工程施工的主要依据，如有变更，同样需要项目组审批通过。

10.3.3　施工方案的内容

1. 编制依据

为了使施工组织设计方案与工程实际情况更紧密地结合，从而更好发挥其在施工中的指导作用。在编制施工组织方案时，应以下列资料为依据：

(1) 设计文件及有关资料；

(2) 有关合同；

(3) 工程勘察和技术经济资料；

(4) 现行规范、规程和有关技术规定；

(5) 类似工程项目的施工组织设计和有关总结资料。

2. 工程概况

工程概况一般是从招标文件及设计文件中获取，其目的是为了让施工者了解工程的总体状况、规模、质量要求和时间限制等要素。工程概况一般包括两个方面内容：工程概况和工程开、竣工日期。

3. 质量方针和质量目标

质量方针和质量目标一般在质量安全体系中定义，以招标文件中关于工程质量指标的内容和验收标准内容为依据。

4. 施工组织机构设置

如图 10-4 所示，在 10.1.2 节中已有详述。

5. 施工准备

施工准备主要包括技术准备、施工前的环境检查、施工前的设备器材及施工工具检查、施工组织准备等环节。

6. 施工部署

施工部署是关于工程施工劳动力的规划和组织，主要包括概述、劳动力组织和施工进度计划。

7. 主要分项工程施工方案

主要分项工程施工方案这一部分是对施工方案的模块化设计，并按施工项目规划。针对综合布线工程，该方案一般包括钢管敷设、电缆敷设、电缆桥架安装及电缆敷设、机柜安装、放线、端接及链路测试和光纤熔接。

8. 测试

测试是质量管理的重要内容，是工程测试的方案和标准，也是项目经理把控工程质量的主要方法。具体内容在项目 8 中已有详述。

9. 文明施工

文明施工主要内容是施工的管理制度，是约束现场工作人员的文明公约。文明施工包括卫生、秩序等内容。

10. 安全施工

安全施工很重要，施工过程中的安全问题是管理者最应该重视的问题，我国对工程安全问题有相关法律规定，属于强制性要求。此外，安全也关系着工程的顺利进展。因此，安全施工一般遵循以下原则：

(1) 建立安全生产岗位责任制。项目经理是安全工作的第一责任者，现场设专职安全管理员 1 名，加强现场安全生产的监督检查，整个现场管理要把安全生产当作头等大事来抓，坚持实行安全值班制度，认真贯彻执行各项安全生产的政策及法令规定。

(2) 在安排施工任务的同时，必须进行安全交底，有书面资料和交接人签字；施工中认真执行安全操作规程和各项安全规定，严禁违章作业和违章指挥。

(3) 各项施工方案要分别编制安全技术措施，书面向施工人员交底。现场机电设备防火安全设施要有专人负责，其他人不得随意动用；电闸箱要上锁并有防雨措施。

(4) 注意安全防火，在施工现场应挂设灭火器并严禁吸烟；明火作业有专职操作人员负责管理，并持证上岗；设立安全防火领导小组。

任务 10.4　施工现场管理

施工现场的管理是整个工程中管理工作最繁杂的阶段，涉及人、物、财的全面管理。同时，现场管理也是一名工程师的基本能力的体现。

现场管理

10.4.1　现场管理内容与要求

施工现场是指施工活动所涉及的施工场地以及项目各部门和施工人员可能涉及的一切活动范围。

1. 现场工作环境管理

项目经理应按照施工组织设计的要求管理作业现场工作环境，落实各项工作负责人，严格执行检查计划，对于检查中所发现的问题进行分析，制定纠正及预防措施，并予以实施。对工程中的责任事故应按奖惩方案予以奖惩。

2. 现场居住环境管理

项目经理应对施工驻地的材料放置和伙房卫生进行重点管理，落实驻点管理负责人和工地伙房管理办法、员工宿舍管理办法、驻点防火防盗措施、驻点环境卫生管理办法，教育员工清楚火灾时的逃生通道，保证施工人员和施工材料的安全。

3. 现场周围环境管理

项目经理需要考虑施工现场周围环境的地形特点、施工的季节、现场的交通流量、施工现场附近的居民密度、施工现场的高压线和其他管线情况、与公路及铁路的交越情况、与河流的交越情况等前提下进行施工作业，并应对重要环境因素重点对待。

4. 现场物资管理

在工地驻点的物资存放方面，应根据施工工序的前后次序放置施工材料，并进行适当标识，现场物资应整齐堆放，注意防火、防盗、防潮。物资管理人员还应做好现场物资的进货、领用的账目记录，并负责向业主移交剩余物资，办理相应手续。对于上述工作的完成情况，项目经理应在施工过程中进行检查，发现问题时应按相关要求进行处理。

5. 施工现场人员的管理

施工现场人员的管理包括以下内容：

(1) 制定施工人员档案；

(2) 佩戴有效工作证件；

(3) 所有进入场地的员工均给予一份安全守则；

(4) 加强离职或被解雇人员的管理；

(5) 项目经理要制定施工人员分配表；

(6) 项目经理每天向施工人员发出工作责任表；

(7) 制定定期会议制度；

(8) 每天均巡查施工场地；

(9) 按工程进度制定施工人员每天的上班时间；

(10) 对现场施工人员的行为进行管理。

6. 现场材料使用管理

现场材料使用管理包括以下内容：

(1) 做好材料采购前的基础工作。

(2) 各分项工程都要控制材料的使用。

(3) 在材料领取、入库出库、用料、补料和废料回收等环节上引起重视，严格管理。

(4) 对于材料操作消耗特别大的工序，由项目经理直接负责。

(5) 对部分材料实行包干使用，节约有奖、超耗则罚的制度。

(6) 及时发现和解决材料使用不节约、出入库不计量、生产中超额用料高等问题。

(7) 实行特殊材料以旧换新，领取新料由材料使用人或负责人提交领料原因；材料报废须及时提交报废原因，以便有据可循，作为以后奖惩的依据。

7. 现场安全管理

施工阶段安全控制要点主要包括：

(1) 施工现场防火；

(2) 施工现场用电安全；

(3) 低温雨季施工防潮；

(4) 机具仪表的保管、使用；

(5) 机房内施工时通信设备、网络等电信设施的安全；

(6) 施工过程中水、电、煤气、通信电(光)缆管线等市政或电信设施的安全；

(7) 施工过程中文物保护；

(8) 井下作业时的防毒、防坠落、防原有线缆损坏；

(9) 公路上作业的安全防护；

(10) 高处作业时人员和仪表的安全等。

8. 安全事故处理

安全生产领导小组负责现场施工技术安全的检查和督促工作，并做好记录。如果工作场所发生了事故，应先检查伤者的伤势：如伤得很重，应立即打电话求救；如只是轻伤，应对每个伤者进行检查，然后决定哪些人需要额外的医疗照顾。

事故发生时一定要保持冷静，避免混乱，可遵循以下步骤：

(1) 让人拨打报警求救电话；

(2) 尽量不要移动伤者，除非他们留在那里会有重大的危险；

(3) 如果可能的话，不要将伤者一个人独自留下；

(4) 用冷静、可靠的语言来安慰伤者；

(5) 立即给予伤者正确的急救。

一般来说，在工程现场工作的人员都应接受与工作有关的急救训练。在发生安全事故后，由安全生产领导小组负责查清原因，提出改进措施，并上报给项目经理，由项目经理与有关方面协商处理。

发生重大安全事故时，公司应立即报告有关部门和业主，按政府有关规定处理，做到四不放过，即事故原因不明不放过，事故不查清责任不放过，事故不吸取教训不放过，事故不采取措施不放过。

10.4.2　项目管理的控制要素

1. 质量控制管理

质量控制主要表现为施工组织和施工现场的质量控制，控制的内容包括工艺质量控制和产品质量控制。

质量控制具体措施如下：

(1) 现场成立以项目经理为首，由各分组负责人参加的质量管理领导小组。

(2) 承包方在工程中应投入受过专业训练及经验丰富的人员来施工及督导。

(3) 施工时应严格按照施工图纸、操作规程及现阶段规范要求进行施工。

(4) 认真做好施工记录。

(5) 加强材料的质量控制，以提高工程质量。

(6) 认真做好技术资料和文档工作。对于各类设计图纸资料应仔细保存，并认真做好各道工序的文字记录工作。

2. 成本控制管理

(1) 成本控制管理基本原则如下：

① 加强现场管理，合理安排材料进场和堆放，减少二次搬运和损耗。

② 加强材料的管理工作，做到不错发、不领错材料、不丢窃遗失材料。

③ 材料管理人员要及时组织使用材料的发放和施工现场材料的收集工作。

④ 加强技术交流，推广先进的施工方法；积极采用科学的施工方案，提高施工技术。

⑤ 积极鼓励员工开展"合理化建议"活动，以提高施工班组人员的技术素质，尽可能地节约材料和人工，降低工程成本。

⑥ 加强质量控制、技术指导和管理，做好现场施工工艺的衔接，确保一次施工，一次验收合格，杜绝返工。

⑦ 合理组织工序穿插，缩短工期，减少人工、机械及有关费用的支出。

⑧ 科学合理安排施工程序，搞好劳动力、机具、材料的综合平衡，向管理要效益。

(2) 施工前计划如下：

① 做好项目成本计划；

② 组织签订合理的工程合同与材料合同；

③ 制定合理可行的施工方案。

(3) 施工过程中的控制包括以下内容：

① 降低材料成本，实行三级收料及限额领料；

② 节约现场管理费。

(4) 工程总结分析如下：

① 根据项目部制定的考核制度，体现奖优罚劣的原则；

② 竣工验收阶段要着重做好工程财务的扫尾工作，即工程款结算、尾款结算及项目决算。

3. 施工进度控制

施工进度控制关键就是编制施工进度计划，合理安排好前后序作业的工序和设置合理的关键检查点，确保工程在工期内按时完成。综合布线工程的进度控制可使用施工拓扑图进行策划，如图 10-5 所示。具体方法如下：

(1) 将工程模块化划分，每个子工程设置唯一的编号。

(2) 明确各子项目之间的前后置关系，如：配线系统的完工是工作区子项目进行的前置条件。

(3) 明确各子项目的工期，一般以天为单位。

(4) 找出所有无前置项目的子项目关联开始，其他项目根据其前后置关系进行排序连线。

(5) 当所有项目全部排序完成后，所有无后置项目的子项目关联结束。

(6) 统计所有线路中工期最长的一条线。图 10-5 中，②—①这条线工期为 40，这条线上的子项目为关键项目，决定着工期和进度。

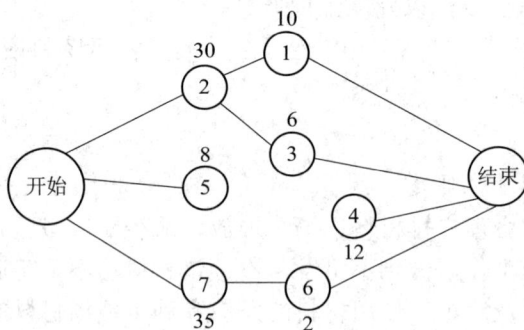

编号	子项目	工期/天	前置项目
①	工作区子项目	10	配线系统子项目
②	配线系统子项目	30	无
③	电信间子项目	6	配线系统子项目
④	干线系统子项目	12	电信间子系统、设备间子系统
⑤	设备间子项目	8	无
⑥	进线间子项目	2	建筑群子系统
⑦	建筑群子项目	35	无

图 10-5　施工拓扑图

10.4.3　工程施工的报表

1. 工程开工报告

工程开工前，由项目工程师负责填写开工报告，待有关部门正式批准后方可开工，正式开工后该报告由施工管理员负责保存待查，如表 10-2 所示。

表 10-2　工程开工报告

工程名称		工程地点		
用户单位		施工单位		
计划开工	年　月　日	计划竣工	年　月　日	
工程主要内容：				
工程主要情况：				
主抄： 抄送： 报告日期：	施工单位意见： 签名： 日期：		建设单位意见： 签名： 日期：	

2. 施工进度日志

施工进度日志由现场工程师每日随工程进度填写施工中需要记录的事项，如表 10-3 所示。

表 10-3　施工进度日志

组别：	人数：	负责人：	日期：	
工程进度计划：				
工程实际进度：				
工程情况记录：				
时间	方位、编号	处理情况	尚待处理情况	备注

3. 工程设计变更单

工程设计经过用户认可后，施工单位无权单方面改变设计。工程施工过程中如确实需要对原设计进行修改，必须由施工单位和用户主管部门协商解决，对局部改动必须填报"工程设计变更单"，经审批后方可施工。工程设计变更单如表 10-4 所示。

表 10-4　工程设计变更单

工程名称		原图名称	
设计单位		原图编号	
原设计规定的内容：		变更后的工作内容：	
变更原因说明：		批准单位及文号：	
原工程量		现工程量	
原材料数		现材料数	
补充图纸编号		日期	年　月　日

4. 工程协调会议纪要

施工过程中，各部门及利益方的协调工作非常重要，一般会定期召开协调例会，在会议过程中如果形成某些决议应有书面记录，以待后期查阅。这里就需要使用工程协调会议纪要，如表 10-5 所示。

表 10-5　工程协调会议纪要

日期：				
工程名称			建设地点	
主持单位			施工单位	
参加协调单位：				
工程主要协调内容：				
工程协调会议决定：				
仍需协调的遗留问题：				
参加会议代表签字：				

5. 工程领料单

项目工程师根据现场施工进度安排材料发放工作，具体的领料情况必须有单据存档。工程领料单如表 10-6 所示。

表 10-6　工程领料单

工程名称			领料单位		
批料人			领料日期	年　　月　　日	
序号	材料名称	材料编号	单位	数量	备注

6. 施工事故报告单

施工过程中无论出现何种事故，都应由项目负责人将初步情况填报"事故报告"。这个报告将是事故调查的第一手资料，如表 10-7 所示。

表 10-7　施工事故报告单

填报单位：		项目工程师：	
工程名称：		设计单位：	
地点：		施工单位：	
事故发生时间：		报出时间：	
事故情况及主要原因：			

7. 停工申请表

在工程实施过程中可能会受到其他施工单位的影响，或者由于用户单位提供的施工场地和条件及其他原因造成施工无法进行。为了明确工期延误的责任，应该及时填写停工申请表，在有关部门批复后将该表存档。停工申请表如表 10-8 所示。

表 10-8　停工申请表

工程名称			工程地点		
建设单位			施工单位		
停工日期	年　　月　　日		计划复工	年　　月　　日	
工程停工主要原因：					
计划采取的措施和建议：					
停工造成的损失和影响：					
主抄： 抄送： 报告日期：	施工单位意见： 　签名： 　日期：		建设单位意见： 　签名： 　日期：		

8. 工程阶段性合格验收报告

有些工程的验收是分阶段进行的，前一阶段的验收结果可能会直接影响接下来的工程进展。这些阶段性验收结果应以书面形式记录，并归档于最后的竣工资料里。阶段性验收报告如表 10-9 所示。

表 10-9　阶段性验收报告

工程名称			工程地点		
建设单位			施工单位		
计划开工	年　　月　　日		实际开工	年　　月　　日	
计划竣工	年　　月　　日		实际竣工	年　　月　　日	
工程完成情况：					
提前和推迟竣工的原因：					
工程中出现和遗留的问题：					
主抄： 抄送： 报告日期：	施工单位意见： 　签名： 　日期：		建设单位意见： 　签名： 　日期：		

实践与思考

附录 A　光缆型式各部分含义

分类		加强构件		结构特征			护套		外护层	
GY	通信用室外光缆	无符号	金属加强构件	缆芯光纤结构	无符号	分立式光纤结构	护套阻燃代号	无符号　非阻燃材料	0	无铠装层
					D	光纤带结构		Z　阻燃材料	1	钢管
									2	绕包双钢带
GYW	通信用微型室外光缆	F	非金属加强构件	二次被覆结构	J	光纤紧套被覆结构		Y　聚乙烯	3	单细圆钢丝
					S	光纤束结构		V　聚氯乙烯	33	双细圆钢丝
GYC	通信用气吹布放微型室外光缆				无符号	光纤松套被覆结构或无被覆结构		U　聚氨酯	4	单粗圆钢丝
									44	双粗圆钢丝
GYL	通信用室外路面微槽敷设光缆			松套管材料	无符号	塑料或无松套管		H　低烟无卤	5	皱纹钢带
					M	金属松套管		A　铝-聚乙烯黏结护套	6	非金属丝束
GYP	通信用室外防鼠啮排水管道光缆			缆芯结构	无符号	层绞结构			7	非金属带
		当遇到代号不能准确表达光缆的加强构件特征时，应增加新字符以方便表达。新字符应符合下列规定：（1）应使用一个带下画线的英文字母；（2）使用的字符应与已确定的字符不重复；（3）应尽量采用与新构件特征相关的词汇的拼音或英文的首字母			G	骨架槽结构		S　钢-聚乙烯黏结护套	无符号	无外被层
GJ	通信用室内光缆				X	中心管结构	护套材料和结构代号		1	纤维外被
GJC	通信用气吹布放微型室内光缆			阻水结构特征	无符号	全干式或半干式		F　非金属纤维增强-聚乙烯黏结护套	2	聚氯乙烯套
					T	填充式			3	聚乙烯套
GJX	蝶形引放光缆			承载结构	无符号	非自承式结构			4	聚乙烯套加覆尼龙套
GJY	通信用室内外光缆				C	自承式结构		W　夹带钢丝的钢-聚乙烯黏结护套	5	
GJYX	室内外蝶形引放光缆			吊线材料	无符号	金属或无吊线				
					F	非金属吊线				
GH	通信用海底光缆			截面形状	无符号	圆形			6	
GM	通信用移动式光缆				8	8字形		L　铝护套	7	
GS	通信用设备光缆				B	扁平形		G　钢护套		
GT	通信用特殊光缆				E	椭圆形	V、U 和 H 护套具有阻燃特性，不必在前面加 Z			

附录 B　工作区信息点配置参考表

项目	每个工作区面积/m²	每个工作区信息点类型和数量	
		电缆插座(RJ-45)	光纤接口(SC/LC)
行政办公建筑	5～10	一般有两个，政务有2～8个	2个单工或1个双工
通用办公建筑	5～10	一般有两个，政务有2～8个	2个单工或1个双工
商店建筑	20～120	2～4个	2个单工或1个双工
旅馆建筑	每个客房	2～4个	2个单工或1个双工
图书馆	5～10	2个	2个单工或1个双工
文化馆	办公区5～10；展览厅20～50；公共区域20～60	2～4个	2个单工或1个双工
档案馆	办公区5～10；资料室20～60；	2～4个	2个单工或1个双工
博物馆	办公区5～10；展览厅20～50；公共区域20～60	2～4个	2个单工或1个双工
剧场	办公区5～10；业务区域50～100	2个	2个单工或1个双工
电影院	办公区5～10；业务区域50～100	2个	2个单工或1个双工
广播电视业务建筑	办公区5～10；业务区域5～50	2个	2个单工或1个双工
体育建筑	办公5～10；业务区域：每个比赛场地5～50	2个	2个单工或1个双工
会展建筑	办公区5～10；展览区20～100；洽谈区20～50；公共区域60～120	2个	2个单工或1个双工
综合医院	办公区5～10；业务区10～50；手术设备室3～5；病房15～60；公共区域60～120	2个	2个单工或1个双工
疗养院	办公区5～10；疗养区域15～60；业务区10～50；活动室30～50；食堂20～60；公共区域60～120	2个	2个单工或1个双工
高等学校	办公区5～10；公寓、宿舍：每套房或床位1个；教室30～50；多功能教室20～50；实验室20～50；食堂20～60；公共区域30～120	2～4个	2个单工或1个双工

续表

项目	每个工作区面积/m²	每个工作区信息点类型和数量	
		电缆插座(RJ-45)	光纤接口(SC/LC)
高级中学	办公区 5～10；公寓、宿舍：每套房或床位 1 个；教室 30～50；多功能教室 20～50；实验室 20～50 食堂 20～60；公共区域 30～120	2～4 个	2 个单工或 1 个双工
初级中学及小学	办公区 5～10；公寓、宿舍：每套房 1 个；教室 30～50；多功能教室 20～50；实验室：20～50 公共区域 30～120	2～4 个	2 个单工或 1 个双工
民用机场航站楼	办公区 5～10；业务区 10～50；公共区域 50～100；服务区 10～30	2 个	2 个单工或 1 个双工
铁路客运站	办公区 5～10；业务区 10～50；公共区域 50～100；服务区 10～30	2 个	2 个单工或 1 个双工
城市轨道交通站	办公区 5～10；业务区 10～50；公共区域 50～100；服务区 10～30	2 个	2 个单工或 1 个双工
汽车客运站	办公区 5～10；业务区 10～50；公共区域 50～100；服务区 10～30	2 个	2 个单工或 1 个双工
金融建筑	办公区 5～10；业务区 5～10；客服区 5～20；公共区域 50～120；服务区 10～30	一般有 2～4 个，业务区有 2～8 个	4 个单工或 2 个双工
住宅建筑		客厅、餐厅、主卧、次卧、厨房、卫生间各 1 个，书房两个	客厅、书房各 1 个双工
通用工业建筑	办公区 5～10；公共区域 60～120；生产区 20～100	2～4 个	2 个单工或 1 个双工

参 考 文 献

[1] 住房和城乡建设部. GB 50311—2016 综合布线系统工程设计规范[S]. 北京：中国计划出版社，2016.

[2] 住房和城乡建设部. GB 50312—2016 综合布线工程验收规范[S]. 北京：中国计划出版社，2016.

[3] 住房和城乡建设部. GB 50314—2015 智能建筑设计规范[S]. 北京：中国计划出版社，2015.

[4] 住房和城乡建设部. GB 50174—2017 电子信息系统机房设计规范[S]. 北京：中国计划出版社，2017.

[5] 工业和信息化部. YD/T 926—2009 大楼通信综合布线系统[S]. 北京：中国计划出版社，2009.

[6] 工业和信息化部. YD/T 908—2011《光缆型号命名方法》[S]. 北京：中国计划出版社，2011.

[7] 余明辉，陈常辉，吴少鸿. 综合布线技术与工程[M]. 2 版. 北京：高等教育出版社，2017.

[8] 王公儒. 综合布线工程实用技术[M]. 2 版. 北京：中国铁道出版社，2017.

[9] 刘化君. 网络综合布线[M]. 2 版. 北京：电子工业出版社，2020.

[10] 全国工程建设标准设计弱电专业专家委员会，中国建筑标准设计研究院有限公司. 20X101-3 综合布线系统工程设计与施工[M]. 北京：中国计划出版社，2020.